Teubner Studienbücher Chemie

H. Follmann / W. Grahn
Chemie für Biologen

Teubner Studienbücher Chemie

Herausgegeben von
Prof. Dr. rer. nat. Christoph Elschenbroich, Marburg
Prof. Dr. rer. nat. Friedrich Hensel, Marburg
Prof. Dr. phil. Henning Hopf, Braunschweig

Die Studienbücher der Reihe Chemie sollen in Form einzelner Bausteine grundlegende und weiterführende Themen aus allen Gebieten der Chemie umfassen. Sie streben nicht die Breite eines Lehrbuchs oder einer umfangreichen Monographie an, sondern sollen den Studenten der Chemie – aber auch den bereits im Berufsleben stehenden Chemiker – kompetent in aktuelle und sich in rascher Entwicklung befindende Gebiete der Chemie einführen. Die Bücher sind zum Gebrauch neben der Vorlesung, aber auch – da sie häufig auf Vorlesungsmanuskripten beruhen – anstelle von Vorlesungen geeignet. Es wird angestrebt, im Laufe der Zeit alle Bereiche der Chemie in derartigen Lehrbüchern vorzustellen. Die Reihe richtet sich auch an Studenten anderer Naturwissenschaften, die an einer exemplarischen Darstellung der Chemie interessiert sind.

Chemie für Biologen

Praktikum und Theorie

Von Prof. Dr. phil. Hartmut Follmann
Universität Gesamthochschule Kassel

und Prof. Dr. rer. nat. Walter Grahn
Technische Universität Braunschweig

Springer Fachmedien
Wiesbaden GmbH 1997

Prof. Dr. phil. Hartmut Follmann

Geboren 1936 in Kassel, Studium in Marburg, Promotion in Organischer Chemie bei K. Dimroth 1964. Postdoc-Tätigkeit bei H.P.C. Hogenkamp (Dept. of Biochemistry, University of Iowa, Iowa City, USA) bis 1970, Habilitation für Biochemie 1972. Professor für Biochemie an der Philipps-Universität Marburg seit 1973, an der Universität Gesamthochschule Kassel seit 1988. Gastprofessuren an der University of California, Berkeley, und der University of Minnesota, Minneapolis (1979, 1991). Arbeitsgebiet: Ribo- und Desoxyribonucleotide, Dicysteinproteine.

Dr. rer. nat. Walter Grahn

Geboren 1942 in Wien, Studium der Chemie und der Geschichte in Marburg, Promotion in Organischer Chemie (Farbstoffe) bei C. Reichardt 1971, Habilitation in Organischer Chemie 1979, von 1979 bis 1981 Universität Gesamthochschule Siegen. Umhabilitation an die Technische Universität Braunschweig 1981, Akademischer Direktor 1985, apl. Professor für Organische Chemie 1995. Arbeitsgebiet: Entwicklung organischer Materialien.

Die Deutsche Bibliothek – CIP-Einheitsaufnahme

Follmann, Hartmut:
Chemie für Biologen : Praktikum und Theorie / Hartmut Follmann und Walter Grahn. – Stuttgart : Teubner, 1997
   (Teubner-Studienbücher : Chemie)

ISBN 978-3-519-03514-5   ISBN 978-3-663-10077-5 (eBook)
DOI 10.1007/978-3-663-10077-5
© Springer Fachmedien Wiesbaden 1997
Ursprünglich erschienen bei B. G. Teubner, Stuttgart 1997.

Wozu Chemie für Biologen ?

Sämtliche Lebewesen bestehen aus chemischer Materie. Sie stehen in Stoff- und Energieaustausch mit der unbelebten, anorganisch-mineralischen Oberfläche der Erde und ihrer Atmosphäre, und die Wechselwirkungen der Stoffe und Strukturen in lebenden Zellen und zwischen Organismen folgen ebenfalls chemischen und physikalischen Gesetzen. Es ist also leicht, die Bedeutung von Chemie für die Biowissenschaften prinzipiell zu begründen; es ist keineswegs leicht, den dafür benötigten Ausschnitt und Umfang der Chemie *genau* zu definieren, und schon gar nicht, die in einem biologisch interessanten Einzelfall tatsächlich ablaufenden chemischen Reaktionen - etwa zwischen einer Pflanze und einem Schadstoff - vorherzusagen.

Die Schwierigkeiten, ein ausgewogenes Verhältnis zwischen Chemie und Biologie zu finden, sind groß. In der wissenschaftlichen Praxis kommen sich beide seit langem immer näher, aber sie werden getrennt gelehrt, und jedes Fach erfordert schon für sich allein überaus großes Faktenwissen. Selbst als "Hilfswissenschaft" des Biologen muß Chemie heute immer mehr, bisher vernachlässigbare Elemente berücksichtigen: Für die Leberfunktion von Tier und Mensch ist beispielsweise Selen im Enzym Glutathionperoxidase essentiell, und die Entdeckung der Stickstoff-Fixierung mit Vanadium neben der schon bekannten Rolle von Molybdän im Enzym Nitrogenase war vor Jahren eine kleine Sensation. Es gibt kein Patentrezept, dieses zunehmende Wissen zu bewältigen.

Die traditionell verschiedenen Denkweisen von Biologie und Chemie - hie "belebte" Natur, da "nur" tote Materie - sind auch objektiv nicht einfach zusammenzuführen. Wir kennen inzwischen viele biochemische Mechanismen von Stoffwechsel und Genetik in lebenden Zellen bis ins atomare Detail und ahnen molekulare Zusammenhänge selbst in so komplexen Bereichen wie Zelldifferenzierung, Energieproduktion oder Signalverarbeitung. Jedoch bestehen diese chemischen Systeme aus so vielen, so großen und oft ungewöhnlich gebauten Molekülen, daß sie rein praktisch-analytisch noch nicht vollkommen beschrieben und erst recht nicht physikalisch-chemisch in ihren Gesetzmäßigkeiten behandelt werden können. Da vermutet heute noch mancher, daß Lebewesen eben doch "anderen" Gesetzen gehorchen und daß die Beschäftigung mit Chemie ohnehin müßig sei. Diese Vermutung ist mit Sicherheit falsch. Biologen können nicht auf Chemie verzichten, schon aus praktischen Gründen nicht und auch grundsätzlich, zum Erkenntnisgewinn, nicht.

Welche chemischen Grundlagen sind für wissenschaftliche Arbeit in Biologie, Mikrobiologie oder Biochemie wirklich unumgänglich? Etwa die folgenden:

● Praktische Kenntnisse der im Labor und im Freiland ständig benötigten Säuren und Basen, Puffer, Oxidations- und Reduktionsmittel, Komplexbildner, Konservierungsstoffe, der Reaktionen und Reagentien zur Bestimmung zentraler Metaboliten wie Glucose, Aminosäuren oder energiereiche Phosphate. Es muß klar sein, wie diese Chemikalien mit Biomolekülen reagieren und warum.

● Einige Eigenschaften und Reaktionsweisen der für organisches Leben essentiellen anorganischen Verbindungen von Kohlenstoff, Stickstoff, Sauerstoff, Schwefel, Phosphor, Eisen, Magnesium, Calcium und einigen anderen Metallen. Neben den zum Aufbau der Biosphäre "richtigen" Reaktionen sollten auch chemische Prozesse verstanden werden, die zu saurem Regen, zur Eutrophierung von Gewässern oder anderen schädlichen Konsequenzen führen.

● Kenntnisse derjenigen Stoffklassen der Organischen Chemie, die uns in Naturstoffen und im Stoffwechsel ständig begegnen: Organische Säuren und Basen, Alkohole, Carbonylverbindungen, einige Aromaten und Heterocyclen, Farbstoffe; ferner der wichtigsten Typen chemischer Bindungen, Reaktionen und Katalyse. Möglichkeiten zur Identifizierung organischer Verbindungen durch chemische, chromatographische und spektroskopische Verfahren sollen in einzelnen markanten Fällen (z. B. für Aldehyde oder Aminosäuren) bekannt sein, aber bleiben i.a. der Biochemie und speziellen Naturstoffanalytik vorbehalten.

● Schließlich Vertrautheit mit den Eigenschaften einiger einfacher organischer Substanzen, die als Monomere und Polymere Zellen aufbauen und am Leben erhalten: Fette, Zucker, Aminosäuren und Proteine. Unser Praktikum soll Grundlagen für ein Biochemisches Praktikum legen.

Chemie ist durch ihre unentbehrliche Formelsprache keine leicht zu verarbeitende Materie, und selbst die hier skizzierte, begrenzte Auswahl ist kein geringes Programm. Es erfordert neben der praktischen Arbeit den Besuch von Vorlesungen und das Studium von Lehrbüchern. Das Praktikumsbuch ist allerdings so angelegt, daß man beim Fehlen von chemischen Vorkenntnissen *notfalls* hier ein Minimalwissen erwerben kann, das für manche biologischen Arbeitsfelder ausreichend sein mag. Dann müssen Sie aber die Theorie dieses Buches *vollständig* durcharbeiten, die Übungsaufgaben lösen und im Praktikum und Seminaren den Umgang mit chemischen Problemen so oft wie möglich üben.

Der Chemie steht in Studienplänen für Biologie an verschiedenen Orten verschieden viel Zeit und Spielraum zur Verfügung. Das Buch kann für ein komplettes einsemestriges Chemiepraktikum wie auch für separate Praktika in Anorganischer (Allgemeiner) und Organischer Chemie benutzt werden. An einigen Stellen (z.B. Nichtmetalle und Metalle; Farbstoffe; Chemie in Alltag und Umwelt) enthält es thematisch unterschiedliche, aber im Lernzweck verwandte Versuche, unter denen eine Auswahl getroffen werden kann; Praktikumsleiter, Assistentinnen und

Assistenten mögen jeweils individuell entscheiden, welche Versuche und Analysen ggf. fortfallen dürfen. Die Kapitel über Enzymkatalyse und Proteine können verkürzt werden, wenn der Stoff in einem Biochemischen Praktikum behandelt wird.

Die Tabellen im Anhang dieses Buches enthalten Informationen, die über das Studium hinaus für Sie im Alltag eines Biologie-Labor nützlich sein können, der zunehmend von chemischen Analysen und Verfahren geprägt ist. Ferner sind im Anhang empfehlenswerte Bücher und Nachschlagewerke zum vertieften Studium chemischer Zusammenhänge in Theorie und Praxis aufgeführt.

Wir widmen das Buch Emanuel Pfeil und Ernst Gerstner, die schon vor vielen Jahren an der Universität Marburg eine sinnvolle Chemie-Ausbildung für Biologen praktiziert haben und deren Praktikumsanleitung einigen Versuchen zugrunde liegt. Zahlreichen anderen Fachkollegen danken wir für Anregungen. Besonderer Dank gebührt Martina Wille für die perfekte Textgestaltung.

Allen Studierenden wünschen wir eine doppelte Erkenntnis: Chemie kann man verstehen, und sie kann - ebenso wie das eigene Fach - sogar Spaß machen.

Kassel und Braunschweig, April 1997   H. Follmann, W. Grahn

Inhaltsverzeichnis

1 Allgemeine Chemie

Ordnungsliebende Naturwissenschaftler unterscheiden zwischen Anorganischer, Organischer und Physikalischer Chemie. Im ersten Teil eines Chemischen Praktikums für Biologen müssen wir jedoch Eigenschaften von Verbindungen und die Ursachen chemischer Reaktionen studieren, die *überall* von grundlegender Bedeutung sind: Intermolekulare Kräfte, Gleichgewichte, Protonen- und Elektronenübertragungen. Da sich die uns interessierende Chemie ebenso wie in biologischen Systemen überwiegend in flüssiger Phase abspielt, steht das Verhalten von Stoffen und Reaktionen in Lösungen im Vordergrund.

Beobachten und protokollieren Sie *genau* alle in den Versuchen auftretenden Effekte und interpretieren Sie sie unmittelbar während und nach Abschluß des Experimentes. Dazu ist es nötig, daß Sie sich *vor* Versuchsbeginn mit dem Versuchsablauf *und* seinem theoretischen Hintergrund vertraut machen; andernfalls werden Sie manches aufschlussreiche Detail gar nicht bemerken. *Gleichzeitige Berücksichtigung von Theorie und Praxis ist Ihre wichtigste Aufgabe.* Wo es aus technischen oder zeitlichen Gründen nicht möglich ist, an sich erforderliche Kontrollversuche oder experimentell aufwendige Beweise durchzuführen, diskutieren Sie die Situation dennoch mit den Assistentinnen und Assistenten.

1.1 Arbeiten im chemischen Laboratorium

Sicherheitsvorschriften

Mit chemischen Substanzen und Umsetzungen können objektive Gefahren verbunden sein. In diesem Praktikum sind sie, durch die Stoffauswahl bedingt, gering und können bei sachgerechter Arbeit leicht kontrolliert werden. Sie müssen aber von Anbeginn üben, das Gefahrenpotential von Chemikalien in Erfahrung zu bringen, einzuschätzen und bei der Arbeit zu berücksichtigen. Fundiertes Wissen über chemische Systeme allgemein und Kenntnisse der molekularen und biochemischen Ursachen für die Gefährlichkeit dieser oder jener Substanz - z.B. Blausäure, Quecksilberverbindungen - sind die beste Voraussetzung für sicheren Umgang mit Chemie. Es ist ebenso falsch, nachlässig und sorglos mit Chemikalien umzugehen wie sie sämtlich mit "Gift" gleichzusetzen.

Gefährlich können Stoffe durch folgende - ggf. mehrere - Eigenschaften sein:

Ätzend (Symbol C)	z.B. konzentrierte Säuren und Laugen
Explosionsgefährlich (E)	z.B. Ammoniumnitrat, Perchlorate
Hoch- bzw. leicht Entzündlich (F+, F)	z.B. Ether, Alkohole u.a. Lösungsmittel
Brandfördernd (O)	Sauerstoff abgebende Substanzen (z.B. Peroxide)
Umweltgefährlich (N)	für Organismen und Ökosysteme (z.B. Schädlingsbekämpfungsmittel)
Sehr giftig (T+) bzw. Giftig (T)	z.B. Blausäure, Barbiturate (je nach schädlicher Dosis, beim Versuchstier $LD_{50} \leq 25$ bzw. ≤ 200 mg/kg)
Gesundheitsschädlich (Xn)	$LD_{50} \leq 2000$ mg/kg (z.B. Chloroform)
Reizend (Xi) auf Haut oder Augen	z.B. Formaldehyd, verd. Ammoniak

Folgende spezifische Gesundheitsschädigungen werden gesondert vermerkt:

Sensibilisierend	manche Acrylsäureester, Insektizide
Krebserzeugend	aromatische Amine, Kohlenwasserstoffe
Erbgutverändernd (mutagen)	Diethylsulfat, Ethylenoxid
Fortpflanzungsgefährdend (teratogen)	Methylquecksilber, Bleialkyle

C

E

F+, F

O

N

T+, T

Xi, Xn

Prägen Sie sich die zur Kennzeichnung dieser Gefahrstoffe international vorgeschriebenen schwarzen Gefahrensymbole auf orangem Grund ein !

Gesetzliche Grundlage für alle Aspekte des Umgangs mit Gefahrstoffen ist die "Verordnung über gefährliche Stoffe (Gefahrstoffverordnung, GefStoffV)" in der jeweils neuesten Fassung. Sie regelt Kennzeichnung, Transport, Umgangserlaubnisse und -beschränkungen für gefährliche Substanzen. Aktuelle Listen der Gefahrstoffe werden im Bundesanzeiger bekannt gemacht. Nach der GefStoffV haben alle Chemikalien gekennzeichnet zu sein und Hinweise auf das besondere Risiko (sog. R-Sätze) und Sicherheitsratschläge (sog. S-Sätze) zu tragen.

Ein Beispiel:

Benzol   Symbole: F, T. R 11, 23/24/25, 45, 48. S 16, 29, 44, 53.

Das heißt: Risiken sind   Leichtentzündlich - Giftig beim Einatmen, Verschlucken und Berührung mit der Haut - Kann Krebs erzeugen - Gefahr von Gesundheitsschäden bei längerer Exposition.

Sicherheitsvorkehrungen haben zu sein: Von Zündquellen fernhalten - Nicht in die Kanalisation gelangen lassen - Bei Unwohlsein ärztlichen Rat einholen - Exposition vermeiden.

Ein Plakat mit Gefahrensymbolen, R- und S-Sätzen muß im Praktikumssaal vorhanden sein. Für den Umgang mit Gefahrstoffen haben Sie die jeweiligen *Betriebsanweisungen* nach § 20 GefStoffV zur Kenntnis zu nehmen, die individuelle Vorschriften für einzelne Stoffe, Arbeitsbereiche und Tätigkeiten enthalten.

Maßgebend für tatsächliche Gefährdungen am Arbeitsplatz ist die sog. **Maximale Arbeitsplatzkonzentration MAK**. Die von einer Kommission der Deutschen Forschungsgemeinschaft wissenschaftlich begründeten und regelmäßig aktualisierten MAK-Werte stellen die maximale Konzentration eines Stoffes in der Luft dar, bei der im allgemeinen die Gesundheit *nicht* beeinträchtigt wird. Erst bei einer Überschreitung der "Auslöseschwelle" sind Maßnahmen zum Schutze der Gesundheit erforderlich. **Biologische Arbeitsstofftoleranzwerte (BAT)** sind die beim Menschen höchstzulässigen Mengen eines Stoffes oder die dadurch ausgelöste Abweichung eines biologischen Indikators von seiner Norm, die die Gesundheit auch dann nicht beeinträchtigen, wenn sie am Arbeitsplatz regelhaft erzielt werden.

Anweisung:

Sie haben bei chemischen Arbeiten stets eine Schutzbrille zu tragen. Lassen Sie beim Umgang mit allen Chemikalien Sauberkeit während des Abwiegens, beim Umfüllen von Lösungen usw. walten; auf jeden Fall ist Hautkontakt zu vermeiden. Neben der Schutzbrille können Handschuhe, Arbeiten unter dem Abzug und andere Schutzmaßnahmen vorgeschrieben werden. Sie sind *verpflichtet*, diese Anweisungen durch Praktikumsleiter und Assistenten zu befolgen.

Entsorgung

Sie haben im chemischen Labor stets auch die Entsorgung wasser- und umwelt-belastender Rückstände zu bedenken. Folgende Substanzen werden *getrennt* in den dafür vorgesehenen Behältern gesammelt:

- Neutralisierte Lösungen von Schwermetallsalzen
- Organische Lösungsmittel ohne Halogenatome
- Halogenierte organische Lösungsmittel (z.B. Chloroform); vorzugsweise sollen diese durch Destillation zurückgewonnen werden (Recycling)
- Feststoffe, die nicht zusammen mit Hausmüll, sondern als Sondermüll zu ent-sorgen sind, insbesondere Filterpapiere mit Niederschlägen; beachten Sie die Anweisungen im Einzelfall.

Um die Menge zu entsorgender Stoffe nicht unnötig zu vergrößern, dürfen fol-gende Stoffe *in kleinen Mengen und neutraler verdünnter Lösung* - so daß sie das Abwasser nicht belasten - in den Abfluß gegeben werden:

Ammonium-, Alkali-, Erdalkali-, Aluminium- und Eisensalze der üblichen Säuren, Pufferlösungen, verdünnte Mineralsäuren und Laugen; wasserlösliche niedere Al-kohole, Carbon(Fett)säuren, Aminosäuren, Zucker, Naturstoffextrakte.

Quecksilber: Durch Bruch eines Glasthermometers etwa freigesetztes und fein-verteiltes Quecksilber muß restlos entfernt werden. Man absorbiert es unter Amalgambildung mit Zinkstaub oder besser mit Spezialpräparaten (Mercuri-sorb®). Anweisungen befolgen !

Laboratoriumspraxis

Gewöhnen Sie sich von Anbeginn an das Arbeiten mit kleinen Mengen, vorwie-gend im Milliliter- und (Milli)Gramm-Maßstab. Dadurch wird z.B. bei gesund-heitsschädlichen (früher "mindergiftigen") Stoffen die Auslöseschwelle einer Ge-fährdung i. a. nicht überschritten und das Arbeiten einfacher und sicherer. Geüb-tes Umgehen mit kleinen Mengen entspricht auch der biochemischen und analy-tischen Praxis, in der meist nur kleine Proben verfügbar und zu bearbeiten sind.

Ebenso wie die Eigenschaften vieler chemischer Substanzen müssen Sie die für chemische Zwecke üblichen Gerätschaften und Arbeitsweisen kennen und richtig anwenden; andernfalls verschwenden Sie Material, verunreinigen Ihre Proben und verfälschen Ihre Meßergebnisse. Befolgen Sie daher genau die bei den Versuchen gegebenen Anleitungen zum pH-Messen, Titrieren, Chromatographieren, Destillieren, spektroskopischen Untersuchungen u.a.m. Moderne Meßgeräte

(Waagen, pH-Meter, Photometer) arbeiten zwar oft automatisch: Sie müssen dennoch das Meßprinzip kennen und Meßdaten kritisch betrachten!

Überlegen Sie beim chemischen Arbeiten stets, welcher Grad an Genauigkeit der Aufgabe angemessen ist. Für präparative und qualitative Versuche (Angabe z.B.: 15 mL) genügen i.a. Meßzylinder oder graduierte Bechergläser sowie Meßpipetten als Arbeitsgerät. Für alle quantitativen Versuche, in denen das Volumen *genau* einzuhalten ist (z.B.: 10,0 mL), müssen Sie Vollpipetten und Meßkolben verwenden.

Gewöhnen Sie sich von Anbeginn an richtiges Pipettieren und Titrieren:

• Pipetten und Büretten müssen vor Gebrauch *trocken* sowie innen und außen *sauber* sein: Wassertropfen vom Spülen verändern die Konzentration der Maßlösungen, Rückstände auf dem Glas verhindern einwandfreies Ab- und Auslaufen. *Geeichte* Glasgeräte dürfen *nicht im Trockenschrank* getrocknet werden, da sich dabei ihr Volumen irreversibel verändert.

• Lösungen aller Chemikalien sind mit Hilfe eines Peleus-Balles oder einer ähnlichen Pipettierhilfe und *nicht mit dem Munde* in die Pipette aufzuziehen.

• Nach Benutzung nehmen Sie den Peleusball von der Pipette ab. Auf keinen Fall darf eine Pipette umgekehrt gehalten oder abgestellt werden, so daß Flüssigkeit in den Ball läuft: Säuren oder organische Lösungsmittel machen ihn unbrauchbar und verschmutzen die nächste Probe.

• Es wird i.a. *nicht direkt* aus Vorratsflaschen pipettiert. Gießen Sie eine passende Menge in einen Erlenmeyerkolben oder Becherglas und pipettieren daraus. Wegen der Gefahr von Verunreinigung oder Verwechslung geben Sie die Reste nicht wieder in die Vorratsflasche zurück.

• *Vor* dem Titrieren nehmen Sie den zum Füllen benutzten Trichter oben von der Bürette, es könnten Tropfen nachlaufen. Auf parallaxen-freies Ablesen der Teilstriche achten!

• Die Präzision von Titrationen ist durch Sauberkeit, Ablesung und Endpunktserkennung (Indikatorumschlag) bedingt. Um sie zu verbessern, wird nach einer orientierenden Vortitration die Titration grundsätzlich an zwei (wenn nötig drei) identischen Proben ausgeführt und der Mittelwert als Ergebnis genommen. Parallelbestimmungen sollten bei richtiger Ausführung um nicht mehr als 0,5 % voneinander abweichen.

Brenner und Glas

Mit chemischen Arbeiten sind Erhitzen und der Werkstoff Glas untrennbar verbunden; auch wenn Sie nicht Chemiker oder Glasbläser werden wollen, sind die
Übungen 1.1.1 und 1.1.2 daher von praktischem Nutzen.

Versuch 1.1.1 : Bunsenbrenner

Bunsenbrenner und die mit höherer Luftzufuhr betriebenen, heißeren Teclubren-
ner benutzt man im Labor zum kurzzeitigen Erhitzen kleinerer Gefäße und Sub-
stanzproben, für einfache Glasbearbeitung, und in der Mikrobiologie beim steri-
len Arbeiten. Heizen für längerdauernde und präparative Zwecke geschieht mit
elektrischen Geräten.

Im Bunsenbrenner (Abb. 1) verbrennt Gas mit Luftsauerstoff, wobei Flammen-
temperaturen bis 1500°C erreicht werden. Stadtgas und Leuchtgas bestehen aus
Wasserstoff, Methan und Kohlenmonoxid sowie geringen Mengen Stickstoff und
anderer Gase; Erdgas enthält überwiegend Methan und je nach Herkunft verschiedene Anteile Ethan und höhere Kohlenwasserstoffe. Die Brennerflamme ist
an den Kegelrändern am heißesten. Außen ist sie wegen des Luft(Sauerstoff)über-
schusses oxidierend; weiter innen reicht die von unten angesaugte Luft nicht zur
völligen Verbrennung der Gase aus und es herrscht eine reduzierende Zone. Der
dunkle innere Kegel ist frisches Gasgemisch und daher relativ kalt. Ohne Luftzufuhr brennt das Gas mit leuchtender Flamme.

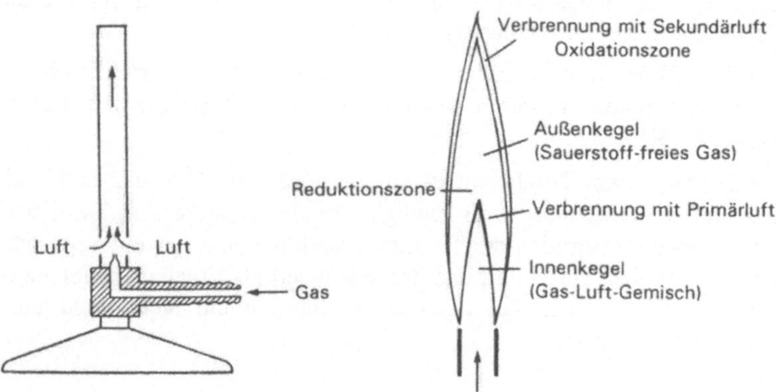

Abb.1. Bunsenbrenner und Bunsenflamme

Halten Sie eine trockene, saubere Porzellanschale einmal in die leuchtende und einmal in die mit Luft brennende blaue Flamme. Was beobachten Sie und was schließen Sie daraus über die leuchtende Flamme?

Üben Sie, in einem Reagenzglas einige mL Wasser unter Schütteln gleichmäßig am Kochen zu erhalten, ohne daß das obere Glasende zu heiß wird. Halten Sie niemals die Öffnung eines Reagenzglases während des Erhitzens auf sich selbst oder auf Nachbarn gerichtet, damit herausspritzende Substanz keinen Schaden anrichten kann!

Soll eine wässrige Lösung im Becherglas, Erlenmeyerkolben oder Porzellanschale auf einem Dreifuß und Bunsenbrenner erhitzt werden, so wird ein Drahtnetz mit Keramikbeschichtung oder eine Keramikplatte untergelegt. Verwenden Sie *nicht* eines der früher üblichen Asbestdrahtnetze.

Versuch 1.1.2 :   Glasbearbeitung

Glasrohre und -stäbe, einfache Pipetten und Kapillaren kann jeder selbst in die gewünschte Form bringen. Zum Bearbeiten von Glas nutzt man dessen allmähliches Erweichen beim Erhitzen aus, denn Glas ist ein nicht-kristallin erstarrter und daher in der Kälte spröder, aber in der Hitze wieder plastischer Stoff. Es besteht aus Silikaten von Natrium, Kalium und Calcium. Im besonders widerstandsfähigen Borosilikatglas für Laborzwecke (von hoher chemischer Beständigkeit und geringem Ausdehnungskoeffizienten beim Erwärmen) ist ein Teil des zur Herstellung verwendeten Siliciumdioxids (SiO_2, Quarzsand) durch Bor- und Aluminiumoxid (B_2O_3, Al_2O_3) ersetzt. Optische Spezialgläser bestimmter Brechzahl und Lichtdurchlässigkeit enthalten weitere Elemente (Magnesium, Barium, Chrom, Zink, Blei, Phosphor u.a.) in komplexer Zusammensetzung. Von höchster thermischer Beständigkeit und Durchlässigkeit auch für ultraviolettes Licht (UV) ist Quarzglas (reines SiO_2); es wird für Analysengeräte, zur Wasserdestillation und für Küvetten benötigt, aber kann wegen seines hohen Schmelzpunktes (etwa 1700 °C) nur vom Spezialisten bearbeitet werden.

Glasrohr und Glasstäbe: Schneiden Sie aus Meterware etwa 20 cm lange Stücke Glasrohr und Glasstab. Dazu ritzen Sie an der gewünschten Stelle mit einer Glasfeile (Ampullenfeile) auf einer Seite ein, legen beide Daumen gegenüber der Kerbstelle an und brechen das Glas unter etwas Druck "ziehend" auseinander. Weite Rohre können hierbei splittern; bei ihnen wird die Kerbstelle mit einem heißen Eisenstift berührt, worauf das Rohr meist an dieser Stelle springt. Die scharfkantigen Bruchenden werden unter ständigem Drehen in der heißen Bunsenbrennerflamme rundgeschmolzen. Das noch heiße Glas unter Fächeln abkühlen lassen, nur auf feuerfester Unterlage ablegen!

Aufgabe: Zwei ca. 20 cm lange Glasrohre sind herzustellen.

Glasrohr biegen: Enges Glasrohr wird in der heißen Flamme unter ständigem Drehen auf einer längeren Strecke erweicht und dann *außerhalb* der Flamme gleichmäßig zu einem rechten Winkel gekrümmt; dabei dürfen keine Verwindungen oder scharfen Knicke entstehen. Weites Glasrohr muß an einem Ende mit Stopfen verschlossen und unter mehrfachem Erhitzen und Aufblasen gebogen werden.

Aufgabe: Die beiden Stücke Glasrohr sind rechtwinklig abzubiegen.

Glasrohr zuschmelzen: Man erhitzt ein Glasrohr am Ende und zieht mit der Pinzette eine Spitze aus, die man abschneidet und abgerundet zuschmilzt. Gelegentlich will man kleine Proben in einem abgeschmolzenen Rohr verwahren, versenden oder umsetzen: Ziehen Sie ein Halbmikroreagenzglas oder eine vorbereitete Ampulle am oberen Ende unter Zuschmelzen aus; die Spitze darf nicht zu lang, dünn und zerbrechlich werden.

Aneinanderschmelzen: Man erhitzt die Enden zweier Rohre gleichzeitig einander gegenüber in der Flamme und bringt sie glühend zusammen. Den beim Zusammenstauchen entstandenen, noch nicht fest verbundenen Wulst erwärmt man erneut unter Drehen, zieht ein wenig auseinander, bläst ein wenig auf (ein Ende zustopfen) und so fort, bis an der Schweißstelle eine möglichst gleichmäßige Glaswand entstanden ist. Das heiße Werkstück muß dann langsam abkühlen ("tempern"); bei schnellem Abschrecken würden Spannungen oder Bruchstellen auftreten.

Pipetten und Kapillaren ziehen: Ein etwa 20 cm langes Glasrohr, das an beiden Enden rundgeschmolzen ist, wird in der Mitte unter Drehen gleichmäßig bis zum Erweichen erhitzt, aber nicht gebogen. Außerhalb der Flamme zieht man das Rohr gleichmäßig und kräftig, aber nicht zu schnell auseinander, bis die gewünschte Form und Länge erreicht ist; Teilung in der Mitte sollte zwei ungefähr gleiche Tropfpipetten ergeben. Zieht man dagegen das erhitzte Glasrohr außerhalb der Flamme rasch und kräftig auseinander, so entsteht ein langer Strang von Kapillarrohr, das man zerschneiden und zum Applizieren kleinster Tröpfchen auf Chromatogramme, Objektträger o. dergl. benutzen kann.

Aufgabe: Stellen Sie zwei Tropfpipetten und einige Kapillaren her.

1.2 Stoffe, Lösungen und Mischungen

Chemische Substanzen reagieren mit anderen Substanzen oder wirken auf ihre Umgebung (einschließlich Lösungsmittelmoleküle), weil verschiedene Atome - aufgrund ihres Aufbaus aus Elementarteilchen und der Stellung im Periodischen System der Elemente - unterschiedliche Elektronenhüllen haben, und weil somit auch die meisten Moleküle Bindungen von unterschiedlicher Polarität und räumlich unterschiedlicher Elektronendichteverteilung besitzen. Reaktionen zwischen Stoffen gehorchen den Gesetzen der *Stöchiometrie:* Mit einem Molekül Salzsäure (Chlorwasserstoff) reagiert 1 Molekül Natronlauge, mit einem Molekül Schwefelsäure aber reagieren 2 Moleküle NaOH unter Neutralisation zu Wasser.

$$HCl + NaOH \rightarrow H_2O + NaCl$$

$$H_2SO_4 + 2\,NaOH \rightarrow 2\,H_2O + Na_2SO_4$$

Definitionen der Stoffmenge und Konzentration

Entscheidend für das Ausmaß und die Geschwindigkeit chemischer Prozesse sind die Zahl der (pro Volumeneinheit) vorhandenen Moleküle, ihre Stoffmenge bzw. Konzentration. Alle quantitativen Angaben in der Chemie werden daher primär auf *Moleküle* bezogen und *nicht auf die Masse* in Gramm. Beachten Sie die folgenden Definitionen und eine korrekte Ausdrucksweise!

Definition der Stoffmenge: Die Einheit der Stoffmenge ist das Mol (Einheitssymbol mol). 1 mol ist die Stoffmenge, die ebenso viele Teilchen enthält wie in 12 g des reinen Kohlenstoffisotops ^{12}C Atome enthalten sind.

Da sich die Einheit mol nur auf die Zahl, nicht aber auf die Art der Teilchen bezieht, muß letztere stets angegeben werden.

In 1 mol Substanz sind $6{,}022 \cdot 10^{23}$ Teilchen enthalten. Diese experimentell bestimmbare Teilchenzahl bezeichnet man als Avogadrosche oder Loschmidtsche Konstante.

$$N_A = 6{,}022 \cdot 10^{23}\ \text{mol}^{-1}$$

Definition der molaren Masse: Die molare Masse M (Molmasse) ist die Masse
der Stoffmenge 1 mol

$$\text{Molare Masse} \quad M = g \cdot mol^{-1}$$

Für die Masse eines Teilchens (m) kann die Einheit dalton (Da) verwendet werden. 1 Da ist 1/12 der Masse des reinen Kohlenstoffisotops ^{12}C (Standardmasse,
$1,6602 \cdot 10^{-24}$ g). Diese Bezeichnungsweise ist bei höhermolekularen biochemischen Substanzen gebräuchlich, beispielsweise für Hämoglobin m $= 64\ 500$ Da
(64,5 kDa). Es gilt $M = m \cdot N_A$.

Den dimensionslosen Zahlenwert der molaren Masse bezeichnet man als relative
molare Masse M_r (früher Molekular- bzw. Atomgewicht, Formelgewicht). Relative Atom- oder Molekülmassen werden häufig angegeben (z.B. in Tabellen,
Katalogen, auf Chemikalienflaschen u. dergl.), und sie sind zur Ermittlung der
molaren Masse - aus der Summenformel einer Verbindung und durch Addition
der relativen Atommassen - gebräuchlich. Es gilt dann

$$\textbf{Molare Masse} \quad \textbf{M} = \textbf{M}_r \quad \textbf{g} \cdot \textbf{mol}^{-1}$$

Achten Sie auf präzise Ausdrucksweise: 1 mol Kochsalz ($M_r = 58,44$) hat die
Masse (und nicht "wiegt") 58,44 g.

Die chemisch eindeutige und vorgeschriebene Angabe einer Stoffmengenkonzentration c bezieht sich auf Mol und Liter:

$$\textbf{Konzentration} \quad \textbf{c} = \textbf{mol} \cdot \textbf{L}^{-1}.$$

Die Konzentration eines Stoffes X wird schriftlich in der Form c(X) ausgedrückt;
dasselbe bedeutet die ebenfalls noch übliche Schreibweise [X].

Die vollständige DIN-gerechte Angabe einer Stoffmengenkonzentration, z.B. für
Salzsäure mit dem Gehalt 1 mol/Liter, ist $c(HCl) = 1$ mol$\cdot L^{-1}$. In der Praxis wird
auch die Ausdrucksweise *Molarität* benutzt: 1 mol (molare Masse) pro Liter
heißt 1 molar, abgekürzt 1 M. Lösungen der Stoffmengenkonzentration 10^{-3} bzw.
10^{-6} mol pro Liter sind millimolar (mM) bzw. mikromolar (μM). Verwechseln
Sie aber niemals die Molarität (Konzentration) M mit der Stoffmenge mol oder
der molaren Masse M!

Für analytische Zwecke ist noch die Äquivalentkonzentration c(eq) oder Normalität (normal, N) gebräuchlich. Eine Äquivalentmenge n(eq) (frühere Einheit: val)
ist die Stoffmenge (mol) geteilt durch die Wertigkeit einer Ionensorte. Vorteil:
Eine 1 N H_2SO_4 (1/2 M) oder 1 N H_3PO_4 (1/3 M) sind einer 1 N NaOH (1/1 M)
direkt äquivalent.

Bei vielen angewandten Konzentrationsbestimmungen ist eine molare, stöchiometrische Angabe nicht möglich oder nicht nötig. Darum sind viele weitere Definitionen der Konzentration üblich, beispielsweise für die Löslichkeit von Salzen

oder Zuckern in Wasser, für analytisch bestimmte Stoffe, deren Molekülspecies und daher Molekülmasse nicht definiert sind (z.B. Phosphor-, Stickstoff-Gehalte) und zur Beschreibung von Spurenmengen, wo Molarität oder Prozentgehalt zu winzigen Zahlen führen würden. Beachten Sie in Tabellen und Literaturangaben genau, um welche Konzentrationsangabe es sich handelt und halten Sie sie streng auseinander! Gebräuchliche Ausdrucksweisen sind:

Molarität, c	mol/Liter Lösung
Löslichkeit	g Substanz/100 g Lösungsmittel
Prozentgehalt	g Substanz in 100 g Lösung (w/w) oder in 100 mL Lösung (w/v)
ppm (parts per million)	$1/10^6$ 1 µg/g oder mL; 1 mg/L; 1 g oder 1 mL/m^3
ppb (parts per billion)	$1/10^9$ 1 µg/kg oder L; 1 mg/m^3

Die *Dichte* (D.) eines Stoffes ist die Masse des Stoffes pro Volumeneinheit, ausgedrückt in g·cm^{-3} bzw. kg·L^{-1}; die Dimension wird häufig dem Zahlenwert nicht hinzugefügt. Dichte von Wasser bei 4 °C = 1,000, bei 20 °C = 0,998.

Ursache chemischer Reaktionen und Zustandsänderungen

Stoffe ändern ihren Aggregatzustand, treten in Wechselwirkung miteinander oder reagieren zu neuen Stoffen, wenn das ganze System einen stabileren Zustand erreicht als vorher, in dem Energie abgegeben bzw. "gewonnen" wird. Entscheidend ist dabei nicht allein die fühl- und messbare Wärmeabgabe (= Erwärmung) oder Wärmeaufnahme (= Abkühlung), sondern auch die - nicht so direkt messbare - Zunahme an Unordnung oder Entropie im System. Nach den Gesetzen der Thermodynamik laufen Reaktionen dann ab, wenn die aus Wärmebedarf *und* Entropie zusammengesetzte "Gibbssche Freie Enthalpie" G *ab*nimmt:

$$\Delta G = \Delta H - T \cdot \Delta S$$

ΔG Änderung der freien Enthalpie, Triebkraft einer Reaktion (kJ · mol^{-1})

ΔH Änderung der Enthalpie, Maß für Wärme (kJ· mol^{-1})

ΔS Änderung der Entropie, Maß für Unordnung eines Systems (kJ·mol^{-1}·Kelvin^{-1})

T   absolute Temperatur (Kelvin; Symbol K, nicht °K)

ΔG stellt die *maximale* Nutzarbeit dar, die aus einem Vorgang gewonnen und in chemische, mechanische oder elektrische Energie umgewandelt werden kann. Der tatsächlich erreichbare Betrag bleibt stets darunter ("Wirkungsgrad" << 100%).

Vorzeichendefinition:

Wärme-, Energie- und Entropiebeträge, die vom System abgegeben werden, sind negativ, die dem System zugeführt werden müssen, sind positiv.

> Eine Reaktion läuft spontan ab, wenn $\Delta G < 0$ (negativ) ist,
> ein System ist im Gleichgewicht, wenn $\Delta G = 0$ ist,
> eine Reaktion läuft nicht ab, wenn $\Delta G > 0$ (positiv) ist.

Die wichtige Bedingung $\Delta G < 0$ für spontan ablaufende Vorgänge kann durch verschiedene Kombinationen von Enthalpie- und Entropieterm (ΔH, ΔS) in der obigen Gleichung erfüllt werden:

ΔH negativ, ΔS positiv

Günstig: Wärme wird frei ("exotherme Reaktion") und Unordnung nimmt zu. Beispiel: Verbrennung eines festen Stoffes zu gasförmigen Produkten.

ΔH (stark) negativ, ΔS negativ

Wärme wird frei (günstig), aber Ordnung nimmt zu (ungünstig). Beispiel: Reaktion zweier Stoffe zu einem wie in der Knallgasreaktion ($2\ H_2 + O_2 \rightarrow 2\ H_2O$; aus 3 mol Gas mach 2 mol Flüssigkeit).

ΔH positiv, ΔS (stark) positiv

Wärmeverbrauchender ("endothermer") Prozess (ungünstig), aber Unordnung nimmt zu (günstig). Beispiel: Auflösung eines kristallinen Stoffes zu einzelnen Molekülen oder Ionen unter Abkühlung der Lösung.

In den beiden letzten Fällen hängt es von den Absolutwerten von Enthalpie und Entropie und von der Temperatur ab, was überwiegt: Bei tiefen Temperaturen ist i.a. der Enthalpieterm von größerer Bedeutung, bei hohen Temperaturen der Entropieterm (warum?). Diskutieren Sie die Beziehung $\Delta G = \Delta H - T \cdot \Delta S$ in den folgenden Versuchen; beachten Sie jeweils *alle* Komponenten des Systems einschließlich der Lösungsmittelmoleküle!

Reaktionen, bei denen Wärme verbraucht wird *und zugleich* die Ordnung zunehmen müßte, werden *von selbst nicht eintreten*. Beispiel: Eine Reaktion zwischen Luftstickstoff mit Wasser zu Ammoniumnitrit (eine hypothetische Art der Stickstoff-Fixierung, $N_2 + 2\ H_2O \rightarrow NH_4NO_2$) ist thermodynamisch *nicht* möglich.

Fazit: Aus thermodynamischen Daten (in Tabellenwerken) kann man in vielen Fällen berechnen und vorhersagen, ob eine bestimmte Reaktion - z.B. im Stoffwechsel neu entdeckter Bakterien - überhaupt möglich ist. Das heißt allerdings noch lange nicht, daß sie unter realen Bedingungen tatsächlich abläuft.

Intermolekulare Kräfte

Atome, Moleküle und Ionen üben Kräfte aufeinander aus, die je nach ihrer Art unterschiedlich stark und vom Abstand der Teilchen (r) abhängig sind.

Elektrostatische Kräfte, Ionenbindung

Der Energiegewinn bei der Anziehung zwischen einem positiv und einem negativ geladenen Teilchen ist nach dem Coulombschen Gesetz proportional dem Produkt der Ladungen, also im einfachsten Fall dem Quadrat der Elementarladung e des Elektrons, und umgekehrt proportional ihrem Abstand r:

$$E_{Ion/Ion} = - \frac{e^2}{r}$$

Bei der regelmäßigen Anordnung von Ionen im Kristallgitter eines Salzes (Abb. 2) wird eine große Gitterenergie frei, die nicht nur die Summe der Anziehungskräfte unmittelbar benachbarter Ionen, sondern auch Anziehungs- und Abstossungskräfte zwischen weiter entfernten Ionen enthält; daher ist ein zusätzliche Faktor zu berücksichtigen, der je nach geometrischer Anordnung der Ionen (z. B im Kochsalz-Gitter oder Zinkblende-Gitter) einen unterschiedlichen Wert hat. Ionenpaare gibt es aber auch in Lösungen, insbesondere in unpolarer Umgebung.

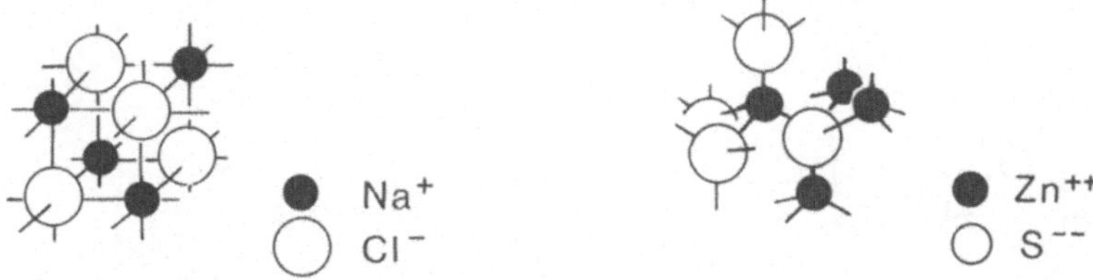

Abb.2. Zwei Beispiele für die räumliche Packung von Ionen in Kristallgittern. Natriumchlorid NaCl (links) kristallisiert im kubischen *Kochsalzgitter*, in dem jedes Natrium-Ion von 6 Chlorid-Ionen umgeben ist und umgekehrt. Im *Zinkblendegitter* des Zinksulfids ZnS (rechts) sind alle Ionen tetraedrisch von 4 entgegengesetzt geladenen umgeben. Welcher Gittertyp energetisch am günstigsten ist, hängt u.a. vom Verhältnis der Radien von Kation und Anion ab. Anionen sind größer als Kationen, weil in ihnen die Zahl der Elektronen die Kernladungszahl übertrifft und die effektive Anziehung der Elektronen durch den Kern damit geringer ist. In Wirklichkeit existiert im Gegensatz zur Zeichnung kein freier Raum zwischen den Ionen.

Dipolkräfte

Ebenso wie Ionen ziehen sich auch Moleküle gegenseitig an, wenn ihre Elektronen so ungleich verteilt sind, daß ein Dipol entsteht. Das ist der Fall in Bindungen zwischen Atomen unterschiedlicher Elektronegativität, wie H an Stickstoff, Sauerstoff oder Halogen, oder O an Kohlenstoff, *nicht aber* in der Kohlenstoff-Wasserstoff-Bindung (C-H). Besonders wichtig ist der Dipolcharakter des Wassers, das einen Bindungswinkel von 105° besitzt und in dem das Sauerstoffatom den Schwerpunkt negativer Ladung darstellt (Abb.3).

Permanente Dipole ordnen sich mit entgegengesetzten Ladungsschwerpunkten aneinander, wobei die Wechselwirkungsenergie proportional ihren Dipolmomenten μ und umgekehrt proportional r^3 ist. Die Energiefunktion wird durch die die Orientierung der Dipole störende Wärmebewegung der Moleküle kompliziert.

$$E_{\text{Dipol/Dipol}} = -\frac{\mu_1 \mu_2}{r^3} \quad \text{bzw.(genauer)} \quad -\frac{\mu_1^2 \mu_2^2}{T \cdot r^6}$$

Dipol-Dipol-Kräfte herrschen stets in flüssigem Wasser und in Mischungen von Wasser mit anderen polaren Stoffen (Alkoholen, Ammoniak u.v.a.). Durch Ionen-Dipol-Kräfte werden Ionen in polaren Lösungsmitteln solvatisiert (in Wasser: hydratisiert), indem die Lösungsmitteldipole eine Hülle um das Ion bilden (Abb.3). Auch dieser Zustand wird durch steigende Temperatur gestört.

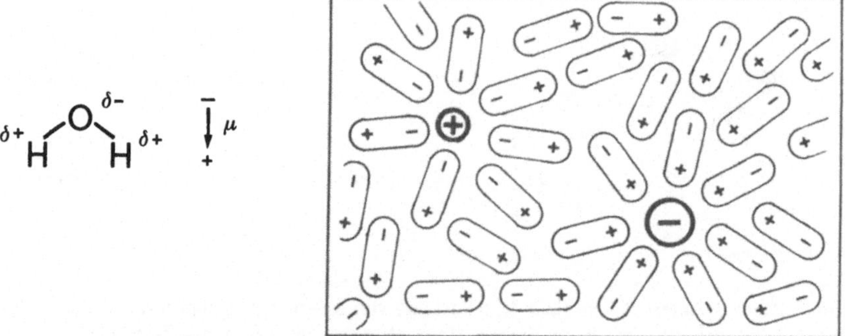

Abb.3. Links: Wassermoleküle haben ein Dipolmoment μ (1,844 Debye), negative Partialladung am Sauerstoff und positive Partialladungen an den Wasserstoffatomen. Rechts: Solvatation (in Wasser: Hydratation) von Ionen und Orientierung der Dipol-Solvensmoleküle in einem polaren Lösungsmittel. $\oplus$ Kation; $\ominus$ Anion; $(- \ +)$ Lösungsmittelmoleküle.

Eine in organischen und in Biomolekülen häufige und wichtige Situation ist die *Wasserstoffbrückenbindung*, in der ein kleines, elektropositives H-Atom in kurzem Abstand einem elektronegativeren Atom (meist O oder N) gegenübersteht wie in den Basenpaaren der Nucleinsäuren:

$$>N\!-\!H \ \cdots \ O\!=\!C<$$

Eine H-Brücke entspricht einem Energiebetrag von 13-24 kJ $\cdot$ mol^{-1}.

Induktionskräfte

Elektronenhüllen von Atomen und Molekülen sind nicht starr, sondern mehr oder weniger polarisierbar. Auch in symmetrischen Teilchen ohne permanentem Dipolmoment können in einem äußeren elektrischen Feld Elektronenverschiebungen eintreten: Ein starker Dipol induziert in einer polarisierbaren Substanz vorübergehend einen weiteren Dipol. Diese Wechselwirkungsenergie ist proportional zum Quadrat des induzierenden Dipolmoments μ und zur Polarisierbarkeit α, aber umgekehrt proportional zur 6. Potenz des Abstandes r und daher nur auf sehr kurze Abstände wirksam.

$$E_{\text{Dipol / induz. Dipol}} = -\,\frac{\mu^2\,\alpha}{r^6}$$

Große Polarisierbarkeiten haben die schweren Elemente mit großen Elektronenhüllen (z.B. Iod) sowie Moleküle mit Mehrfachbindungen.

Dispersionskräfte ("van der Waalssche Kräfte")

Wegen der Polarisierbarkeit von Elektronenhüllen, in denen statistisch *immer* Ungleichverteilungen und fluktuierende Dipole vorhanden sind, treten schließlich zwischen *allen* Molekülen (einschließlich Edelgase) gewisse, wenn auch schwache Anziehungskräfte auf. Die temperatur*un*abhängigen Dispersionskräfte sind den Polarisierbarkeiten proportional und wirken ebenfalls nur auf kürzeste Abstände.

$$E_{\text{induz. Dipol/induz. Dipol}} = -\,\frac{\alpha_1\,\alpha_2}{r^6}$$

Sie sind z.B für die Abweichungen realer Gase von den idealen Gasgesetzen bei höherem Druck verantwortlich.

Die gegenseitige Anziehung von Teilchen durch Dipol-, Induktions- und Dispersionskräfte beträgt zwar nur einige Prozent der Bindungsenergie kovalenter chemischer Bindungen. Weil aber solche Anziehungskräfte universell und manchmal sehr zahlreich sind (Wasserstoffbrücken!), kann ihr Beitrag in komplexen Systemen doch über die Art und Stabilität von wichtigen supramolekularen Strukturen (Protein-Nucleinsäure-Aggregate, Micellen) entscheiden. Für die Ausbildung der sog. "hydrophoben Bindungen" in Proteinen und Membranen in wässrigem Milieu müssen zusätzlich die Entropieverhältnisse betrachtet werden.

Lösungen und Mischungen

Chemie und Biochemie spielen sich zum überwiegenden Teil in wässrigen und nicht-wässrigen Lösungen ab. Feste Stoffe lösen sich in Lösungsmitteln auf, oder Flüssigkeiten mischen sich, wenn die Energiebilanz der zwischen ihren Molekülen oder Ionen und den Lösungsmittelmolekülen neu eintretenden Beziehungen insgesamt günstiger ist als die Beziehungen der Teilchen im reinen Stoff, wenn also ΔG negativ ist. Da Lösungsvorgänge mit Energieumwandlungen verknüpft sind, treten oft beträchtliche Temperatureffekte auf ("Lösungswärme", "Mischungswärme"), und die Löslichkeit oder gegenseitige Mischbarkeit von Substanzen ist i.a. temperaturabhängig.

Lösungsenthalpie positiv, endothermer Vorgang: Mischung kühlt sich ab
Lösungsenthalpie negativ, exothermer Vorgang: Mischung erwärmt sich

---

Salze (Ionen) lösen sich in polaren Medien unter Ausbildung von Ion-Dipol-Beziehungen. Nicht-ionische, aber polare Verbindungen werden in polaren Medien Dipol-Dipol-Beziehungen mit Lösungsmittelmolekülen eingehen, die ihre Mischung begünstigen. In OH-haltigen Substanzen (Wasser, Alkohole, Zucker) bilden sich gegenseitige Wasserstoffbrücken aus. Zwischen ionischen oder polaren Stoffen einerseits und völlig unpolaren Substanzen (Kohlenwasserstoffen) andererseits gibt es dagegen *keine* energetisch günstigen Wechselwirkungen, die eine gegenseitige Löslichkeit oder Mischbarkeit fördern würden: Sie bleiben getrennt. Erst verschiedene unpolare Substanzen können sich wieder unbegrenzt mischen, da keine spezifische Struktur gebrochen werden muß und die Entropiezunahme ins Gewicht fällt. Daraus folgt:

Ähnliches löst sich in Ähnlichem: Polare Stoffe in polaren
Lösungsmitteln, unpolare in unpolaren Lösungsmitteln

Versuch 1.2.1 : Lösen von Salzen unter Wärmeumsatz

Ionische Verbindungen sind oft bereits in festem Zustand stöchiometrisch mit Wassermolekülen assoziiert. Viele kristalline Salze enthalten hydratisierte ("Aquo-")Ionen und "Kristallwasser", das sich nur unter Energieaufwand entfernen läßt. Ob beim Auflösen von Salzen in viel Wasser (also beim Übergang des Kristalls in freie, hydratisierte Ionen) Wärme abgegeben oder verbraucht wird, hängt von den individuellen Verhältnissen ab. Beobachten und begründen Sie die auftretenden Wärmeeffekte in den folgenden Systemen.

Eine Probe blaues kristallwasserhaltiges Kupfersulfat der Zusammensetzung $CuSO_4 \cdot x\ H_2O$ (etwa 1 g, *genau* gewogen) wird in einer gewogenen Porzellanschale über dem Bunsenbrenner vorsichtig erhitzt. Das Salz verliert langsam die blaue Farbe und wird schmutzig weiß. Nach Abkühlen bestimmt man die Gewichtsdifferenz und errechnet die abgegebenen Mole Kristallwasser (x) pro Mol $CuSO_4$. Das wasserfreie $CuSO_4$ wird in ein Reagenzglas gefüllt und mit 3 mL Wasser versetzt. Mit dem Thermometer bestimmt man die Temperaturveränderung beim Lösen. Ursache?

Geben Sie eine Probe gekörntes wasserfreies Calciumchlorid $CaCl_2$ in ein Reagenzglas, fügen einige mL Wasser zu und beobachten wieder die Temperaturänderung. Weil es begierig Wasser aufnimmt, kann man $CaCl_2$ als Trockenmittel in nicht-wässrigen (z.B. etherischen) Lösungen verwenden.

Endotherm (unter Energieaufnahme, mit positiver Lösungsenthalpie ΔH) lösen sich kristallwasserfreies Kaliumchlorid KCl und kristallwasserhaltiges Calciumchlorid $CaCl_2 \cdot 6\ H_2O$. Je 10 mL Wasser bzw. Eiswasser werden in Erlenmeyerkolben auf ihre Temperatur geprüft, dann 3 g abgewogenes KCl bzw. 10 g $CaCl_2 \cdot 6\ H_2O$ zugefügt und rasch unter Rühren gelöst. Die Temperaturänderung wird mit dem Thermometer verfolgt. Derartige Systeme dienen als Kältemischungen; im ersten Fall können Temperaturen bis $-12\ ^\circ C$, im zweiten bis $-55\ ^\circ C$ erreicht werden.

Versuch 1.2.2 : Umkristallisieren von Kaliumperchlorat

Die Löslichkeit und ihre Temperaturabhängigkeit sind für jeden einzelnen Stoff charakteristisch. Substanzgemische kann man trennen und Rohprodukte reinigen, indem man Unterschiede dieser Eigenschaften ausnutzt. Ist eine Lösung bei einer bestimmten Temperatur an Stoff A gesättigt, an Stoff B noch nicht, so wird beim Abkühlen (i.a. = Löslichkeitserniedrigung) A zuerst auskristallisieren ("Bodenkörper"), während B bevorzugt in der Lösung ("Mutterlauge") verbleibt. Sind die Löslichkeitsunterschiede gering, so muß die Prozedur wiederholt werden.

Etwa 5 g mit Kaliumpermanganat $KMnO_4$ verunreinigtes und dadurch gefärbtes Kaliumperchlorat $KClO_4$ werden in der eben ausreichenden Menge heißen Wassers gelöst. Dazu bringt man in einem geeigneten Erlenmeyerkolben ca. 50 mL Wasser bis nahe zum Sieden, übergießt das Salz in einem zweiten Erlenmeyerkolben zunächst mit wenig und unter Umschwenken und Erhitzen portionsweise mit weiterem heißen Wasser, bis alle Kristalle gelöst sind. Dann wird durch einen zuvor unter heißem Wasser oder im Trockenschrank erhitzten Trichter mit Papierfilter heiß filtriert. (Das Filterpapier muß feucht *dicht* am Trichter anliegen!) Das rote Filtrat kühlt man zunächst unter fließendem Wasser, dann in einem Eis-Wasser-Bad ab. Die ausgeschiedenen Kristalle isoliert man auf einer Nutsche (Büchner-Trichter) mit passendem Rundfilter und Saugflasche im Vakuum. Dazu wird die eiskalte Kristall-Mutterlauge-Mischung auf die Nutsche gegeben, abgesaugt, mit wenig Eiswasser nachgewaschen und die Kristalle zuletzt mit einem Glasstopfen fest zusammengepreßt. Eine kleine Probe des Salzes hebt man im Reagenzglas auf, der Rest wird erneut umkristallisiert, bis die Kristalle farblos sind (3-4 mal). An den von jedem Schritt gesammelten Proben läßt sich der Reinigungseffekt optisch verfolgen. Zum Schluß wird das reine weiße Salz an der Luft getrocknet und gewogen. Man berechne die *Ausbeute* des gereinigten Produktes als Prozent der Einwaage an unreinem Ausgangsmaterial.

Registrieren Sie die sehr geringe Löslichkeit von Kaliumperchlorat in der Kälte! Diese Eigenschaft macht man sich zunutze, um Kalium-Ionen aus verdünnten Lösungen durch Zusatz von Perchlorsäure auszufällen.

Versuch 1.2.3 :   Löslichkeit von polaren und unpolaren Substanzen in
polaren und unpolaren Lösungsmitteln

In Reagenzgläsern mit je 2 mL Wasser, Ethanol, Chloroform prüfe man folgende Substanzen auf ihre Löslichkeit bzw. Mischbarkeit; notieren Sie, ob löslich, schwerlöslich oder unlöslich, und achten Sie ggf. auf unterschiedliche Farben.

	Wasser	Ethanol	Chloroform
2 mL Ethanol (C_2H_5OH)			
0,5 mL Cyclohexan (C_6H_{12})			
0,5 g Glucose ($C_6H_{12}O_6$)			
1 Spatelspitze Pentaacetylglucose			
2 mL Chloroform ($CHCl_3$)			
ein kleiner Kristall Iod			

Zu den Mischungen Wasser/Ethanol und Wasser/Glucose gibt man mehrere Spatelspitzen Ammoniumsulfat $(NH_4)_2SO_4$ und wartet einige Zeit. Was passiert?

Schreiben Sie die Strukturformeln der verwendeten Substanzen auf. Interpretieren Sie Ihre Beobachtungen auf der Basis von Dipol-Wechselwirkungen, H-Brücken und Dispersionskräften sowie Enthalpie- und Entropiebeiträgen.

Versuch 1.2.4 : Biomoleküle in Lösung

Niedermolekulare biochemische Substanzen, die Ionen- oder Dipolcharakter haben (Carbonsäuren, Aminosäuren, Nucleotide, Zucker) lösen sich "unter physiologischen Bedingungen" wie oben beschrieben. Aber auch die polaren Makromoleküle der Proteine und Nucleinsäuren sind - im Gegensatz zu Kunststoffen - trotz ihrer hohen Molmassen in wässrigen Systemen löslich, weil die "native" Struktur durch ionische und dipolare Kräfte, Wasserstoffbrücken sowie durch große Entropiebeiträge stabilisiert wird. Die Moleküle werden i.a. als Ganzes von einer Hydrathülle umgeben. Allerdings ist diese Situation störanfällig: Die Stoffe fallen bei Änderungen der Zusammensetzung der Lösung oder Temperatur leicht aus und "denaturieren". Auch ist zu beachten, daß die *Geschwindigkeit* der Auflösung oft viel geringer ist als bei niedermolekularen Substanzen.

1 Spatelspitze (20-30 mg) eines typischen Proteins (Globulin oder Albumin) löst man in 3 mL physiologischer Kochsalzlösung (0,9 % NaCl) und verteilt auf drei Reagenzgläser. Zum ersten gibt man ca. 1 g Ammoniumsulfat, zum zweiten 3 mL Ethanol, und das dritte wird kurz auf 80–90 °C erhitzt. Was ist zu beobachten? Vergleiche die ausfallenden Niederschläge mit einem auskristallisierenden Salz; wie nennt man solche Niederschläge? Man prüfe, ob sich das ausgefallene Protein bei Verdünnen mit Wasser wieder auflöst. Insbesondere die reversible Fällung (Dehydratisierung) durch $(NH_4)_2SO_4$ wird oft präparativ genutzt.

Nucleinsäuren sind wegen ihrer zahlreichen Phosphatreste Polyanionen und in Wasser und Salzlösungen gut, aber langsam löslich. Sie sind sehr stark hydratisiert. Falls verfügbar, wird eine Probe hochmolekularer Desoxyribonucleinsäure (DNA) in 2 mL 2 M NaCl-Lösung zu einer viskosen Lösung aufgelöst (am besten über Nacht). Man teilt die Probe und prüft wie beim Protein auf den Einfluß von Ammoniumsulfat und Ethanol; mit dem Alkohol vorsichtig überschichten und langsam umschwenken (aber nicht schütteln) und die Form der Ausfällung beachten! Diskutieren Sie die Unterschiede. Zur Erhöhung der Löslichkeit von DNA wäre (im Gegensatz zu Salzen) eine Temperaturerhöhung *nicht* angebracht - Warum ?

Löslichkeitsprodukt

Häufig beobachtet man, daß sich ein schwerlösliches Salz AB in einem bestimmten Volumen eines Lösungsmittels bei festgelegter Temperatur nur teilweise löst. Wenn die Löslichkeit von AB erreicht ist und sich eine gesättigte Lösung gebildet hat, sind die gelösten, aber undissoziierten Moleküle $(AB)_{gelöst}$ an zwei Gleichgewichten beteiligt:

• einem heterogenen Zwei-Phasen-Gleichgewicht zwischen $(AB)_{gelöst}$ und dem nicht gelösten Anteil $(AB)_{fest}$, dem sog. Bodenkörper, sowie

• dem homogenen Dissoziationsgleichgewicht zwischen $(AB)_{gelöst}$ und den gelösten Ionen A^+ und B^-.

$$(AB)_{fest} \rightleftarrows (AB)_{gelöst} \rightleftarrows (A^+)_{gelöst} + (B^-)_{gelöst}$$

Nach dem Massenwirkungsgesetz gilt für die zweite Stufe dieses zweistufigen Gleichgewichts:

$$\frac{c(A^+) \cdot c(B^-)}{c(AB)_{gelöst}} = K$$

wobei $c(A^+)$, $c(B^-)$ und $c(AB)$ die Konzentrationen in $mol \cdot L^{-1}$ sind und K die Dissoziationskonstante ist.

Solange ein Bodenkörper (AB) vorhanden ist, bleibt die Konzentration $c(AB)$ der gelösten undissoziierten Moleküle konstant. In wässriger Lösung ohne Bodenkörper tritt vollständige Dissoziation ein, d.h. $c(AB_{gelöst}) = 0$. Man kann daher $c(AB)$ und K zu einer neuen Konstante vereinigen, dem Löslichkeitsprodukt K_L oder L_p:

$$c(A^+) \cdot c(B^-) = K \cdot c(AB) = K_L = L_p$$

(Gelegentlich benutzt man auch den Ausdruck pL_p = negativer dekadischer Logarithmus von L_p).

Die Löslichkeit L (= Sättigungskonzentration) eines Stoffes AB wird durch sein Löslichkeitsprodukt L_p wie folgt bestimmt:

$$L = c(AB) = c(A^+) = c(B^-) = \sqrt{L_p}$$

Liegt ein Salz der allgemeinen Zusammensetzung $A_i B_k$ vor, gilt als Zusammenhang zwischen der Löslichkeit L und dem Löslichkeitsprodukt L_p :

$$L = {}^{i+k}\sqrt{\frac{L_p}{i^i \cdot k^k}}$$

Mit Hilfe der Löslichkeit L und des Löslichkeitsprodukts L_p können Salze als *leichtlöslich* ($L_p > 1$ bzw. $pL_p < 0$) bzw. *schwerlöslich* ($L_p < 1$ bzw. $pL_p > 0$) klassifiziert werden. Zur näheren Charakterisierung von leichtlöslichen Salzen benutzt man meist die Sättigungskonzentration in g Salz je 100 g Lösungsmittel, während man bei schwerlöslichen Salzen L_p angibt, aus dem sich L ermitteln läßt.

Mit Hilfe des Löslichkeitsproduktes kann man Fällen und Lösen von Substanzen beschreiben. Das ist wichtig für Fällungsanalysen: Gibt man zur verdünnten Lösung eines schwerlöslichen Stoffes eine Sorte der im Gleichgewicht vorhandenen Ionen zusätzlich im Überschuß zu ("gleichioniger Zusatz"), so wird das Löslichkeitsprodukt überschritten und der Stoff fällt unlöslich aus. Sorgt man umgekehrt dafür, daß eine Komponente aus dem Gleichgewicht entfernt wird, so wird ein schwerlöslicher Stoff in Lösung gehen, sobald sein Löslichkeitsprodukt unterschritten wird.

Rechenbeispiele:

Die Löslichkeit L von Silberchlorid AgCl in Wasser beträgt $1{,}3 \cdot 10^{-5}$ mol·L^{-1}. Wie groß ist das Löslichkeitsprodukt L_p von AgCl?

Lösung: Die Reaktionsgleichung für das Lösen von AgCl lautet

$$AgCl(\text{fest}) \ \rightleftarrows \ Ag^+ \ + \ Cl^-$$

Die Konzentration des gelösten Silberchlorids entspricht der Konzentration der Silberionen und auch der der Chloridionen. Da das Löslichkeitsprodukt das Produkt der Silber- und Chloridionen-Konzentrationen ist, ist

$$L_p \ = \ c(Ag^+) \ \cdot \ c(Cl^-) \ = \ 1{,}3 \cdot 10^{-5} \ \cdot \ 1{,}3 \cdot 10^{-5} \ = \ 1{,}7 \cdot 10^{-10} \ mol^2 L^{-2}.$$

Frage: Ist AgCl in einer 0,01 M NaCl-Lösung leichter oder schwerer löslich als in reinem Wasser? Wie groß ist seine Löslichkeit?

Lösung: Die Chloridionen sind sowohl an dem obigen Gleichgewicht als auch an folgendem beteiligt:

$$NaCl(\text{fest}) \ \rightleftarrows \ Na^+ \ + \ Cl^-$$

Da nur eine sehr kleine Menge an Chloridionen aus dem AgCl-Gleichgewicht stammt, darf man annehmen, daß die Gesamtkonzentration der Chloridionen 0,01 mol·L^{-1} bleibt. Die Konzentration an Silberionen, die sich aus der Beziehung für L_p ergibt, entspricht dann der Löslichkeit L von AgCl:

$$c(Ag^+) \ = \ \frac{L_p(AgCl)}{c(Cl^-)} \ = \ \frac{1{,}7 \cdot 10^{-10} \ mol^2 \ L^{-2}}{10^{-2} \ mol \cdot L^{-1}} \ = \ 1{,}7 \cdot 10^{-8} \ mol \cdot L^{-1}$$

Die Löslichkeit L von AgCl ist also in der 0,01 M NaCl-Lösung tausendmal *kleiner* als in reinem Wasser.

Versuch 1.2.5 : Verschiebung der Löslichkeit durch gleichionigen Zusatz

Man füllt drei Reagenzgläser mit je 3 mL gesättigter wässriger Kaliumperchlorat-Lösung ($KClO_4$, siehe Vers. 1.2.2) und gibt jeweils 0,5 - 1 mL einer gesättigten NaCl-Lösung, einer gesättigten KCl-Lösung sowie einer 30 %igen Perchlorsäure $HClO_4$ hinzu. Beobachten Sie, in welchen Fällen eine Ausfällung eintritt und deuten Sie Ihre Beobachtungen mit Hilfe des Massenwirkungsgesetzes.

Versuch 1.2.6 : Kalkgleichgewicht

Calciumcarbonat (Kalk) fällt beim Zusammengeben von Calcium- und Carbonationen aus:

$$Ca^{2+} + CO_3^{2-} \rightleftharpoons CaCO_3$$

$$L_p(CaCO_3) = c(Ca^{2+}) \cdot c(CO_3^{2-}) = 0{,}5 \cdot 10^{-8} \ mol^2 \cdot L^{-2}$$

Schütteln Sie einen Spatel voll Calciumhydroxid $Ca(OH)_2$ einige Minuten lang in 50 mL Wasser, filtrieren dann in einen Erlenmeyerkolben und verdünnen dort mit weiteren 50 mL Wasser. Diese Lösung enthält Ca^{2+}-Ionen und OH^--Ionen. Carbonationen erzeugen Sie *in* der Lösung durch Neutralisation der OH^--Ionen mit Kohlensäure, die man als CO_2 gasförmig einleitet:

$$CO_2 + 2\,OH^- \rightarrow CO_3^{2-} + H_2O$$

Dazu wird ein Erlenmeyerkolben mit einigen Stücken Trockeneis gefüllt (festes Kohlendioxid vom Sublimationspunkt -78 °C), in warmes Wasser gestellt und mit einem durchbohrten Stopfen und Gasableitungsrohr versehen; es entwickelt sich ein langsamer CO_2-Strom. Leiten Sie CO_2 in die $Ca(OH)_2$-Lösung bis zu starker Trübung durch ausfallendes $CaCO_3$. Der Versuch gelingt auch, wenn Sie in die $Ca(OH)_2$-Lösung einige Zeit lang ausgeatmete Luft einblasen, die etwa 4 % CO_2 enthält.

Die Carbonationen befinden sich zusätzlich im Gleichgewicht mit Hydrogencarbonationen HCO_3^- und mit physikalisch gelöstem Kohlendioxid. Dieses "Kalkgleichgewicht" wird beschrieben durch

$$CO_3^{2-} + CO_2 + H_2O \rightleftharpoons 2\,HCO_3^- \ .$$

In Gegenwart von *viel* Kohlendioxid sinkt also durch Bildung von Hydrogencarbonat die Konzentration an Carbonat und das Löslichkeitsprodukt von $CaCO_3$

wird unterschritten. Es geht solange $CaCO_3$ aus dem Bodenkörper in Lösung, bis das Produkt der Carbonat- und Calcium-Ionenkonzentrationen wieder gleich L_p ist. In der Natur tritt diese Reaktion in Kalkgebirgen auf (Karstbildung).

Füllen Sie eine kleinere Menge der erhaltenen $CaCO_3$-Suspension in ein Reagenzglas und leiten weiteres CO_2 ein: Nach einiger Zeit wird sich der Niederschlag als Calciumhydrogencarbonat $Ca(HCO_3)_2$ lösen.

Wird andererseits die Konzentration an CO_2 durch Kochen der Lösung erniedrigt, nimmt die Konzentration der Carbonationen zu und das Löslichkeitsprodukt wird überschritten: Kalk entsteht. Dieser Vorgang spielt sich beim Erhitzen von calciumhydrogencarbonat-haltigem Wasser in Dampfkesseln ab (Abscheidung von Kesselstein); auch die Bildung von Tropfsteinen in Höhlen beruht auf dem Ausfällen von Kalk bei Abnahme der CO_2-Konzentration.

Erhitzen Sie die oben hergestellte Calciumhydrogencarbonat-Lösung vorsichtig über dem Bunsenbrenner: CO_2 wird ausgetrieben und Calciumcarbonat wird erneut ausfallen.

Verteilungsgleichgewichte

Oberhalb des absoluten Nullpunktes - d.h. unter natürlichen Bedingungen immer - besitzen Moleküle kinetische Energie und befinden sich in ständiger regelloser Bewegung; ihre mittlere Geschwindigkeit ist proportional $\sqrt{T}$ und umgekehrt proportional $\sqrt{m}$ (T absolute Temperatur, m Masse der Teilchen). Die "Brownsche Molekularbewegung" sorgt in Gasen und in Lösungen dafür, daß sich räumlich getrennte, unterschiedlich hohe Stoffkonzentrationen nach einiger Zeit von selbst ("spontan") und ohne äußere Energiezufuhr ausgleichen. Es wird ein nach außen hin konstanter, dynamischer Gleichgewichtszustand erreicht, in dem die für eine gegebene Temperatur charakteristische freie Enthalpie ΔG als günstigste Kombination von Enthalpiebeiträgen (ΔH, intermolekulare Kräfte) und Entropiebeiträgen (ΔS, größtmögliche Unordnung) des Gesamtsystems realisiert ist. Solche reversiblen Prozesse ohne chemische Stoffänderung sind in der Natur und in lebenden Zellen häufig: Verdunstung und Kondensation, Diffusion, Osmose und Dialyse. Ebenso werden Verteilungsgleichgewichte in flüssiger Phase bei chemischen Verfahren zur Trennung von Stoffgemischen ausgenutzt (Destillation und Extraktion, Kapitel 3.1).

Versuch 1.2.7 : Diffusion und Dialyse

Zwischen ursprünglich getrennten und unterschiedlichen, aber mischbaren Phasen (Gas/flüssig oder flüssig/flüssig) verschwinden durch Diffusion Phasengrenzen und Konzentrationsgefälle; die Moleküle gehen von selbst in die jeweils andere Phase über und nehmen letztendlich den größtmöglichen Raum ein, denn ΔS nimmt .... (zu oder ab?).

Geben Sie in ein Reagenzglas etwa 3 cm hoch eine gelbe wässrige Lösung von Riboflavin (Vitamin B_2) und *unterschichten* dann mit ebensoviel einer spezifisch schwereren Glycerin-Wasser-Mischung (1:1). Stellen Sie das Reagenzglas ohne Erschütterung zur Seite und beobachten Sie über längere Zeit die Änderung der scharfen Phasengrenze und der Farbe. Welche Moleküle diffundieren in welche Richtungen?

Dialyse: Sind zwei mischbare Lösungen nicht nur durch eine Grenzschicht, sondern durch eine permeable *Membran* getrennt, so kann ein Ausgleich von Konzentrationsunterschieden nur für solche Teilchen erfolgen, die die Membran wegen ihrer passenden Größe oder Struktur passieren können. Dialysieren ist eine biochemische - und medizinische - Methode zum Entfernen kleiner Moleküle aus Lösungen von Makromolekülen (i.a. von Salzen aus Proteinlösungen). Zum leichteren Nachweis verwenden wir wieder gefärbte Lösungen, nämlich eine Mischung des niedermolekularen gelben Riboflavins (0,1 mg/mL) und des braunroten Proteins Hämoglobin (10 mg/mL) in 0,9 %iger NaCl-Lösung. Füllen Sie etwa 10 mL der Mischung in einen kleinen vorgequollenen Dialysierschlauch (eine synthetische semipermeable Membran), binden knapp über dem Flüssigkeitsstand ab und tauchen ihn in ein wassergefülltes Becherglas oder einen Meßzylinder. Beobachten Sie die im Verlauf einiger Stunden eintretenden Änderungen. Außer der Farbe können Sie im Dialysat auch das Auftreten von Chloridionen feststellen (Versuch 2.1.3).

Versuch 1.2.8 : Verteilung von Iod zwischen zwei Phasen

Moleküle treten auch zwischen aneinandergrenzenden nicht-mischbaren Flüssigkeiten (z.B. Wasser/Chloroform, Wasser/Ether) in die andere Phase über. Sind die zwischen einer Substanz und zwei verschiedenen Lösungsmitteln herrschenden intermolekularen Kräfte unterschiedlich stark, so stellen sich von selbst unterschiedlich hohe Konzentrationen in den beiden Phasen ein. Ihre Verteilung wird durch den Nernstschen Verteilungskoeffizienten K (oft auch α genannt) quantitativ beschrieben. K ist temperaturabhängig.

$$\frac{c(\text{Phase 1})}{c(\text{Phase 2})} = K$$

Auf dieser Gesetzmäßigkeit beruht die Extraktion von Stoffen. Die Trennung nicht-mischbarer Flüssigkeiten nimmt man i.a. in Scheidetrichtern vor, aus denen die untere Phase sauber zu entnehmen ist. In einfachen Fällen kann man aber auch eine Phasenverteilung in Reagenzgläsern durchführen und die Phasen separat abpipettieren.

Die Löslichkeit von Iod in Wasser und Chloroform haben Sie bereits in Vers. 1.2.3 geprüft. In reinem Wasser löst sich Iod sehr wenig; durch Zusatz von Kaliumiodid KI wird die Löslichkeit als Kaliumtriiodid erhöht ("Iodiodkaliumlösung").

Reversibler Phasenübertritt: 5 mL der ausgegebenen braunen Iodlösung (0,1 % Iod in 5 % KI) werden im Reagenzglas oder kleinem Scheidetrichter mit 5 mL Chloroform geschüttelt. Man entnimmt die obere wässrige Phase mit einer Pipette, überführt sie in ein weiteres Reagenzglas und schüttelt erneut mit 5 mL frischem Chloroform. Umgekehrt wird die erste violette Chloroform-Phase mit 5 mL farbloser wässriger Kaliumiodid-Lösung (5 %ig) versetzt und geschüttelt. Haben sich die Iodmoleküle erneut zwischen den Phasen verteilt?

Wirksamkeit vielfacher bzw. einmaliger Extraktion: In zwei Reagenzgläser gibt man je 5 mL Iodlösung und extrahiert die erste Probe dreimal nacheinander mit je 5 mL $CHCl_3$; die dritte $CHCl_3$-Phase wird zum Vergleich aufbewahrt. Die Parallelprobe wird so oft mit 2 mL-Portionen $CHCl_3$ extrahiert, bis das Chloroform die gleiche Färbung hat wie die dritte $CHCl_3$-Phase der ersten Extraktion. Wieviel mL $CHCl_3$ wurden im zweiten Fall zur Erreichung des gleichen Extraktionsgrades gebraucht? Mehrere kleine Volumina eines Extraktionsmittels sind stets wirksamer als einmalige Extraktion mit größerem Volumen.

Fragen und Anregungen

1. Eine Schneedecke ist mit Viehsalz (NaCl) gestreut. Wird der Schneematsch eine Temperatur unter oder über 0 °C besitzen? Welche Eigenschaften müssen Sie kennen?

2. Deuten Sie die Reihe der Gitterenergien in folgenden kristallinen Salzen:

Substanz	NaF	NaCl	NaBr	NaI
$kJ \cdot mol^{-1}$	−910	−770	−740	−690

3. Die molare Lösungswärme ist die Wärmemenge, die beim Auflösen von 1 mol Gelöstem frei wird (exotherm) oder verbraucht wird (endotherm). Vorzeichen für ΔH? Wie würden Sie vorgehen, um ΔH experimentell zu bestimmen? (Man braucht ein ....meter).

4. Schwefelwasserstoff H_2S ist bei Zimmertemperatur im Gegensatz zu Wasser gasförmig. Welche der beiden Verbindungen benimmt sich anomal?

5. Die Löslichkeitseigenschaften von Proteinen und Nucleinsäuren wurden oben geprüft. Welches Verhalten ist für Polysaccharide (z. B. Stärke, Glycogen) zu erwarten?

6. Welche Änderungen von Enthalpie und Entropie erwarten Sie in der bekannten Ammoniaksynthese aus Stickstoff und Wasserstoff (Haber-Bosch-Verfahren) ? Reaktionsgleichung bitte!

7. Welches sind die bekannten Kristallwasserformen von Calciumsulfat und wo benutzt man den Übergang zwischen ihnen im Alltag? ($\rightarrow$ Chemie-Buch)

8. Das Löslichkeitsprodukt L_p von Bleisulfat $PbSO_4$ ist $2 \cdot 10^{-8}$ $mol^2 \cdot L^{-2}$. Wie groß ist die molare Löslichkeit, wieviel g lösen sich in 100 g wässriger Lösung? Ist die Löslichkeit des $PbSO_4$ in einer Autobatterie größer oder kleiner?

9. Welche Vorgehensweise ist nötig, wenn ein in Chloroform löslicher Naturstoff aus wässrigem Material isoliert werden soll, sich der Verteilungskoeffizient aber nur wenig von 1 unterscheidet?

10. Bei einem Blutalkoholgehalt von 1 Promille sind in 1 Liter Blut .... g reiner Ethanol (C_2H_5OH) enthalten, im gesamten Blutvolumen eines Menschen also .... g. Berechnen Sie die Konzentration in mol oder mmol pro Liter! (In dieser Form würde die Konzentrationsangabe beispielsweise bei einer Alkoholbestimmung mit Hilfe des Enzyms Alkoholdehydrogenase erhalten.)

11. Luft enthält neben Stickstoff (78 %), Sauerstoff (21 %) und Edelgasen 0,035 % Kohlendioxid CO_2. Das Molvolumen dieses "nicht-idealen Gases" bei 0 °C und 1013 mbar (1 atm) Druck beträgt 22,26 L (ideale Gase: 22,41 L $\rightarrow$ Physikalische Chemie). Wieviel µmol oder mmol und µg oder mg CO_2 sind in 1 L Luft, wieviel in 1 Kubikmeter? Für welchen grundlegenden biologischen Vorgang ist die Kenntnis dieser Mengen wichtig?

1.3 Säuren, Basen und Puffer

Reaktionen unter Beteiligung von Säuren und Basen sind in Chemie und Biochemie sehr häufig. Daß Schwefelsäure in der Autobatterie und Essig- oder Citronensäure ganz verschieden "sauer" und gefährlich sind, weiß zwar jeder; wenn Sie auch die *Ursachen* solcher Unterschiede verstehen möchten, seien Sie nicht sauer über die folgenden Seiten Theorie!

Das Massenwirkungsgesetz

Säure-Base-Reaktionen sind typische Reaktionsgleichgewichte. In allen solchen Systemen, in denen Stoffe hin- (Reaktion 1) und zurückreagieren (Reaktion 2)

$$A + B \underset{2}{\overset{1}{\rightleftharpoons}} C + D$$

werden die Konzentrationsverhältnisse durch das *Massenwirkungsgesetz* beschrieben (eckige Klammern bedeuten die Konzentration von A, B usw.):

$$\frac{[C] \cdot [D]}{[A] \cdot [B]} = K$$

In Worten: Im Gleichgewichtszustand ist der Quotient aus dem Produkt der Konzentrationen der Reaktionsprodukte und dem Produkt der Konzentrationen der Ausgangsstoffe (Edukte) eine Konstante. Die Gleichgewichtskonstante K hängt nur von der Temperatur und vom Druck ab.

Diese Gesetzmäßigkeit kann man - vereinfachend - aus den Reaktionsgeschwindigkeiten v für Reaktion 1 und 2 ableiten, die von der Zahl der Zusammenstöße zwischen A und B bzw. zwischen C und D und damit von deren Konzentrationen sowie den Geschwindigkeitskonstanten k (als Proportionalitätsfaktor) abhängen:

$$v_1 = k_1 \cdot [A] \cdot [B] \quad \text{bzw.} \quad v_2 = k_2 \cdot [C] \cdot [D].$$

Zum Zeitpunkt, an dem $v_1 = v_2$ wird, verändert sich das System in der Zusammensetzung nicht mehr, sondern steht in einem dynamischen Gleichgewicht; ersetzt man k_1/k_2 durch die neue Konstante K, so erhält man das Massenwirkungsgesetz.

Merke: Das Massenwirkungsgesetz gilt für *alle* Bereiche der Chemie, nicht nur für Säure-Base-Reaktionen.

Protonenübertragungen

Die Übertragung eines Protons H^+, des kleinsten Teilchens, von einem Molekül auf ein anderes ist eine der einfachsten, schnellsten und häufigsten chemischen Reaktionen. Protonenübertragungen treten ein, wenn ein Molekül aus einer bestimmten Bindung A-H den Wasserstoff ohne Bindungselektronen (eben als H^+) freisetzen kann und ein anderer Stoff das H^+-Ion an einer bestimmten Struktur B wieder bindet: Der erste Stoff ist eine Säure, der zweite eine Base.

> Nach Brönsted definiert man
> **Säure = Protonendonator,   Base = Protonenakzeptor**

Warum ein Proton aus bestimmten H-A-Bindungen ganz verschiedener Moleküle oder Ionen (z.B. Chlorwasserstoff bzw. Salzsäure HCl, Essigsäure CH_3COOH, einem Hydrogenphosphat-Ion HPO_4^{2-}, dem Ammonium-Ion NH_4^+, *nicht aber* direkt aus Wasserstoff-Gas H-H oder Methan CH_4) frei werden kann, besprechen wir im Detail bei der Acidität organischer Säuren (Kapitel 3.6). Wichtig ist, daß die H-A-Bindung von Natur aus polarisiert und A der elektronegativere, stärker elektronenanziehende Partner ist und ferner, daß das nach Abdissoziation von H^+ zurückbleibende "deprotonierte" Teilchen (meist ein Anion A^-) energetisch günstiger ist als das vorherige, protonierte Molekül. Zum Beispiel ist Chlorwasserstoff H–Cl ohnehin stark polar (warum, wo stehen die beiden Elemente im Periodensystem?), und Chlor besitzt erst als Chlorid-Anion die abgeschlossene, symmetrische und besonders stabile Elektronenhülle mit acht Außenelektronen.

Basen B sind Stoffe mit einem Elektronenpaar, das für die Bindung von H^+ - wieder unter Energiegewinn - zur Verfügung steht. Als wichtigste Basen seien Ammoniak NH_3 mit seinem freien Elektronenpaar und das in den löslichen Alkalimetallhydroxiden (NaOH, KOH) vorhandene Hydroxidion OH^- genannt.

Naturgemäß ist die Tendenz zur Abdissoziation eines Protons (Acidität, Säurestärke) bzw. zur Bindung eines Protons (Basizität, Protonenaffinität) strukturabhängig und in verschiedenen Substanzen verschieden: Es gibt *starke* und *schwache* Säuren bzw. Basen.

Unterscheiden Sie in Reaktionsgleichungen sowie sprachlich präzise die chemisch völlig verschiedenen Wasserstoff-Teilchen:

H^+	Proton, Wasserstoff-Ion
H^- oder H–	Hydrid-Ion, Wasserstoff mit Elektronenpaar
H_2	molekularer Wasserstoff (Element, Gas)
H oder H•	Wasserstoff-Atom (mit einzelnem Elektron, Radikal)

Protonenübertragungen ("Protolyse-Reaktionen") sind reversible Gleichgewichts-reaktionen. Das aus einer Säure HA durch Deprotonierung entstehende Anion A^- kann H^+ wieder aufnehmen und ist daher definitionsgemäß eine Base, nämlich die "konjugierte Base" von HA; ebenso entsteht aus der Base B durch Protonierung die "konjugierte Säure" BH^+. An Säure-Base-Reaktionen sind daher stets *zwei* Säure-Base-Paare beteiligt.

$$HA + B \rightleftarrows BH^+ + A^-$$

$$\text{z. B.} \quad HCl + NH_3 \rightleftarrows NH_4^+ + Cl^-$$

Die meisten Reaktionen der anorganischen und analytischen Chemie, der Natur-stoff- und Biochemie spielen sich in wässriger Lösung ab; nur bei Umsetzungen organischer Stoffe in organischen Lösungsmitteln können für Protonenübertra-gungen spezielle Verhältnisse herrschen. In wässrigen Systemen muß in die Beschreibung von Säure-Base-Reaktionen die Eigenschaft des Wassers einbezogen werden, *sowohl als Säure wie als Base* zu fungieren ("amphotere Natur", "Ampholyt"). In einer Gleichgewichtsreaktion protoniert ein Molekül Wasser ein zweites zum Hydroxonium-Ion H_3O^+ und es entsteht zugleich das Hydroxid-Ion OH^-:

$$H_2O + H_2O \rightleftarrows H_3O^+ + OH^- \quad \text{(Übliche Kurzform: } H_2O \rightleftarrows H^+ + OH^-\text{)}$$

Die diese Gleichgewichtsreaktion nach dem Massenwirkungsgesetz beschrei-bende Gleichgewichtskonstante K hat allerdings bei Normaltemperatur einen außerordentlich kleinen Wert: Es sind nur sehr wenige der neutralen Wassermo-leküle protoniert bzw. deprotoniert. Daher bezieht man die praktisch konstante Konzentration des Wassers ($55 \ mol \cdot L^{-1}$) in die Konstante K mit ein und formu-liert das sog. Ionenprodukt des Wassers K_w :

$$K = \frac{[H^+] \cdot [OH^-]}{[H_2O]} = 1,8 \cdot 10^{-16} \quad mol \cdot L^{-1}$$

$$K_w = [H^+] \cdot [OH^-] = 10^{-14} \ mol^2 \cdot L^{-2}$$

(bei 25 °C und Normaldruck; bei 50 °C ist $K_W = 5,5 \cdot 10^{-14} \ mol^2 \cdot L^{-2}$).

Nach K_w sind demnach die Konzentrationen von H_3O^+ und OH^- in neutralem Wasser je $10^{-7} \ mol \cdot L^{-1}$; diese Konzentrationen sind gering, aber durchaus meß-bar. Gibt man nun eine Säure (z. B. HCl) in reines Wasser, so werden viel mehr Wassermoleküle protoniert, $[H_3O^+]$ wird größer als $10^{-7} \ mol \cdot L^{-1}$; eine Base dage-gen (z.B. NH_3) deprotoniert weitere amphotere Wassermoleküle, $[OH^-]$ nimmt zu und die H_3O^+-Ionen-Konzentration sinkt wegen der Konstanz von K_w noch unter 10^{-7} mol·L^{-1}.

Auf diesen Zusammenhängen beruht die Definition des pH-Wertes als Maß der Säure- (genauer: Protonen-) Konzentration einer Lösung. Um den Umgang mit negativen Exponenten zu vermeiden, wird definiert:

$$pH = -\log [H^+]$$

Der pH-Wert ist der negative dekadische Logarithmus der Protonenkonzentration

(*Anmerkung*: Obwohl in wässriger Lösung das Hydroxonium-Ion H_3O^+ die Säure darstellt und "nackte" Protonen H^+ nicht vorkommen, spricht man i. a. vereinfachend von Protonenkonzentration).

Der pH-Wert von Wasser beträgt also theoretisch 7; unterhalb pH 7 herrschen saure, oberhalb pH 7 alkalische (basische) Bedingungen. Beachten Sie, daß eine pH-Wert-Differenz von 1 einer 10-fachen Änderung der Protonenkonzentration entspricht. pH 7 wird in der Praxis auch in gereinigtem (entionisiertem oder destilliertem) Wasser selten erreicht, sondern der pH liegt durch die allgegenwärtige gelöste Kohlensäure meist bei niedrigeren Werten.

Zur Messung des pH-Wertes dient das *pH-Meter*, das die Potentialdifferenz zwischen einer auf H_3O^+-Ionen ansprechenden *Glaselektrode* und einer Vergleichselektrode anzeigt; beide Elektroden sind meist in einer "Einstabmeßkette" kombiniert. Geeicht wird mit Lösungen bekannten pH-Wertes. Studieren Sie im Labor in der Gebrauchsanleitung den Aufbau, die Benutzung und Eichung einer Glaselektrode und behandeln Sie die empfindliche Glasmembran besonders vorsichtig. Durch unsachgemäßes pH-Messen verursachte Abweichungen von Zehntel pH-Einheiten können in der Praxis schon grobe Fehler zur Folge haben.

pH-Werte können ferner mit *Indikatoren* angezeigt werden. Das sind pflanzliche (Lackmus) oder synthetische Farbstoffe (Methylrot, Phenolphthalein), die selbst Säuren oder Basen sind und je nach ihrem Protonierungszustand bei verschiedenen pH-Werten unterschiedliche Farben haben; die Ursache solcher Farbwechsel ist in Kapitel 3.7 besprochen.

Starke und schwache Säuren und Basen

Die "Stärke" einer Säure hängt davon ab, wie weitgehend das Neutralmolekül HA dissoziiert und im Protolysegleichgewicht mit Wasser H_3O^+-Ionen liefert:

$$HA \; \rightleftarrows \; H^+ + A^- \; \overset{H_2O}{\rightleftarrows} \; H_3O^+ + A^-$$

Das Massenwirkungsgesetz lautet, wenn man die Wasserkonzentration in die Konstante einbezieht:

$$\frac{[H_3O^+] \cdot [A^-]}{[HA]} = K_a \qquad\qquad K_a \text{ (oder } K_s) = \text{Säuredissoziationskonstante}$$

Starke Säuren besitzen große, schwache Säuren kleine Konstanten K_a; starke sind völlig, schwache nur zum Teil in die Ionen dissoziiert. Für Rechnungen verwendet man wie im Falle von pH den negativen Logarithmus ("pK-Wert"):

$$pK_a = - \log K_a \qquad\qquad pK_b = - \log K_b \qquad\qquad pK_a + pK_b = 14$$

Orientieren Sie sich in der Tabelle im Anhang über den Bereich der pK_a-Werte anorganischer und organischer Säuren! Die Größenordnung der pK_a-Werte folgender praktisch wichtiger schwacher Säuren sollten Sie sich einprägen:

Essigsäure und höhere Fettsäuren	$R\text{-}CH_2\text{-}COOH$	$pK_a = 5$
2. Dissoziationsstufe der Phosphorsäure	$H_2PO_4^-$	$pK_a = 7$
Ammoniumkation	NH_4^+	$pK_a = 9$

Eine für schwache Säuren oder Basen ebenfalls interessante Größe ist der Dissoziationsgrad oder Protolysegrad α:

$$\alpha = \frac{[\text{protolysierte Teilchen}]}{[\text{gelöste Teilchen vor Protolyse}]}$$

Die an sich zu berücksichtigende Eigendissoziation des Wassers darf hier vernachlässigt werden. Ist C die Gesamtkonzentration vor Protolyse, so kann man im Falle einwertiger Säuren das MWG schreiben

$$K_a = \frac{\alpha \cdot C \cdot \alpha \cdot C}{C - \alpha \cdot C} = C \left(\frac{\alpha^2}{1 - \alpha} \right)$$

Ist α klein, so kann vereinfacht werden zu $K_a = C \alpha^2$ bzw. $\alpha = \sqrt{K_a / C}$

Dieses sog. Ostwaldsche Verdünnungsgesetz sagt aus, daß der Dissoziationsgrad mit zunehmender Verdünnung der Lösung (abnehmender Konzentration) *größer* wird. Berechnen Sie den Dissoziationsgrad für 0,1 und 0,01 M Essigsäure (K_a = 10^{-5}). Wieviel Prozent der Säure sind jeweils dissoziiert, wieviel % bleiben undissoziiert?

Zur Charakterisierung schwacher Basen (vor allem des Ammoniak NH_3 und organischer Amine $R-NH_2$) verwendet man statt der Basenkonstanten pK_b i. a. die *Säure*dissoziationskonstanten pK_a ihrer konjugierten Säuren (NH_4^+ bzw. $R-NH_3^+$). Ein großer Zahlenwert von pK_a für eine Base bedeutet also eine relativ starke Base, denn die entstandene konjugierte Säure ist sehr schwach und dissoziiert so gut wie nicht; ein kleiner Zahlenwert bedeutet eine schwächere Base, deren konjugierte Säure bereits merklich in freie Base und Protonen dissoziiert.

Von praktischer Bedeutung sind die in Lösungen starker und schwacher Säuren bzw. Basen herrschenden pH-Werte. In *starken* Säuren ist der pH-Wert allein durch die Gesamtkonzentration gegeben (z.B. 0,1 M H^+ → pH 1, 0,01 M → pH 2 usw.), und im Idealfall verdünnter Lösungen ist er von der Anwesenheit einer konjugierten Base - z.B. Chloridionen neben HCl - nicht abhängig. In *schwachen* Säuren und Basen hängt dagegen der pH-Wert außer von der Konzentration auch vom pK-Wert ab, und die gleichzeitige Anwesenheit von Säure und konjugierter Base führt zu einem "Puffergemisch" mit stabilem pH-Wert.

Der pH-Wert der wässrigen Lösung einer gering dissoziierten schwachen Säure der Gesamtkonzentration C ist nach

$$\frac{[H^+]\cdot[A^-]}{C-[H^+]} \approx \frac{[H^+]^2}{C} = K_a \quad \text{und} \quad [H^+] = \sqrt{K_a \cdot C}$$

$$\boxed{\; pH = \frac{1}{2}\left(pK_a - \log C\right) \;}$$
pH-Wert der Lösung einer schwachen Säure

Beispiel: 0,01 M Essigsäure, pK_a = 4,8 → pH 3,4 (*nicht* pH 2!). *Warum* darf man $C - [H^+]$ in der obigen Ableitung angenähert gleich der Gesamtkonzentration C setzen ?

Puffer

Liegt neben einer schwachen Säure auch ihr Salz in derselben Lösung vor - z.B wenn die Säure partiell mit Lauge neutralisiert wurde - so muß in der Ableitung des pH-Wertes auch die Konzentration von A^- berücksichtigt werden:

$$[H^+] = K_a \cdot \frac{[HA]}{[A^-]} \quad \text{bzw.} \quad pH = pK_a - \log \frac{[HA]}{[A^-]}$$

In der Praxis nennt man die Konzentration von A^- "c(Salz)" und die der Säure HA "c(Säure)" und drückt die Gleichung i.a. in folgender Form aus:

$$\boxed{\text{Puffergleichung} \quad pH = pK_a + \log \frac{c(Salz)}{c(Säure)}}$$

Dieser Zusammenhang wird "Puffergleichung" oder "Gleichung nach Henderson-Hasselbalch" genannt. *Sie sollten sich die Puffergleichung einprägen.* Wieso ist bei c(Salz) = c(Säure) ("Säure- = Salzkonzentration") $pH = pK_a$?

In Pufferlösungen derartiger Zusammensetzung ändert sich der pH-Wert bei Zusatz weiterer Säure oder Base kaum, weil entweder die Salzionen A^- zusätzliche Protonen zur undissoziierten Säure HA abfangen, oder HA-Moleküle zusätzliche Base unter Bildung von A^- neutralisieren werden. Pufferlösungen dienen daher im Labor zur Aufrechterhaltung eines definierten pH-Wertes, und sie kommen auch in der Natur in großem Maße vor. Kennen Sie Beispiele?

Enthalten schließlich Lösungen Salze, deren Ionen konjugierte Base oder Säure einer schwachen Säure bzw. Base sind (zum Beispiel Natriumacetat oder -carbonat als Salze der schwachen Essigsäure bzw. Kohlensäure; Ammonium-sulfat als Salz der schwachen Base Ammoniak), so ist deren pH-Wert *nicht 7*, weil die Ionen selbst Protolysereaktionen eingehen ("Salzhydrolyse"): Acetat- oder Carbonatlösungen enthalten die Basen Acetat bzw. Carbonat und reagieren schwach alkalisch, Ammoniumsalz-Lösungen enthalten die Säure Ammonium-Ion NH_4^+ und sind schwach sauer. Der pH-Wert solcher Lösungen ist

$$\begin{array}{ll}
\boxed{\begin{array}{l}
pH = \tfrac{1}{2}\,(14 + pK_a + \log c(Salz)) \qquad \text{Salze schwacher Säuren} \\[4pt]
pH = \tfrac{1}{2}\,(pK_a - \log c(Salz)) \qquad\quad \text{Salze schwacher Basen}
\end{array}}
\end{array}$$

Beispiele: 1 mM Soda-Lösung (Na_2CO_3), pK_a = 10,2 $\rightarrow$ $\rightarrow$ pH 10,6
0,5 M $(NH_4)_2SO_4$-Lösung, pK_a = 9,2 $\rightarrow$ $\rightarrow$ pH 4,6 (nachrechnen!).

Säure-Base-Titration, Titrationskurve

Werden Säuren und Basen zusammengebracht, so reagieren sie äußerst rasch miteinander unter *Neutralisation*: Protonen und OH^--Ionen treten unter Abgabe von Neutralisationswärme zu Wasser zusammen, während die entsprechenden Gegenionen nebeneinander als "Salz" in der Lösung verbleiben.

$$\text{Säure} + \text{Base} \rightarrow \text{Wasser} + \text{Salz}$$

$$\text{z.B.} \quad H^+, Cl^- + OH^-, Na^+ \rightarrow H_2O + Na^+, Cl^-$$

Erfolgt die Neutralisation schrittweise durch steigenden Zusatz einer "Maß-lösung" bekannter Konzentration der einen Komponente zu einer vorgelegten Probe der anderen Komponente, so spricht man von einer *Titration;* die graphi-sche Darstellung des Titrationsverlaufes ist die *Titrationskurve.* In der Mischung ändert sich der pH-Wert je nach erreichtem Mengenverhältnis der Komponenten zwischen dem Titrationsgrad 0 und 1 (= stöchiometrische Äquivalenz) in einer charakteristischen Weise (Abb.4). Der Titrationsverlauf und die Titrationskurve unterscheiden sich markant bei Titration einer starken Säure bzw. einer schwa-chen Säure mit starker Base: Im zweiten Fall entsteht bei partieller Neutralisation zuerst ein Puffergemisch und im Bereich pH = pK ist die pH-Änderung nur ge-ring. Beachten Sie den Unterschied im pH der Lösungen am Äquivalenzpunkt!

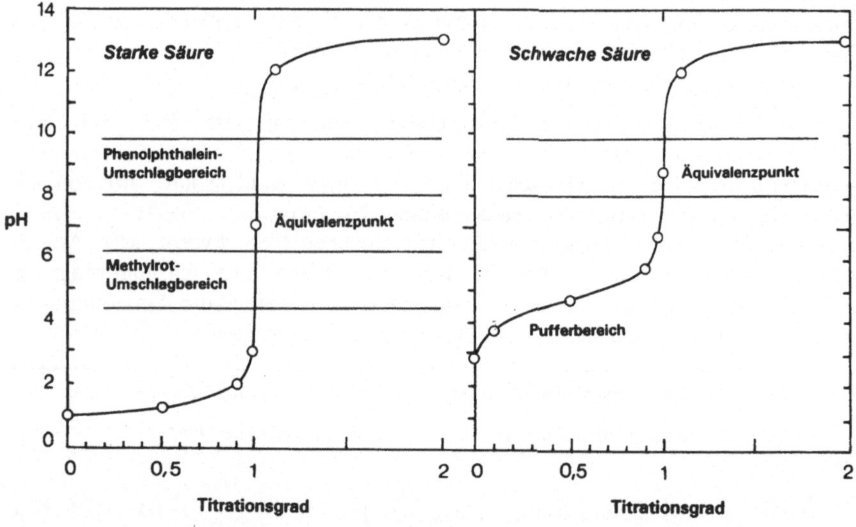

Abb.4. Typische Titrationskurven und Indikatorbereiche. a: Starke Säure mit starker Base titriert (z. B. 0,1 N HCl mit 0,1 N NaOH). b: Schwache Säure mit starker Base titriert (0,1 N Essigsäure + 0,1 N NaOH). Die Volumenänderungen durch Zusatz der Maßlösung sind ver-nachlässigt. Der Verlauf von 100 - 200% Titration (Titrationsgrad 2) ist der Übersicht wegen eingezeichnet, aber praktisch unbedeutend. Auf der Abszisse kann auch das Volumen (mL) verbrauchte Maßlösung aufgetragen sein. Titration einer Säure mit einer schwachen Base als Maßlösung ist nicht sinnvoll - warum?

Säure-Base-Titrationen werden häufig analytisch angewandt. Man kann titrime-trisch eine unbekannte Säuremenge mit Hilfe einer bekannten Basenmenge

(= Volumen Maßlösung) bestimmen oder umgekehrt ("Alkalimetrie", "Acidimetrie"), oder man kann durch Aufnahme einer Titrationskurve die charakteristischen pK-Werte einer Substanz ermitteln. Am Äquivalenzpunkt gilt bei Verwendung von Äquivalentkonzentrationen ("Normallösungen", → S. 24)

$$V_1 \cdot n_1 \;=\; V_2 \cdot n_2$$

(V= Volumina von Probe und Maßlösung (Titrant); die Äquivalentkonzentration (Normalität) n ist in der Probe unbekannt, in der Maßlösung vorgegeben).

Titrationen erfordern neben der genauen Volumenmessung in Büretten eine verläßliche Indizierung des Endpunktes (Äquivalenzpunktes), an dem bei kleiner Zugabe von Titrant der größte pH-Sprung eintritt. Analysenautomaten können diesen Punkt durch kontinuierliche pH-Messung in der Probe elektronisch ermitteln. Üblich ist weiterhin die Endpunktindizierung durch pH-Indikatoren, die bei bestimmtem pH-Wert (der ihrem eigenen pK_a-Wert entspricht) in der Farbe "umschlagen"; dabei muß allerdings je nach Art der zu titrierenden Probe ein Indikatorfarbstoff passenden Umschlagbereichs gewählt werden. Warum kann man beispielsweise bei der Titration organischer Pflanzensäuren mit NaOH *nicht* Methylrot als Indikator verwenden ?

Häufig gebrauchte Farbindikatoren für Säure-Base-Titrationen sind (→ Kap. 3.7)

Methylrot (ein Azofarbstoff): Umschlag zwischen pH 4,4 und 6,2 rot → gelb
Phenolphthalein (Triphenylmethanfarbstoff): bei pH 8 bis 10 farblos → rot
Mischindikator aus Methylrot und dem pH-konstanten Farbstoff Methylenblau: gut erkennbarer Umschlag von lila über grau nach grün (Erklärung?)

Anmerkung: Titrationen und Titrationskurven mit ihrem typischen Verlauf sind nicht auf Säure-Basen-Reaktionen beschränkt. In gleicher Art können *alle* chemischen Prozesse beschrieben werden, in denen zwei definierte Partner stöchiometrisch und quantitativ zu einem definierten Endzustand reagieren.

Versuch 1.3.1 : Herstellung und Titration von 1 N NaOH und Essigsäure

Stellen Sie zuerst 1 L einer 1 N Natronlauge her, die Sie auch für spätere Versuche benötigen. Eine genaue Einwaage von 1 mol NaOH ist nicht möglich, da Natronlaugeplätzchen aus der Luft Wasser und CO_2 aufnehmen. Man wiegt daher 1% mehr NaOH in einem Becherglas möglichst schnell ab und füllt die NaOH-Plätzchen in einen 1 L-Meßkolben. Zum Auflösen werden zunächst nur 50 mL Wasser zugegeben; mit mehr Wasser dauert der Lösungsvorgang länger. Nach vollständigem Lösen wird bis zur Eichmarke aufgefüllt und umgeschüttelt.

Von der so erhaltenen ungefähr 1 N NaOH-Lösung wird der genaue Gehalt (Titer) durch Titrieren mit einer *genau* eingestellten 1 N HCl (wird ausgegeben) bestimmt. 10 mL einer 1 N NaOH würden durch 10 mL 1 N HCl neutralisiert. Die Abweichung des Titers der NaOH-Lösung wird durch einen Faktor f angegeben:

$$\text{Theoret. Verbrauch (mL)} \cdot \text{f} = \text{prakt. Verbrauch (mL)}$$

$$f = \frac{\text{prakt. Verbrauch (mL)}}{\text{theoret. Verbrauch (mL)}}$$

f auf 3 Stellen nach dem Komma ausrechnen! f > 1,000: Die hergestellte Lösung ist konzentrierter als beabsichtigt; f < 1,000: die Lösung ist verdünnter als vorgesehen.

Titrationsvorgang: In die *trockene* Bürette wird die genau eingestellte HCl-Lösung eingefüllt. 20 mL der zu analysierenden Natronlauge wird mit einer Vollpipette in einen 250 mL-Weithals-Erlenmeyerkolben gegeben, indem man die Pipette über den Eichstrich vollsaugt und den Flüssigkeitsspiegel langsam bis zur Eichmarke absinken läßt, dann die Pipette in den Erlenmeyerkolben bringt, die Spitze im Winkel gegen die Gefäßwand hält und den Inhalt auslaufen läßt; nach vollständiger Entleerung ca. 20 s warten und die Pipette abstreichen, aber nicht ausblasen. Man füllt zur Erhöhung des Titrationsvolumens noch etwas Wasser zu, wobei man etwa an der Gefäßwand sitzende Tropfen herunterspült. Der Flüssigkeitsmeniskus in der Bürette wird auf den Nullpunkt gesetzt. Man achte auf Blasenfreiheit der Titrationsflüssigkeit. Nach Zusatz einiger Tropfen eines geeigneten Indikators wird mit der Titration begonnen. Unter Schwenken des Kolbens läßt man die Salzsäure zunächst bis nahe an den Äquivalenzpunkt einlaufen, spült dann etwaige Säurespritzer von der Gefäßwand herunter und nähert sich dem Titrationsendpunkt tropfenweise. Bei der Titration sollen Bürettenhahn und Gefäß von derselben Person bedient werden.

Es werden mindestens zwei, besser drei Titrationen gemacht und der Mittelwert gebildet. Bei Titration von Proben mit unbekanntem Gehalt wird gewöhnlich eine kleine Menge grob titriert und danach mit der eigentlichen Titration begonnen. Der Verbrauch soll mindestens 10 mL Maßlösung betragen, damit Ablesefehler nicht zu einer zu großen prozentualen Ungenauigkeit im Ergebnis führen.

Aufgabe: Herstellen einer 1 N Essigsäure durch Einwaage und Faktorbestimmung mit 1 N Natronlauge

Bei der Ermittlung des Titrationsfaktors von 1 N Essigsäure geht man ähnlich wie oben vor. Rechnet man für konzentrierte Essigsäure etwas weniger als 100% Gehalt, so liefern 60 mL pro 1000 mL in guter Näherung 1 N Essigsäure (nachrechnen! Dichte von Eisessig = 1,05 g/mL). In die Bürette wird die früher eingestellte 1 N Natronlauge eingefüllt. Als Indikator wird Phenolphthalein zugesetzt; nur bis zur eben erkennbaren Rosafärbung titrieren! Bei der Berechnung des Titergehaltes der Essigsäure muß der Faktor der Natronlauge berücksichtigt werden.

Versuch 1.3.2 : Titrationskurve

Titrieren Sie schrittweise 20 mL ihrer selbst eingestellten 1 N Essigsäure mit insgesamt 40 mL der 1 N NaOH und erstellen Sie eine Titrationskurve. Dazu wird der pH-Wert im Titrierkolben nach Zufließenlassen jeder Teilmenge NaOH mit Hilfe von Spezial-Indikatorpapier passender Meßbereiche festgestellt (einen kleinen Tropfen Lösung mit Glasstab entnehmen und auf das Papier tüpfeln) und der pH-Verlauf gegen das NaOH-Volumen aufgetragen. Da der Pufferbereich genau erfaßt werden soll, erfolgt die Titration von 0–5 mL in 0,5 mL-Schritten, im Bereich 5–17 mL in 2 mL-Schritten, bis 22 mL wieder in 0,5 mL-Schritten und darüberhinaus in 3 mL-Abständen.

Als Demonstrationsversuch kann die Titrationskurve in einem Titrierautomaten mit Motorbürette und pH-Elektrode graphisch oder digital aufgezeichnet werden.

Analyse: Sie erhalten eine unbekannte Menge Säure und stellen durch Titration mit der hergestellten 1 N NaOH die Gesamtmenge Säure in der Probe fest.

Versuch 1.3.3 : Herstellen von Puffern

Eine Pufferlösung muß im pH-Wert, in der Art der Puffersubstanz(en) sowie in der gewünschten Konzentration und Menge definiert sein. Typische Konzentrationen von Puffern für chemische und biochemische Zwecke sind 0,05–0,1 M (50–100 mM). Pufferlösungen kann man auf verschiedene Weise herstellen:

1. Man berechnet mit der Puffergleichung und dem pK_a-Wert (aus Tabellen) das für den gewünschten pH-Wert erforderliche Verhältnis von Salz und Säure, dann mit der gewünschten Molarität und Menge Lösung die Zahl Mole beider Komponenten, die kombiniert werden müssen.

Beispiel: 50 mL 1 M Phosphatpuffer, pH 7, sei herzustellen

$$pK_a = 7,2; \; [H_2PO_4^-] / [HPO_4^{2-}] = 1,58$$

Für insgesamt 50 mmol sind also 31 mmol Dihydrogenphosphat und 19 mmol Hydrogenphosphat zu mischen.

Nun berechnet man unter Berücksichtigung der korrekten Zusammensetzung der Komponenten (Na-, K-Salze? Kristallwasser?) und der relativen Molekülmassen die Gramm-Mengen, wiegt exakt und löst sie im Gesamtvolumen. *Der pH-Wert wird am pH-Meter kontrolliert.*

2. Oft sind nicht beide Komponenten gleich präzise abzuwiegen oder das Salz einer Säure bzw. die konjugierte Säure einer Base sind nicht in genügend reiner oder stabiler Form verfügbar. Dann legt man nur *eine* Komponente (i.a. die schwache Säure oder Base) in der der Gesamtkonzentration des Puffers entsprechenden Menge vor und titriert mit einer starken Base oder Säure, die das im Gemisch noch fehlende Salz erzeugt, bis zum gewünschten pH. Auch hierbei sollte man jedoch die erforderliche Menge (Volumen) der zuzufügenden Base bzw. Säure vorher berechnen, z.B. um das Gesamtvolumen nicht zu überschreiten. Zur pH-Einstellung wird ein pH-Meter benötigt.

Beispiel: 500 mL 0,1 M Citratpuffer, pH 5
0,05 mol Citronensäure (eine Tricarbonsäure), $pK_{a2} = 4,8$
0,1 mol NaOH = 100 mL 1 N Lösung zufügen, mit verdünnter NaOH
auf pH 5 titrieren

Die Zusammensetzung häufig gebrauchter Puffergemische für verschiedene pH-Werte ist in Tabellenwerken und Handbüchern der Chemie und Biochemie zu finden (→ Anhang). *Aber*: Maß- und Konzentrationsangaben, die oft verschiedenartig ausgedrückt sind, genau beachten, den pH-Wert der fertigen Lösung nachmessen!

Aufgabe: Stellen Sie 50 oder 100 mL eines der folgenden Puffer (a - d) her und entscheiden Sie über das anzuwendende Verfahren. Art, Molarität und pH des Puffers werden vom Assistenten vorgegeben. Messen Sie die fertig gemischte Pufferlösung am pH-Meter nach und suchen Sie bei groben Abweichungen vom beabsichtigten pH nach einer Erklärung. Den Gang der Berechnung protokollieren!

a. Acetatpuffer im Bereich pH 4–6: Aus Na-acetat und 1 N Essigsäure

b. Phosphatpuffer im Bereich pH 5–8: Aus Na- oder K-phosphaten herstellen

c. Ammoniak-Ammoniumchlorid-Puffer im Bereich pH 8 – 9,5: Durch Lösen von NH_4Cl in 1 N Ammoniaklösung herstellen. Was ist der Nachteil dieses Puffers?

d. Tris-HCl-Puffer im Bereich 7–9: In neutralen bis schwach alkalischen Puffern für biochemische Zwecke wird Ammoniak durch das kristalline, nicht-flüchtige, wasserlösliche und weniger reaktive Amin Tris(hydroxymethyl)aminomethan (kurz "Tris") ersetzt. Diese Puffer werden i.a. aus Tris-Base und 1 N HCl hergestellt.

$$\begin{array}{c} CH_2OH \\ | \\ HOCH_2-C-NH_2 \qquad\qquad \text{"Tris", } pK_a = 8{,}3 \\ | \\ CH_2OH \end{array}$$

Pufferkapazität: Der praktische Nutzen von Pufferlösungen hängt auch davon ab, *wieviel* zugesetzte Säure oder Base ohne nennenswerte pH-Änderung (z.B. nicht mehr als 0,1 Einheit) abgepuffert werden kann. Von welchen beiden Variablen wird die Pufferkapazität bestimmt sein?

Aufgabe: Geben Sie in Reagenzgläser je 2 mL 0,5 M Acetat-Puffer pH 5, 0,1 M Acetat-Puffer pH 5, 0,1 M Acetat-Puffer pH 6 sowie Wasser, fügen Sie einige Tropfen Phenolphthalein zu und dann aus der Bürette tropfenweise 0,05 N NaOH bis zum Indikatorumschlag. Interpretieren Sie, warum unterschiedlich viel NaOH verbraucht wird.

Versuch 1.3.4 :   Abhängigkeit einer Enzymreaktion vom pH-Wert

Das weitverbreitete Enzym Alkalische Phosphatase hydrolysiert Phosphorsäure-ester zu Phosphat und Alkoholen (R-OH), wobei auch Protonen entstehen:

$$R\text{-}OPO_3^{2-} + H_2O \;\rightarrow\; R\text{-}OH + H^+ + PO_4^{3-}.$$

Dieses Enzym wirkt nur in schwach alkalischer Lösung. Würde man ein unge-puffertes Inkubationsgemisch sich selbst überlassen, so käme die Reaktion wegen der Protonenfreisetzung zum Stillstand; *in vitro* kann sie also nur in Gegenwart eines Puffers von geeignetem pH-Wert verfolgt werden.

Zur qualitativen Demonstration gibt man je 5 µg Enzym (stark verdünnte vor-bereitete Präparation) in drei Reagenzgläser mit jeweils 2 mL Wasser (pH-Wert prüfen), Acetat-Puffer (pH 5) und Tris-HCl-Puffer (pH 9). Zu jedem Glas werden 0,2 mL 10 mM *p*-Nitrophenylphosphat-Lösung in Wasser als Substrat hinzu-gefügt. (Achtung: Die Substratlösung muß frisch bereitet und darf nur schwach gelb gefärbt sein.) Man schüttelt um und beobachtet die eintretenden Verände-rungen. Das bei enzymatischer Spaltung entstehende *p*-Nitrophenol ist im Gegen-satz zum Substrat stark gelb gefärbt. Nach 10 Minuten bringt man alle Proben durch Zusatz von je 1 mL 1 N NaOH auf annähernd gleichen pH-Wert und ver-gleicht *rasch* die unterschiedlich starke Gelbfärbung, die ein Maß der Produkt-bildung ist.

Fragen und Anregungen

1. Warum haben in Wasser alle starken Säuren (Salzsäure, Schwefelsäure, Salpetersäure, Perchlorsäure) die gleiche Säurestärke? Welches Teilchen ist in der Lösung die Säure?

2. Üben Sie pH-Wert-Berechnungen:

0,2 M NaOH	0,5 M Essigsäure	5 %ige HNO_3
0,05 M H_2SO_4	0,05 M Ameisensäure	0,01 M Ammoniak

3. In Mineralwasser von 15°C ist bei Normaldruck 1 Liter CO_2/L gelöst. Wie groß ist der pH-Wert? Das Molvolumen des Gases bei 15 °C und Normaldruck ist angenähert 24 $L \cdot mol^{-1}$. Welche Größe müssen Sie noch nachschlagen? Für die scheinbare Dissoziationskonstante gelte $[CO_2] = [H_2CO_3]$.

4. Sie haben in Pflanzenextrakten eine neue organische Säure entdeckt und in genügender Menge gereinigt. Wie können Sie - zunächst ohne weitere Strukturkenntnisse - ihren pK_a-Wert ermitteln?

5. Welchen Einfluß hat Temperaturerhöhung auf den pH-Wert einer Lösung von Kochsalz bzw. von Essigsäure?

6. Welche der folgenden Mischungen ergeben in wässriger Lösung Puffer?

Na-Acetat/NaOH	Essigsäure/NaCl	Na-Acetat/Essigsäure
Essigsäure/NaOH	NaOH/HCl	HCl/Na-Acetat

7. Warum liegt der Endpunkt der Titration von Essigsäure mit Natronlauge nicht bei pH 7 ?

8. Bei Kenntnis von pK_a und der Ausgangskonzentration von Säure und Base lassen sich Titrationskurven durch einige berechnete Punkte eindeutig beschreiben. Konstruieren Sie die Titrationskurve zwischen pH 0 und 14 sowie dem Titrationsgrad 0 bis 2 (entsprechend Abb.4) bei Titration einer 0,01 M Milchsäure-Lösung ($pK_a = 4$) mit 0,1 N NaOH, indem Sie die pH-Werte bei Titrationsgrad 0, 0,1, 0,5, 0,9, 1,0 und 2,0 (d.h. bei 10, 50, 90, 100 und 200 % zugesetzter Maßlösung) eintragen. Volumenänderungen seien vernachlässigt. Achten Sie auf korrekten Verlauf der pH-Änderung im Pufferbereich und auf den Äquivalenzpunkt (= pH-Wert einer Na-Lactat-Lösung).

9. Man fügt 1 mL 1 N HCl zu 100 mL physiologischer Kochsalzlösung und beobachtet einen Sprung um .... Einheiten. Was ist zu erwarten, wenn man die gleiche Menge Säure zu 100 mL Blutplasma oder 100 mL Serum gibt? Welchen pH-Wert hat Blut?

10. Wie (sauer, neutral, alkalisch) reagieren wässrige Lösungen folgender Salze?

Ammoniumsulfat	Gips ($CaSO_4$)	Kaliumcyanid (KCN)
Ammoniumacetat	Soda (Na_2CO_3)	Salpeter (KNO_3)

1.4   Redoxreaktionen

Neben den Säure-Basen-Reaktionen gibt es in der Chemie eine zweite, häufige und wichtige Klasse von Austauschprozessen, die Redoxreaktionen. Bei ihnen werden *Elektronen* übertragen und nicht Protonen wie zwischen Säuren und Basen.

Die Abgabe von Elektronen aus Atomen, Molekülen oder Ionen wird als Oxidation bezeichnet. Die Aufnahme von Elektronen durch Atome, Moleküle oder Ionen heißt Reduktion.

> **Ein Elektronenakzeptor wirkt als Oxidationsmittel,**
> **ein Elektronendonator ist ein Reduktionsmittel.**

Beispiele: Oxidation: $Na \rightarrow Na^+ + e^-$
                         Reduktion: $Cl_2 + 2\,e^- \rightarrow 2\,Cl^-$

Ein Natriumatom geht durch Entfernung eines Elektrons in ein Natriumkation über und ist daher Reduktionsmittel. Ein Chlormolekül wandelt sich durch Aufnahme von zwei Elektronen in zwei Chloridionen um und ist daher ein Oxidationsmittel. Die Triebkraft für diese Elektronenverschiebungen liegt in der Tendenz der Elemente durch Abgabe (bei Natrium) bzw. Aufnahme von Elektronen (im Falle von Chlor) energetisch günstigere Teilchen mit abgeschlossener Elektronenkonfiguration zu bilden. Schreiben Sie die Atome und Ionen von Natrium und Chlor mit ihren Außenelektronen auf!

Zwei Species wie Na und Na^+, die sich nur durch die Anzahl ihrer Elektronen unterscheiden, nennt man ein korrespondierendes Redoxpaar, in Kurzschreibweise: Na/Na^+.

Die Definitionen für Oxidation, Reduktion, Oxidations- und Reduktionsmittel lassen sich für ein Redoxpaar als Gleichung zusammenfassen (n = Anzahl der übertragenen Elektronen):

$$\text{Oxidationsmittel (Ox)} + n\,e^- \underset{\text{Oxidation}}{\overset{\text{Reduktion}}{\rightleftharpoons}} \text{Reduktionsmittel (Red)}$$

Wie Protonen sind auch Elektronen hochreaktive Teilchen und unter üblichen chemischen Bedingungen in freier Form nicht existenzfähig. Daher treten Oxidation und Reduktion nur gemeinsam auf, an einer **Reduktions-Oxidations-Reaktion** (Redoxreaktion) sind zwei Redoxpaare beteiligt: Es gibt bei einer chemischen Reaktion keine Oxidation ohne Reduktion und umgekehrt.

$$\text{Ox-1} + \text{Red-2} \rightleftharpoons \text{Red-1} + \text{Ox-2}$$

Beispiele:

Natrium und Chlor setzen sich *miteinander* zu Natriumchlorid um.

$$2\,Na \;+\; Cl_2 \;\rightarrow\; 2\,NaCl$$

Die beiden korrespondierenden Redoxpaare sind Na/Na^+ sowie $2\,Cl^-/Cl_2$.

Gibt man zu einer wässrigen Lösung von Eisen(II)sulfat Silbernitrat-Lösung und erwärmt, so fällt metallisches Silber aus und die Lösung färbt sich gelbbraun:

$$Fe^{2+} \;+\; Ag^+ \;\rightarrow\; Fe^{3+} \;+\; Ag$$

Hier sind die korrespondierenden Redoxpaare Fe^{2+}/Fe^{3+} und Ag/Ag^+.

Die *Richtung* von Redoxreaktionen diskutieren wir weiter unten.

Oxidationszahlen

Einfache Elektronenübergänge zwischen Elementen und ihren Ionen sind an deren unterschiedlichen Eigenschaften i.a. leicht zu erkennen. Allerdings gibt es auch viele Fälle, in denen Elemente *mehrere* Redoxpaare bilden (z.B. Mangan oder Eisen, s.u.), die man differenzieren muß. Werden schließlich bei einer Reaktion kovalente Bindungen gebrochen und neu geknüpft, ist oft schwierig festzustellen, ob eine Redoxreaktion vorliegt oder nicht. Bei der Reaktion zwischen molekularem Wasserstoff (H–H) und molekularem Sauerstoff (O=O) zu Wasser (H–O–H) werden beispielsweise symmetrische, homöopolare Bindungen gelöst und stark polare O–H-Bindungen gebildet. Dies ist als Elektronentransfer, also Redoxreaktion, zu betrachten, weil in H–O–H die Bindungselektronen stärker von O als von H angezogen werden.

Um Redoxreaktionen leichter zu erkennen und Redoxgleichung aufzustellen, ist der Begriff der *Oxidationszahl* oder *Oxidationsstufe* von Nutzen. Die Oxidationszahl in einem Ion oder Molekül entspricht der Ladung, die das betrachtete Atom besäße, wenn die Elektronen der von ihm ausgehenden Bindungen völlig dem jeweils elektronegativeren Bindungspartner zugeordnet werden. (Zum Begriff Elektronegativität vgl. Kap. 2. Bei den hier betrachteten häufigen Elementen ist die Reihenfolge $O > Cl \approx N > S \approx C > H$.) Man denkt sich *fiktiv* ein Teilchen aus völlig ionisierten Atomen zusammengesetzt.

Regeln und Beispiele:

1. Die Atome in Elementen (Metalle, Nichtmetalle wie Wasserstoff H_2, Stickstoff N_2, Sauerstoff O_2, Chlor Cl_2, Schwefel S_8) haben die Oxidationszahl Null.

2. Bei einfachen Atomionen in salzartigen Verbindungen ist die Oxidationszahl gleich der Ionenladung:

NaCl	Na^+	Ox.Zahl $+\,I$	Cl^-	Ox.Zahl $-I$
CaO	Ca^{2+}	$+\,II$	O^{2-}	$-II$
FeS	Fe^{2+}	$+\,II$	S^{2-}	$-II$
$AlBr_3$	Al^{3+}	$+\,III$	Br^-	$-I$

3. In kovalenten Verbindungen werden die Bindungselektronen gedanklich dem elektronegativeren Atom zugeteilt, die entstandenen Ladungen entsprechen den Oxidationszahlen.

Verbindung	Strukturformel	fiktive Ionen	Oxidationszahlen
HCl	H–Cl	$H^+\,Cl^-$	H $+I$, Cl $-I$
H_2O	H–O–H	$2\,H^+, O^{2-}$	H $+I$, O $-II$
NH_3	$\overset{H}{\underset{H}{>}}$N–H	$3\,H^+, N^{3-}$	H $+I$, N $-III$
HNO_3	H–O–N$\lessgtr^O_O$	$H^+, 3\,O^{2-}, N^{5+}$	H $+I$, O $-II$, N $+V$
CO_2	O=C=O	$2\,O^{2-}, C^{4+}$	O $-II$, C $+IV$
SO_4^{2-}	$O\!\!\underset{O}{\overset{O^-}{>}}\!\!S\!\!<^{O^-}$	$4\,O^{2-}, S^{6+}$	O $-II$, S $+VI$

4. Merke: In aller Regel hat Wasserstoff die Oxidationszahl $+I$ (Ausnahme: Hydride), Sauerstoff die Oxidationszahl $-II$ (Ausnahme: Peroxide), Alkalimetallionen (Na^+, K^+) die Oxidationszahl $+I$. Die höchste positive Oxidationszahl kann nicht größer sein als die Gruppennummer eines Elementes (z.B. C $+IV$, N $+V$, S $+VI$, Cl $+VII$), die niedrigste negative nicht kleiner als die Gruppennummer minus 8 (z.B. C $-IV$, N $-III$, S $-II$, Cl $-I$). Aus dieser Betrachtungsweise wird verständlich, warum Elemente zwei extreme (die "höchst oxidierte" bzw. "am stärksten reduzierte" Form) und zusätzliche dazwischenliegende Oxidationsstufen aufweisen können.

Aufstellen von Redoxgleichungen

Man formuliert zunächst für jedes beteiligte Redoxpaar einschließlich der übertragenen Elektronen eine Teilgleichung. Die Teilgleichungen werden durch Multiplikation bis zum kleinsten gemeinsamen Vielfachen von n so umgeformt, daß Elektronenausgleich herrscht. Anschließend werden, falls erforderlich, die beteiligten Mole H^+, OH^- und H_2O berücksichtigt. Nach Kombination der Teilgleichungen müssen herrschen:

- Redox-Äquivalenz (ausgeglichene Elektronenbilanz)
- Stöchiometrie (ausgeglichene Stoffbilanz)
- Elektroneutralität (ausgeglichene Ladungsbilanz)

Beispiel: Ein in der Chemie, aber auch als Antiseptikum u. dergl. häufig genutztes starkes Oxidationsmittel ist Kaliumpermanganat $KMnO_4$. (Wie ist die Oxidationszahl des Mn?) Es oxidiert in saurer Lösung Iodid zu Iod und wird dabei zu Mangan(II)-salzen reduziert.

Teilgleichungen: $MnO_4^- + 5\ e^- \rightarrow Mn^{2+}$ und $2\ I^- \rightarrow I_2 + 2\ e^-$

x 2 bzw. x 5: $2\ MnO_4^- + 10\ e^- \rightarrow 2\ Mn^{2+}$ bzw. $10\ I^- \rightarrow 5\ I_2 + 10\ e^-$

kombiniert: $2\ MnO_4^- + 10\ I^- \rightarrow 5\ I_2 + 2\ Mn^{2+}$

Ladungsausgleich durch Protonen, da in saurer Lösung:

$$2\ MnO_4^- + 10\ I^- + 16\ H^+ \rightarrow 5\ I_2 + 2\ Mn^{2+} + 8\ H_2O$$

Komplette Stoffgleichung:

$$2\ KMnO_4 + 10\ KI + 16\ HCl \rightarrow 5\ I_2 + 2\ MnCl_2 + 8\ H_2O + 12\ KCl$$

Galvanische Elemente und Elektrolyse

Taucht man einen Zinkstab in eine Kupfersulfatlösung, so scheidet sich auf ihm metallisches Kupfer ab. Es findet die Redoxreaktion statt:

$$Zn + Cu^{2+} \rightarrow Zn^{2+} + Cu$$

Zink reduziert die Kupferionen zu metallischem Kupfer und wird dabei selbst zu Zinkionen oxidiert. Die zwischen dem Reduktionsmittel Zink und dem Oxidationsmittel Cu(II)Ionen übertragenen Elektronen stellen einen elektrischen Strom dar, der von der *Potentialdifferenz* (Spannung) zwischen den Redoxpaaren Zn/Zn^{2+} und Cu/Cu^{2+} herrührt. Die Potentialdifferenz ΔE kann allerdings in dieser einfachen Versuchsanordnung nicht bestimmt und die Elektronenübertragung selbst nicht beobachtet werden.

Da Elektronen jedoch mit Hilfe elektrischer Leiter über weite Entfernungen transportiert werden können, ist es möglich, den Oxidations- und den Reduktionsvorgang einer Redoxreaktion räumlich zu trennen. Eine solche Anordnung ist ein *galvanisches Element*, in dem die zwischen zwei Redoxpaaren herrschende Potentialdifferenz gemessen werden kann (Abb.5).

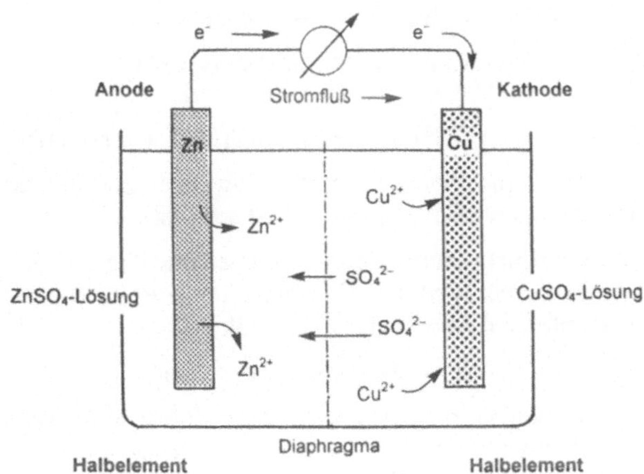

Abb.5. Aufbau eines galvanischen Elements ("Daniell-Element") aus Kupfer- und Zink-Redoxpaaren.

Im sog. Daniell-Element taucht im linken Reaktionsraum (Halbelement, Halbzelle) ein Zinkstab in eine Lösung, die Zn^{2+} und SO_4^{2-}-Ionen enthält, und im rechten Reaktionsraum befindet sich ein Kupferstab, der in eine $CuSO_4$-Lösung eintaucht. Wenn die beiden Metallstäbe (Elektroden) durch einen äußeren Leiter verbunden werden, gehen aus der Zinkelektrode Zn^{2+}-Ionen in die $ZnSO_4$-Lösung über. Die überschüssigen Elektronen fließen über den Leiter zur Kupferelektrode und reagieren dort mit den in der $CuSO_4$-Lösung befindlichen Cu^{2+}-Ionen, die sich als metallisches Kupfer am Cu-Stab abscheiden. Durch diese Vorgänge entsteht in der Lösung der linken Zelle ein Überschuß, in der rechten Zelle ein Mangel an positiven Ladungen. Durch Wanderung von Sulfationen aus der rechten in die linke Zelle durch eine für sie durchlässige Zwischenwand (Diaphragma) erfolgt Ladungsausgleich: Es liegt ein geschlossener Stromkreislauf vor.

Zinkelektrode (Oxidation)	$Zn \rightarrow Zn^{2+} + 2\,e^-$
Kupferelektrode (Reduktion)	$Cu^{2+} + 2\,e^- \rightarrow Cu$
Gesamtreaktion (Redoxreaktion)	$Zn + Cu^{2+} \rightarrow Zn^{2+} + Cu$

Im Daniell-Element herrscht eine Spannung (elektromotorische Kraft) von $0,76 + 0,34 = 1,10$ V zwischen den beiden Redoxpaaren ($\rightarrow$ Tabelle S. 62) ; es hat keine praktische Bedeutung. Im bekannten Leclanché-Element ("Taschenlampenbatterie") mit der Spannung 1,5–1,6 V ist das Zn/Zn^{2+}-Redoxpaar mit dem Redoxpaar Mn^{4+}/Mn^{3+} (Mangandioxid, $MnO_2/MnO(OH)$) an einem Kohlestab als Elektrode kombiniert:

$$2\ MnO_2 + 2\ H_2O + 2\ e^- \rightarrow 2\ MnO(OH) + 2\ OH^-$$

Als Elektrolyt dient Ammoniumchlorid, das mit den entstehenden Zinkionen zu einem Komplex reagiert. Daher lautet die Gesamtreaktion:

$$2\ MnO_2 + Zn + 2\ NH_4Cl \rightarrow 2\ MnO(OH) + Zn(NH_3)_2Cl_2$$

Das Prinzip des reversibel Spannung und Strom liefernden und wieder aufladbaren Bleiakkumulators wird in Versuch 2.2.10 betrachtet.

In galvanischen Elementen laufen Redoxprozesse freiwillig ab ($\Delta G < 0$), wobei elektrische Arbeit geleistet wird. Die Gegenreaktion, z.B. im Daniell-Element die Auflösung von Kupfer und Abscheidung von Zink,

$$Cu + Zn^{2+} \rightarrow Cu^{2+} + Zn$$

erfolgt *nicht* freiwillig ($\Delta G > 0$), aber kann durch Zufuhr elektrischer Arbeit von außen erzwungen werden: Beim Anlegen einer Gegenspannung aus einer fremden Spannungsquelle wird Elektronenfluß (Strom) in die entgegengesetzte Richtung getrieben (*Elektrolyse*). Die dafür erforderliche Mindestspannung (Zersetzungsspannung E_z) ist i.a. größer als die Eigenspannung einer entsprechenden galvanischen Zelle; die Spannungserhöhung wird als "Überspannung" bezeichnet und durch kinetische Hemmung der Elektrodenreaktionen hervorgerufen (Abb. 6).

Ein derartiges Gegenstück eines galvanischen Elementes ist eine *Elektrolysezelle*. Elektrolyse-Verfahren unter Stromzufuhr spielen technisch eine große Rolle zur Darstellung von reinen Metallen durch Abscheidung aus Metallsalzlösungen, zur Gewinnung von Wasserstoff, Chlor und anderen Elementen.

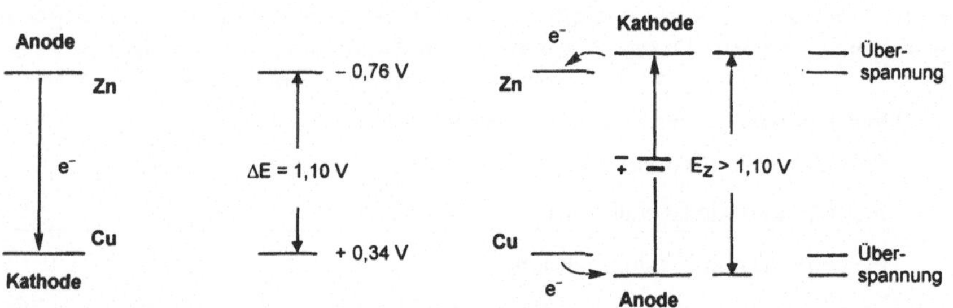

Abb. 6. Prinzip und Potentiale eines galvanischen Elementes (links) und einer entsprechenden Elektrolysezelle (rechts).

Formulieren Sie die Elektrodenreaktionen und Produkte bei der Elektrolyse von Wasser in alkalischer Lösung (KOH als Elektrolyt, E_z ca. 1,9 Volt) !

Merke: Eine Elektrode in einer elektrochemischen Zelle ist

Kathode (negativ), wenn an ihr Elektronen in einen Elektrolyten eintreten; bei Stromdurchgang wandern **Kat**ionen an die Kathode und können hier elementar abgeschieden werden (kathodische Reduktion);

Anode (positiv), wenn von ihr Elektronen wegfließen (im galvanischen Element) oder sie mit dem Pluspol einer äußeren Spannungsquelle verbunden ist. Bei Stromdurchgang wandern **An**ionen zur Anode. An der Anode können Stoffe - das eigene Material, Anionen oder Wasser - oxidiert werden (anodische Oxidation).

Spannungsreihe, Standard-Reduktionspotentiale

Ein System wie das galvanische Element, in dem zwei räumlich getrennte Redoxpaare über einen metallischen Leiter verbunden sind, wird auch als *Redoxkette* oder *elektrochemische Zelle* bezeichnet. Die zwischen den Elektroden einer Redoxkette im stromlosen Zustand meßbare Eigenspannung ΔE ist die Differenz zwischen den Potentialen der beteiligten Redoxpaare. Die Absolutwerte der Potentiale können nicht gemessen werden, sondern nur die Potentialdifferenzen zwischen zwei Elektroden. Um trotzdem die Potentiale verschiedener Redoxpaare miteinander vergleichen zu können, wird das Potential eines Bezugsredoxsystems als Null definiert. Mißt man die Potentiale aller anderen Redoxpaare gegen diese Vergleichselektrode unter vergleichbaren Bedingungen, so ergibt sich eine Skala relativer Potentialwerte, die sog. *Spannungsreihe* (s.unten).

Als Vergleichselektrode dient die *Normal-* oder *Standardwasserstoffelektrode* mit dem Redoxpaar $2\,H^+/H_2$. Sie besteht aus einer Platinelektrode, die unter Normal- oder Standardbedingungen (Temperatur 298 K = 25 °C; Konzentration $1\,mol\cdot L^{-1}$) in eine H^+-Ionen-haltige Lösung taucht (1 N HCl) und von Wasserstoffgas unter einem Druck von 1013 mbar (1 atm) umspült wird. Der am Platin adsorbierte molekulare Wasserstoff verhält sich zu den Protonen wie ein Metall zu seinen Kationen. An der Normalwasserstoffelektrode läuft die folgende Redoxreaktion ab:

$$2\,H^+ + 2\,e^- \rightarrow H_2$$

Das Potential eines Redoxpaares

$$Ox + n\,e^- \rightarrow Red$$

(bei 25 °C, alle Konzentrationen $1\,mol\cdot L^{-1}$) in Kombination mit der Wasserstoffelektrode ist sein *Normal-* oder *Standard-Reduktionspotential* $E°$. Die Potentiale von Redoxpaaren, aus denen freiwilig Elektronen frei werden, haben ein negatives Vorzeichen. Beispielsweise gehen aus dem Redoxpaar Zn/Zn^{2+}

Zinkionen in Lösung und die Elektronen reduzieren an der Wasserstoffelektrode Protonen zu Wasserstoff; das Standardpotential von $Zn^{2+} + 2e^- \rightarrow Zn$ ist $E° = -0,76$ V. Umgekehrt besitzen Redoxpaare, zu deren oxidierter Form Elektronen aus Wasserstoff hinfließen, ein positives Standardpotential, wie beispielsweise in $Cu^{2+} + 2\,e^- \rightarrow Cu$ mit $E° = +0,34$V.

Charakteristische Standard-Reduktionspotentiale $E°$ (weitere finden Sie im Anhang und in Tabellenwerken) sind

Natrium Na^+/Na	$-2,71$ Volt	
Aluminium Al^{3+}/Al	$-1,69$	
Zink Zn^{2+}/Zn	$-0,76$	
Eisen Fe^{2+}/Fe	$-0,44$	
Blei Pb^{2+}/Pb	$-0,13$	
Wasserstoff $2H^+/H_2$	**0,00**	
Kupfer Cu^{2+}/Cu	$+0,34$	
Eisen(III) Fe^{3+}/Fe^{2+}	$+0,77$	
Silber Ag^+/Ag	$+0,80$	
Sauerstoff $O_2/2\,O^{2-}$	$+1,23$	
Wasserstoffperoxid H_2O_2/H_2O	$+1,78$	

(links: ↓ stärkere Oxidationsmittel; rechts: ↑ stärkere Reduktionsmittel)

Die Spannung eines galvanischen Elementes ist gleich der Differenz der Standardpotentiale der beiden Halbelemente mit höherem und tieferem Potential, im Daniell-Element also $\Delta E = E°_1 - E°_2 = 0,34 - (-0,76) = 1,10$ V.

Aus der Kenntnis von Standard-Reduktionspotentialen kann man offensichtlich vorhersagen, welche Stoffe von welchen anderen (zumindest prinzipiell) oxidiert bzw. reduziert werden können. Verifizieren Sie die Erwartung in den folgenden Versuchen.

Versuch 1.4.1 :   Spannungsreihe der Metalle

Beim Eintauchen eines Metalles A (Me_A) in die Lösung eines Salzes eines anderen Metalles B (Me_B^{n+}) wird es je nach deren Stellung in der Spannungsreihe zu einer Abscheidung von metallischem B auf der Oberfläche von A kommen oder nicht:

$$Me_A + Me_B^{n+} \rightleftarrows Me_A^{n+} + Me_B$$

In kleinen Bechergläsern bereitet man Lösungen der in der Tabelle angegebenen Metallsalze (1 Spatelspitze pro 5 mL Wasser) und taucht in sie Stücke Magnesiumband, Eisendraht, Kupferdraht und Stangenzink. Beobachten Sie die Erscheinungen und ordnen die Metalle nach zunehmender Oxidationskraft. (*Hinweis*: Eine Braunfärbung der Eisen(II)sulfat-Lösung beruht auf der Oxidation der Fe^{2+}- zu Fe^{3+}-Ionen durch Luftsauerstoff und ist in diesem Zusammenhang ohne Belang.)

Metall	$AgNO_3$	$CuSO_4$	$FeSO_4$	$MgCl_2$	$ZnSO_4$
Cu					
Fe					
Mg					
Zn					

Das Verhalten von Metallen in Säure (Auflösung unter Wasserstoffentwicklung oder nicht)

$$Me + n\,H^+ \rightarrow Me^{n+} + n/2\ H_2$$

zeigt an, ob sie ein negatives oder positives Redoxpotential haben ("unedel" oder "edel" sind).

Einige Magnesiumspäne, Kupferspäne, etwas Zinnfolie (Stanniol), Eisenpulver und eine Zinkgranalie werden in Reagenzgläsern mit 1 N HCl übergossen. Beobachten Sie die Unterschiede und vergleichen sie mit der Tabelle der Redoxpotentiale.

Versuch 1.4.2 : Lokalelement

Ein unedles Metall wird in einer Elektrolyt-Lösung *schneller* als normal oxidiert, wenn es von einem edleren Metall leitend berührt wird, weil die Elektronen in dieser "kurzgeschlossenen " Anordnung ohne örtliche Trennung der anodischen und kathodischen Teilreaktionen fließen können und an den Metalloberflächen keine hinderlichen Passivierungserscheinungen auftreten. Die Bildung solcher Lokalelemente spielt eine große Rolle bei der Korrosion unedler Metalle in Kontakt mit Wasser und mit einem edleren Metall (beispielsweise Eisen mit beschädigter Chromauflage oder Messingschraube in Aluminium). Das Phänomen läßt sich in einer mit Agar ($\rightarrow$ Mikrobiologie) halbverfestigten wässrigen Phase gut demonstrieren.

Bereiten Sie 100 mL einer heißen 1 %igen Agar-Lösung, die 0,6 g Kochsalz zur Leitfähigkeit sowie 0,5 mL Phenolphthalein-Lösung (1%) und 3 mL $K_3[Fe(CN)_6]$ (1%) als Indikatoren enthält. Gießen Sie die heiße Lösung in eine Petrischale, lassen etwas abkühlen und betten darin mit etwas Abstand einen blanken und einen mit Kupferdraht umwickelten Eisennagel ein. Erklären Sie anhand der nach einiger Zeit zu beobachtenden Färbungen, welche Vorgänge ablaufen. *Hinweis*: Das komplexe Hexacyanoferrat(III)-Anion $[Fe(CN)_6]^{3-}$ (vgl. Kap. 2.3) bildet mit Fe^{2+}-Ionen tiefgefärbtes "Berlinerblau"; den pH-Indikator Phenolphthalein kennen Sie aus Kapitel 1.3.

Nernstsche Gleichung
Konzentrations- und pH-Abhängigkeit des Redoxpotentials

Die theoretische Behandlung der Gesetzmäßigkeiten von Redoxreaktionen

$$Ox + n \cdot e^- \rightleftarrows Red \quad \text{(Halbreaktion)}$$

$$\text{bzw. } Ox\text{-}1 + Red\text{-}2 \rightleftarrows Red\text{-}1 + Ox\text{-}2$$

unterscheidet sich von anderen chemischen Reaktionsweisen dadurch, daß neben den thermodynamisch begründeten Zusammenhängen

$$\Delta G = \Delta H - T \, \Delta S \quad \text{und} \quad \Delta G^\circ = - RT \cdot \ln K$$

(K = Gleichgewichtskonstante unter Standardbedingungen)

auch ein Zusammenhang der Freien Enthalpie mit der physikalisch meßbaren Potentialdifferenz ΔE herangezogen werden kann:

$$\Delta G = - n \cdot \Delta E \cdot F \quad \text{und} \quad \Delta G^\circ = - n \cdot \Delta E^\circ \cdot F$$

(n = Zahl der übertragenen Elektronen, F = Faraday-Konstante, s.u.).

Betrachten Sie hier die Vorzeichendefinition der Standard-Reduktionspotentiale: Für positive Potentiale wird $\Delta G < 0$; Oxidationsmittel wie $Cl_2 + 2e^- \rightarrow 2\,Cl^-$ ($E^\circ = +1,36$ V) reagieren freiwillig, während die Reaktion $Na^+ + e^- \rightarrow$ Na *nicht* von selbst verläuft ($E^\circ = -2,71$ V, $\Delta G > 0$).

Für die Abhängigkeit zwischen dem Potential E eines Redoxpaares und den Konzentrationen der beteiligten Stoffe hat W. Nernst die Gleichung aufgestellt:

$$E = E^\circ - \frac{RT}{n \cdot F} \cdot \ln \frac{[Red]}{[Ox]} \quad \text{bzw. } E = E^\circ + \frac{RT}{n \cdot F} \cdot \ln \frac{[Ox]}{[Red]}$$

Mit dem dekadischen Logarithmus, T = 298 K und den Zahlenwerten für die Gaskonstante R und die Faraday-Konstante F (8,3144 J $\cdot$ K^{-1} $\cdot$ mol^{-1} bzw. 96 485
A$\cdot$s$\cdot$ mol^{-1}) ergibt sich die allgemein verwendete Form

$$E = E° - \frac{0,059}{n} \cdot \log \frac{[Red]}{[Ox]}$$

Der erste Term der Nernstschen Gleichung (E°) ist die für das jeweilige Redoxsystem charakteristische Größe, der zweite Term gibt die Konzentrations-
abhängigkeit des Potentials an. Betrachten Sie als Sonderfall: Wenn die
Konzentrationen [Ox] und [Red] der Ionen eines Redoxpaares jeweils 1 mol$\cdot$L^{-1}
betragen, dann ist das gemessene Potential E gleich dem Standardpotential E°.
Ein Konzentrationsunterschied um den Faktor 10 macht das Potential um 0,059 V
(n = 1) bzw. 0,03 V (n = 2) vom Normalpotential E° verschieden, ein 100-facher
Konzentrationsunterschied um 0,12 V usw.

Für zwei korrespondierende Redoxpaare einer Gesamtreaktion gilt entsprechend:

$$\Delta E = \Delta E° - \frac{0,059}{n} \cdot \log \frac{[Red]}{[Ox]}$$

$\Delta E°$ ist die Differenz der Standard-Reduktionspotentiale der beiden Halb-
reaktionen. Hier beachte man, daß der Quotient [Red]/[Ox] im allgemeinen *nicht*
der Gleichgewichtskonstanten K entspricht. Das wäre nur der Fall, wenn sich die
Reaktion bereits im Gleichgewichtszustand befindet. Dann ist aber $\Delta G = 0$ und
somit auch $\Delta E = 0$: Bei Gleichgewichtskonzentrationen der Reaktionspartner ist
eine galvanische Zelle "erschöpft" und ohne Spannung.

An vielen Redoxreaktionen nehmen Protonen teil (ihre Beteiligung erkennen Sie
bei der oben erläuterten Aufstellung stöchiometrischer Redoxgleichungen):

$$Ox + n\ e^- + m\ H^+ \rightleftarrows Red–H$$

Deren Konzentration muß - wegen des Massenwirkungsgesetzes - ebenfalls das
Potential E mitbestimmen. *Das Redoxpotential von Redoxgleichgewichten, an
denen Protonen beteiligt sind, ist pH-abhängig.*

Die Nernstsche Gleichung lautet dann

$$E = E° - \frac{0,059}{n} \cdot \log \frac{[Red]}{[Ox]} - 0,059 \cdot \frac{m}{n} \cdot pH$$

Unter Standardbedingungen (pH = 0) verschwindet der zusätzliche Term der Gleichung. Bei anderen pH-Werten wie z.B. unter "physiologischen Bedingungen", pH = 7, verringert der dritte Term den Wert von E° ggf. um große Beträge (beispielsweise bei m = n = 1 um 0,41 Volt!). Normalpotentiale bei pH 7 werden $E°'$ genannt und in der Biochemie benutzt. *E° und E°' nicht verwechseln !*

Versuch 1.4.3 : pH-Abhängigkeit des Redoxpotentials

Permanganat-Ionen MnO_4^- (Oxidationszahl des Mn?) oxidieren Wasserstoffperoxid H_2O_2 zu molekularem Sauerstoff. Die je nach pH-Wert unterschiedlichen Redoxpotentiale sind am Auftreten unterschiedlicher Reaktionsprodukte zu erkennen.

Lösen Sie einige Kriställchen $KMnO_4$ in 10 mL Wasser und verteilen auf zwei Reagenzgläser; eines wird mit einigen Tropfen konzentrierter Schwefelsäure versetzt (*Vorsicht*, Ätzend!), im anderen löst man 1 NaOH-Plätzchen (*Vorsicht*, Ätzend!). Tropfen Sie in beide Reagenzgläser 3 %ige Wasserstoffperoxid-Lösung bis zum Ende der Gasentwicklung. Vergleichen Sie die Lösungen: Die saure enthält blassrosa $MnSO_4$ (Oxidationszahl?), die alkalische Braunstein (Mangandioxid, MnO_2; Oxidationszahl?) .

Stellen Sie komplette Reaktionsgleichungen auf unter Einschluß von H^+- bzw. OH^--Ionen. Unter welchen Bedingungen ist Permanganat das stärkere bzw. schwächere Oxidationsmittel? Schlagen Sie E° in der Tabelle im Anhang nach und interpretieren Sie den Einfluß der Wasserstoffionenkonzentration (pH) anhand der Nernstschen Gleichung.

Versuch 1.4.4 : Wasserstoffperoxid als redoxamphoteres System

Ähnlich wie Wasser sowohl als Säure als auch als Base wirken kann, fungieren Substanzen mittlerer Oxidationsstufen in Abhängigkeit vom Reaktionspartner als Oxidations- *oder* Reduktionsmittel (*Redoxamphoterie*). Wichtige Vertreter redoxamphoterer Systeme sind unter den Metallionen Cu^+, Hg^+, Fe^{2+}, Mn^{4+}, unter den Nichtmetallen H_2O_2 (Oxidationsstufe des Sauerstoffs $-I$) mit seinen beiden Reaktionsweisen:

$$H\text{-}O\text{-}O\text{-}H + 2\,H^+ + 2\,e^- \rightarrow 2\,H_2O \qquad (H_2O_2 = \text{Oxidationsmittel})$$

$$H\text{-}O\text{-}O\text{-}H \rightarrow O_2 + 2\,H^+ + 2\,e^- \qquad (H_2O_2 = \text{Reduktionsmittel})$$

H_2O_2 und andere redoxamphotere Substanzen können sich in Gegenwart eines geeigneten Katalysators ggf. selbst oxidieren und reduzieren; das nennt man *Disproportionierung* einer Substanz.

Je etwa 5 mL einer 3 %igen H_2O_2-Lösung versetzt man mit

a) angesäuerter Kaliumpermanganat-Lösung (einige Kristalle $KMnO_4$ in 5 mL H_2O; 2 mL 2 N H_2SO_4): Sie kennen die Reaktion aus Versuch 1.4.3.

b) angesäuerter Kaliumiodid-Lösung (einige Kristalle KI in wenig Wasser; 2 mL 2 N H_2SO_4); man unterschichtet mit 2 mL Chloroform.

c) einer Spatelspitze gepulvertem Braunstein (MnO_2) als Katalysator.

Formulieren Sie anhand Ihrer Beobachtungen vollständige Redoxgleichungen für die Redoxreaktionen.

Versuch 1.4.5 : Redoxreaktionen in der Maßanalyse: Iodometrie

Redoxreaktionen können wegen ihrer strengen Stöchiometrie zur quantitativen Bestimmung reduzierender oder oxidierender Stoffe eingesetzt werden. Die vielseitigste Redoxtitrationsmethode ist die *Iodometrie*. Dabei werden oxidierende Stoffe mit überschüssigem KI reduziert (a, vgl. Versuch 1.4.4) und das stöchiometrisch gebildete Iod wird mit Thiosulfat $S_2O_3^{2-}$ wieder zu Iodid zurück reduziert ("zurücktitriert", b). Das Reduktionsmittel Thiosulfat wird zu Tetrathionat $S_4O_6^{2-}$ oxidiert. 1 mol Thiosulfat entspricht dann 1/n mol des zu analysierenden Oxidationsmittels.

$$\text{a)}\quad 2\,I^- \rightarrow I_2 + 2\,e^- \qquad\qquad \text{b)}\quad I_2 + 2\,S_2O_3^{2-} \rightarrow 2\,I^- + S_4O_6^{2-}$$

Als Indikator für den Äquivalenzpunkt dient nicht die Eigenfarbe des Iods, sondern seine intensiv blaue Einschlußverbindung mit Stärke.

Analyse: Wasserstoffperoxid

Mehrere Gruppen von Praktikanten stellen gemeinsam 1 Liter 0,1 N Natriumthiosulfat-Lösung her. Man löst genau 24,818 g $Na_2S_2O_3 \cdot 5\,H_2O$ in einem 1 L-Meßkolben in Wasser. Jede Gruppe erhält eine H_2O_2-Probe in einem 100 mL-Meßkolben ausgegeben, die mit Wasser auf 100 mL aufgefüllt und umgeschüttelt wird. Zugleich stellt man eine Lösung von 1 g Kaliumiodid in 30 mL Wasser her und fügt 20 mL 2 N Schwefelsäure zu (warum muß hier nicht auf Milligramme genau gewogen werden wie oben?).

In diese Iodid-Lösung läßt man unter Umschwenken aus einer Pipette 20 mL der Analysenlösung zufließen. Was beobachten Sie? Der Kolben wird mit einem Uhrglas bedeckt und das Reaktionsgemisch 15 min stehengelassen. Anschließend titriert man mit der 0,1 N Thiosulfat-Lösung die Reaktionslösung, bis sie nur noch schwach gelb ist. Dann gibt man einige Tropfen Stärke-Lösung zu und titriert tropfenweise bis zum Umschlag von blau nach farblos weiter. Als Analysenresultat wird die ausgegebene Gesamtmenge an H_2O_2 angesagt. Wieviel mg H_2O_2 entspricht 1 mL Thiosulfat-Maßlösung?

Hinweis: Nach einigen Minuten kann die blaue Farbe durch Einwirkung des Luftsauerstoffs erneut auftreten. Das wird nicht berücksichtigt. Da Natriumthiosulfat keine exakt einwägbare Substanz ("Urtitersubstanz") darstellt, muß für Präzisionsanalysen der Faktor der Thiosulfat-Lösung mit Hilfe der Lösung einer anderen geeigneten Urtitersubstanz (z.B. Kaliumiodat KIO_3) bestimmt werden.

Fragen und Anregungen

1. Beschreiben Sie die an den Redoxreaktionen beteiligten Redoxpaare:
$$Br_2 + 2\,I^- \rightarrow 2\,Br^- + I_2$$
$$SO_2 + 2\,H_2O + Cl_2 \rightarrow SO_4^{2-} + 4\,H^+ + 2\,Cl^-$$
$$MnO_4^- + 8\,H^+ + 5\,Fe^{2+} \rightarrow Mn^{2+} + 4\,H_2O + 5\,Fe^{3+}$$

2. Welche Ionen können mit den genannten Atomen bzw. Molekülen aufgrund der Spannungsreihe reagieren?

   a) Zn und Ag^+ b) H_2 und Cl^- c) Ag und Fe^{3+}

   d) Na und H_3O^+ e) Cl_2 und Fe^{2+} f) Fe^{3+} und Zn^{2+}

3. Wie verhalten sich die Metalle Ag, Au, Cr, Cd, Hg und Mg (Namen?) gegenüber Salzsäure unter Normalbedingungen? Gegeben sind die Standardreduktionspotentiale $E°$: $Ag^+/Ag = 0{,}80$; $Au^{3+}/Au = 1{,}50$; $Cr^{3+}/Cr = -0{,}71$; $Cd^{2+}/Cd = -0{,}40$; $Hg^{2+}/Hg = 0{,}85$; $Mg^{2+}/Mg = -2{,}34$ Volt.

4. Eisenrohre von Pipelines kann man vor Korrosion schützen, indem man sie elektrisch leitend mit Magnesiumblöcken verbindet. Welche Aufgabe hat das Magnesium? Warum werden Autokarosserien verzinkt?

5. Welche Potentialdifferenz in Volt müßte sich bei einem galvanischen Element theoretisch einstellen, das aus den beiden Halbelementen Ag/Ag^+ und Zn/Zn^{2+} besteht, wenn die Silberionenkonzentration 10^{-1} mol $\cdot$ L^{-1} und die Zinkionenkonzentration 10^{-2} mol·L^{-1} ist ?
Gegeben: $E°(Ag^+/Ag) = 0{,}80$ Volt, $E°(Zn^{2+}/Zn) = -0{,}76$ Volt.
Lösung: $E = [0{,}80 + 0{,}059 \cdot (-1)]-[-0{,}76 + 0{,}059/2 \cdot (-2)] = \ldots\ldots\ldots$ Volt.

6. Welche der folgenden Reaktionen sind Redoxvorgänge:
   - Salzsäure und festes Eisensulfid FeS, Schwefelwasserstoff H_2S entweicht
   - $FeCl_3$-Lösung und KI-Lösung, es entsteht Iod
   - Magnesium verbrennt an der Luft zum Oxid MgO
   - Natrium reagiert mit Wasser in heftiger Reaktion zu Natronlauge (und?)
   - Kalk schäumt mit Salzsäure stark auf, es entweicht CO_2

- Filme enthalten Silberbromid AgBr als lichtempfindliche Schicht, das ent-
  wickelte Negativ schwarzes Silber
- Stickstoff und Wasserstoff ergeben im Haber-Bosch-Verfahren Ammoniak.

7. Bei der Reduktion von Permanganat-Ionen zu zweiwertigem Mangan werden
   n =   Elektronen ausgetauscht und es sind m =   Protonen beteiligt. Um
   wieviel Volt sinkt das Potential E bei Erhöhung des pH-Wertes um eine
   Stufe, um wieviel bei 10-facher Erhöhung der Konzentration von Mn^{2+}-Ionen?

8. Aus experimentell meßbaren Redoxpotentialen kann man Gleichgewichtskonstanten K ermitteln (wieso?). Berechnen Sie die Gleichgewichtskonstante
   für die Oxidation von zweiwertigem zu vierwertigem Zinn mit elementarem
   Chlor: $Sn^{2+} + Cl_2 \ \rightleftharpoons \ Sn^{4+} + 2\ Cl^-$

   Gegeben: $E°(2\ Cl^-/Cl_2) = 1{,}36\ V;$ $E°\ (Sn^{2+}/Sn^{4+}) = 0{,}15\ V$
   $E° = 0{,}059/n \cdot \log K$

   Lösung: $1{,}36 - 0{,}15 = 0{,}059/2 \cdot \log K$
   $\log K = \ldots\ldots$ (auf ganze Zahl abrunden)
   $K = \ldots\ldots$

   Was sagt dieser Wert über Gleichgewicht und Richtung der Reaktion aus?

9. Das Membranpotential E zwischen der Innenseite und Außenseite von Zellmembranen wird in erster Näherung durch das Konzentrationsverhältnis der
   Kaliumionen außerhalb und innerhalb der Zelle bestimmt (wo ist die K^+-Kon-
   zentration größer?) Dafür gilt die Nernstsche Gleichung

$$E = 0{,}059 \cdot \log \frac{c(K^+\ \text{außen})}{c(K^+\ \text{innen})}$$

   Wie groß ist das Membranpotential im ruhenden Froschmuskel, wenn die
   Kaliumkonzentration intrazellulär 124 mM, extrazellulär 2,3 mM ist ?

10. Für physiologisch-chemische Reaktionen ist $E^{o'}$ bei pH 7 wichtiger als $E°$, das
    für pH =   (?) definiert ist. Rechnen Sie mit der Nernstschen Gleichung unter
    Einschluß von Protonen Werte von $E^{o'}$ für die Redoxpaare $2\ H^+/H_2$ ($E° = 0$),
    $O_2/2\ O^{2-}$ ($E° = 1{,}23\ V$) und $H_2O_2/2\ H_2O$ ($E° = 1{,}78\ V$) aus.

11. Die Atmung aerob lebender Organismen (beispielsweise *Homo sapiens*) ist
    ein Oxidationsprozeß. Was wird oxidiert, was ist das Oxidationsmittel, wel-
    che Endprodukte entstehen, wozu dient der ganze Vorgang?

12. Berechnen Sie die Oxidationszahlen für Schwefel bzw. Stickstoff in zwei
    wichtigen bakteriellen Prozessen sowie die Zahl n der pro Mol erforderlichen
    Elektronen. Stickstoff-Fixierung: Luftstickstoff N_2 zu Ammoniak (z.B. in
    Rhizobien); Sulfatreduktion: Sulfat (aus Böden, Dünger) zur Sulfidstufe des
    Schwefels (H_2S, in organischer Bindung).

Haupt- · **-gruppenelemente**

Nebengruppen "Übergangselemente"

IA	IIA	IIIB	IVB	VB	VIB	VIIB	VIII	VIII	VIII	IB	IIB	IIIA	IVA	VA	VIA	VIIA	VIIIA
1 H																	2 He
3 Li	4 Be											5 B	6 C	7 N	8 O	9 F	10 Ne
11 Na	12 Mg											13 Al	14 Si	15 P	16 S	17 Cl	18 Ar
19 K	20 Ca	21 Sc	22 Ti	23 V	24 Cr	25 Mn	26 Fe	27 Co	28 Ni	29 Cu	30 Zn	31 Ga	32 Ge	33 As	34 Se	35 Br	36 Kr
37 Rb	38 Sr	39 Y	40 Zr	41 Nb	42 Mo	43 Tc	44 Ru	45 Rh	46 Pd	47 Ag	48 Cd	49 In	50 Sn	51 Sb	52 Te	53 I	54 Xe
55 Cs	56 Ba	57 La	72 Hf	73 Ta	74 W	75 Re	76 Os	77 Ir	78 Pt	79 Au	80 Hg	81 Tl	82 Pb	83 Bi	84 Po	85 At	86 Rn
87 Fr	88 Ra	89 Ac	104	105	106	107	108										

Elemente 58 - 71:
Lanthaniden ("seltene Erden")

58 Ce	59 Pr	60 Nd	61 Pm	62 Sm	63 Eu	64 Gd	65 Tb	66 Dy	67 Ho	68 Er	69 Tm	70 Yb	71 Lu

Elemente 90 - 103:
Actiniden

90 Th	91 Pa	92 U	93 Np	94 Pu	95 Am	96 Cm	97 Bk	98 Cf	99 Es	100 Fm	101 Md	102 No	103 Lr

ab Element 93 nur künstlich hergestellte radioaktive Elemente

2 Anorganische Chemie

Die Vielfalt der Chemie ist durch den Aufbau der verschiedenen Atome aus einer jeweils charakteristischen Zahl von Elementarteilchen bedingt. Vom ersten Element, Wasserstoff, bis zum schwersten natürlich vorkommenden, Uran, nimmt die "Ordnungszahl" (die Zahl der positiv geladenen Protonen im Atomkern) um jeweils 1 zu, die Masse je nach der Zahl der zusätzlich vorhandenen Neutronen. Beispiele:

Ordnungs-zahl	Element (Isotop)	Massen-zahl	Protonen	Elektronen	Neutronen
1	Wasserstoff	1	1	1	0
	Deuterium, ^{2}H	2	1	1	1
2	Helium	4	2	2	2
6	Kohlenstoff	12	6	6	6
	Radiokohlenstoff, ^{14}C	14	6	6	8
11	Natrium	23	11	11	12
53	Iod	127	53	53	74
92	Uran (^{238}U)	238	92	92	146

Ein Atomkern ist von einer Elektronenhülle mit einer der Zahl der Protonen entsprechenden Zahl von Elektronen umgeben (Abb. 7). Die Verteilung der Elektronen auf verschiedene Energieniveaus (mit s, p, d, f bezeichnet) und deren räumliche Ausdehnung (insbesondere der "Außenelektronen") sind für die chemischen Eigenheiten eines Elements verantwortlich. Sie müssen wissen, wie das Aufbauprinzip der Atome deren Eigenschaften bestimmt, in welcher Art die Elemente im Periodensystem zu sog. Hauptgruppen und Übergangselementen geordnet sind und was man unter Isotopen versteht.

Betrachten Sie das nebenstehende Periodensystem. Sie sollten dort die wichtigsten Elemente einordnen können. Achten Sie immer, wo wir chemische Ähnlichkeiten zwischen verschiedenen Stoffen feststellen, auf deren Stellung im Periodensystem als Ursache!

Die Elemente links im Periodensystem (Metalle) haben eine hohe Tendenz zur Ionisierung (= Abgabe von Elektronen), und die rechts stehenden Nichtmetalle eine hohe Elektronenaffinität oder Tendenz zur Aufnahme von Elektronen. (Warum? Welche Art von Chemie spielt sich zwischen solchen Metallen und Nichtmetallen ab?) Aber auch *in Bindungen* ist die Tendenz eines Atoms, Elektronen zu sich heranzuziehen, von der Stellung im Periodensystem abhängig. Als relatives Maß dafür dient nach L. Pauling die *Elektronegativität*: Fluor (oben rechts) hat die höchste Elektronegativität, bei zunehmender Größe (nach unten) und geringerer Kernladung der Atome (nach links) wird die Elektronegativität kleiner. Diese Skala beschreibt die unterschiedliche Polarität von Bindungen in komplexen Anionen (Kapitel 2.1), organischen Molekülen (Kapitel 3) u.a.m. Zahlenwerte der Elektronegativität für wichtige Elemente sind:

H	2,2								
B	2,0	C	2,5	N	3,0	O	3,5	F	4,0
Al	1,6	Si	1,9	P	2,2	S	2,6	Cl	3,1
						Se	2,6	Br	2,9
								I	2,6

> **Je größer die Elektronegativitätsdifferenz zweier Elemente,**
> **desto polarer ist eine kovalente Bindung zwischen ihnen.**

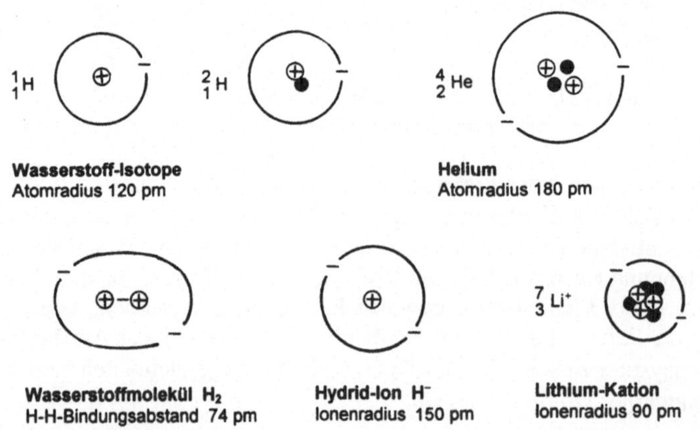

Abb.7. Aufbau der einfachsten Teilchen aus Protonen $\oplus$ und Neutronen $\bullet$ im Atomkern sowie Elektronen (−) in der Elektronenhülle. Die Massenzahl eines Teilchens wird als Index oben links, die Ordnungszahl unten links am Elementsymbol angegeben. ^{1}H und ^{2}H sind *Isotope* desselben Elementes Wasserstoff. Die Dichte und räumliche Ausdehnung der Elektronen"wolke" wird durch *Wellenfunktionen* beschrieben; nach außen ist sie daher durch die angegebenen Atomradien (van der Waals-Radien) *nicht scharf begrenzt*. Nach dem Pauli-Prinzip können höchstens zwei Elektronen dieselbe Wellenfunktion haben oder "dasselbe Atomorbital besetzen", im einfachsten Fall das kugelsymmetrische 1s-Orbital. Die Besetzung oder Elektronenkonfiguration des H-Atoms heißt 1s¹, des He-Atoms und Li-Kations 1s²; im Lithium-Atom mit 3 Elektronen muß wegen des Pauli-Verbots ein neues Orbital besetzt werden (1s² 2s¹) usw. Beachten Sie den geringeren Radius des Li⁺-Ions, in dem sich 2 Elektronen im Feld eines höher geladenen Atomkerns befinden als in He und H⁻.

Biologisches Vorkommen der Elemente

Am Aufbau und an der Funktion von lebender Materie sind etwa ein Drittel aller natürlich vorkommenden Elemente beteiligt, wenn auch nicht alle in sämtlichen Organismen. Der Mensch benötigt in essentiellen Funktionen mindestens 24 verschiedene Elemente, die mit Nahrung und Trinkwasser aufgenommen werden. Orientieren Sie sich in der Tabelle über die Arten und Mengenverhältnisse. Über Funktionen (Cobalt - Vitamin B_{12}; Kupfer - Atmungskette; Molybdän - Stickstofffixierung) erfahren Sie einiges bei den einzelnen Elementen sowie im Detail in Biochemie. Beispiele:

Elemente	Wo?	Menge im menschlichen Körper von 70 kg
Mengenelemente: Nichtmetalle		
C, H, O, N, P, S	Hauptbestandteil aller Biomoleküle (Proteine, Zucker, Nucleinsäuren u.a.)	zusammen 68 kg
Mengenelemente: Metalle und Chlorid		
Na, K, Mg, Ca, Cl	als Ionen (Elektrolyte) überall, Ca in Knochen, Mg in Chlorophyll	zusammen 1,5 kg
Spurenelemente		
Fe	Häufigstes Spurenelement; in Hämoglobin u.a. Proteinen	5 g
Zn, Cu, Mn, Co, Mo, Se, F, I	bekannte Funktionen in Enzymen, Coenzymen u. dergl.	Zn 2 g, sonst 5–100 mg
Cr, Si, Sn	Funktionen sind nicht genau bekannt	
Weitere Spurenelemente		
B, As, Br, Ni, V, W	in Mikroorganismen, niederen (insbesondere marinen) Tieren und Pflanzen; in speziellen Coenzymen, Antibiotika usw.	

Die anderen chemischen Elemente spielen wahrscheinlich deshalb keine Rolle in der belebten Welt, weil sie zu selten sind oder - wie die Verbindungen der Schwermetalle Cadmium, Quecksilber, Thallium und Blei - überwiegend Wechselwirkungen *toxischer* Art mit Biomolekülen eingehen. Auch die essentiellen

Elemente können in höherer Dosis schädlich sein; beispielsweise ist der Tages-
bedarf eines Menschen an Kupfer 2-3 mg, während die Aufnahme von über 100
mg zu Kupfervergiftung führt. Giftig sind auch Barium-Ionen; für das mineralisch
als "Schwerspat" vorkommende, als weißer Füllstoff für Kunststoffgebrauchs-
artikel sowie medizinisch als Röntgenkontrastmittel verwendete $BaSO_4$ mit dem
Löslichkeitsprodukt $L_p = 10^{-10}\,mol^2 \cdot L^{-2}$ spielt das allerdings keine Rolle. Warum?
Paracelsus hat noch immer recht:

"Alle Dinge sind Gift, und nichts ohn Gift. Allein die Dosis macht, dass ein Ding kein Gift ist"
(Paracelsus, 1493-1541).

Die folgenden Versuche zielen neben unentbehrlichen Detailkenntnissen und
praktisch wichtigen Nachweisen für anorganische Substanzen auf das Verständnis allgemeiner Reaktionsweisen und Verfahren. Die klassischen chemischen Trennungsgänge und "Aufschlüsse" unlöslicher Stoffe durch konzentrierte
Säuren, Alkalien oder Schmelzen sind nicht aufgenommen. Bei den Reagenzver-
suchen und Analysen können und sollen Sie eigene Varianten entwickeln; fragen
Sie aber trotzdem Ihre Assistenten und Assistentinnen, um unbekannte Risiken
und Substanzverschwendung zu vermeiden!

2.1 Nichtmetalle

Die bekannten Elemente Kohlenstoff, Stickstoff und Phosphor, Sauerstoff und Schwefel sowie die Halogene Fluor, Chlor, Brom und Iod rechts im Periodensystem (IV. bis VII. Hauptgruppe) leiten *nicht* den elektrischen Strom, weil ihnen 1 bis 4 Elektronen zum Erreichen der nächsten abgeschlossenen Elektronenkonfiguration (Edelgasschale) fehlen. Man nennt Sie daher "Nichtmetalle". Wegen ihrer hohen Elektronenaffinität bilden diese Stoffe vielmehr allein oder in Kombination mit Sauerstoffatomen stabile Anionen:

Element	Anionen	Anionen wichtiger Sauerstoffsäuren	
C	(Carbide)		Carbonate CO_3^{2-}
N	(Nitride)	Nitrite NO_2^-	Nitrate NO_3^-
P	(Phosphide)	Phosphite HPO_3^{2-}	Phosphate PO_4^{3-}
O	Oxide O^{2-}		
S	Sulfide S^{2-}	Sulfite SO_3^{2-}	Sulfate SO_4^{2-}
F	Fluoride F^-		
Cl	Chloride Cl^-	Chlorate ClO_3^-	Perchlorate ClO_4^-
Br, I	Bromide, Iodide	Bromate, Iodate	

Wir beginnen Anorganische Chemie mit diesen Nichtmetall-Verbindungen, weil sie nicht so zahlreich sind wie die Metalle und weil sie in Salzen die gemeinsamen Anionen für sämtliche Metallkationen bilden. Einige dieser Anionen liefern Stickstoff, Schwefel und Phosphor zum Einbau in organische Substanz; welche der in der Tabelle aufgeführten sind das, und welchen chemischen Reaktionen müssen sie dabei unterworfen werden?

Ebenfalls hierher gehören Silikate (SiO_4^{4-}, SiO_3^{2-} u.a.), die die Hauptmenge unserer Gesteine und Böden sowie Glas, Keramik, Zement u. dergl. ausmachen. Weil Silikate jedoch meist komplexe, kondensierte Anionen darstellen und völlig unlöslich sind, werden wir sie nicht experimentell bearbeiten.

Halogene

Alle vier Halogene ("Salzbildner") Fluor, Chlor, Brom und Iod sind von praktischer Bedeutung. Sie sind ein Musterbeispiel für die Abstufung von physikalischen und chemischen Eigenschaften innerhalb einer Gruppe des Periodensystems:

Fluor	schwach gelbliches Gas, äußerst reaktiv, stärkstes Oxidationsmittel (gefährlich zu handhaben)
Chlor	gelbgrünes Gas, sehr reaktionsfähig, starkes Oxidationsmittel (gefährlich zu handhaben)
Brom	rotbraune Flüssigkeit, Reaktivität ähnlich Chlor (gefährlich)
Iod	metallisch-braunschwarzer Feststoff, violette Dämpfe und Lösungen; reaktionsfähig, mildes Oxidationsmittel

Halogene und Halogenide sind insbesondere durch Redoxreaktionen und die damit verbundenen Farbwechsel zu differenzieren, ferner durch ihre schwerlöslichen Silbersalze.

Versuch 2.1.1 : Halogenfreisetzung aus Halogeniden

Je 3 mal 2 mL KBr- und KI-Lösung werden mit je 2 mL Chloroform unterschichtet und mit einigen Tropfen Chlorwasser, Bromwasser (Vorsicht! Ätzend!) und Iodlösung geschüttelt. Notieren Sie Ihre Beobachtungen:

	+ Chlorwasser	+ Bromwasser	+ Iodlösung
KBr-Lösung			
KI-Lösung			

Kompliziertere Reaktionen treten mit einem Überschuß an Chlorwasser ein. Man mischt 2 Tropfen KI- mit 6 Tropfen KBr-Lösung, verdünnt mit etwas Wasser, unterschichtet wie oben und fügt tropfenweise Chlorwasser zu. Die Chloroform-Schicht färbt sich violett (wodurch?), aber diese Farbe verblaßt wieder durch Bildung von farblosem Iodat IO_3^- und schwachgelbem Iodtrichlorid ICl_3; dann tritt gelbbraun auf (wodurch?) und auch diese Farbe verschwindet wieder unter Bildung von farblosem Bromat BrO_3^-. Formulieren Sie eine Redoxgleichung für die Reaktion zwischen Iod und Chlor zum Iodat IO_3^- (Oxidationszahlen anwenden):

Versuch 2.1.2 : Hypochlorit-Bildung durch Disproportionierung

"Chlorwasser" ist eine nach Chlor riechende gelbgrüne Lösung von Chlor (max. 0,6 %) in Wasser. Zu einem kleinen Teil disproportioniert darin das elementare Chlor in Chlorwasserstoff (Ox.zahl $-$I) und "unterchlorige Säure" HOCl (Ox.zahl $+$I); in alkalischer Lösung wird das Gleichgewicht ganz nach rechts verschoben zu einem Gemisch aus Chlorid und Hypochlorit:

$$Cl_2 + H_2O \; \rightleftharpoons \; HCl + HOCl$$

$$Cl_2 + 2\,NaOH \; \rightarrow \; NaCl + NaOCl + H_2O$$

Versetzen Sie Chlorwasser unter Umschütteln tropfenweise mit verdünnter Natronlauge, bis Farbe und Geruch des Chlors gerade verschwunden sind. Die neutrale Hypochloritlösung ist ein starkes Oxidationsmittel ("Chlorbleichlauge") und besser als Chlorwasser zu handhaben. Sie kann zum Desinfizieren dienen, z.B. zur Oberflächensterilisation von Pflanzensamen: Übergießen Sie in einem Becherglas Getreidekörner mit Hypochlorit-Lösung und schwenken Sie um. Der auftretende Geruch (wie im Schwimmbad) beruht auf Reaktionen des +I-wertigen Chlors mit organischen, insbesondere mit aminogruppenhaltigen Substanzen. Ebenso wie Natriumhypochlorit wirkt eine Aufschlämmung des Calciumsalzes ("Chlorkalk") Ca(OCl)Cl.

Versuch 2.1.3 : Silberhalogenidfällungen

Chlorid, Bromid und Iodid geben mit Silbernitrat $AgNO_3$ in salpetersaurer Lösung charakteristisch gefärbte Niederschläge mit unterschiedlichem Löslichkeitsprodukt L_p, die sich in Ammoniak je nach der Konzentration an freien Ag^+-Ionen (durch L_p gegeben!) unter Bildung der Komplexionen $[Ag(NH_3)_2]^+X^-$ auch unterschiedlich wieder auflösen lassen:

AgCl	weiß	$L_p = 10^{-10}\ mol^2{\cdot}L^{-2}$	löslich in verd. NH_3
AgBr	gelblich	$10^{-13}\ mol^2{\cdot}L^{-2}$	löslich in konz. NH_3
AgI	gelb	$10^{-16}\ mol^2{\cdot}L^{-2}$	unlöslich auch in konz. NH_3

Zu je 3 mL konzentrierter Lösungen von KCl, KBr und KI gebe man tropfenweise 5 %ige $AgNO_3$-Lösung. Man beobachte die ausfallenden Niederschläge und beschreibe ihr Verhalten am Licht. Nachdem die Niederschläge sich abgesetzt haben, dekantiert man die überstehende Flüssigkeit ab und schüttelt die Niederschläge mit etwa 5 mL 0,2 M Ammoniak einige Zeit kräftig durch. AgCl löst sich vollständig. AgBr und AgI trennt man wieder von der überstehenden Lösung und schüttelt nun mit konz. Ammoniak. AgI bleibt auch jetzt ungelöst, während AgBr in Lösung geht.

Der Nachweis von Chlorid mit $AgNO_3$ in salpetersaurer Lösung ist praktisch wichtig und sehr empfindlich; auch bei geringen Mengen beobachtet man noch eine bläulich-weiße Opaleszenz oder Trübung. Stellen Sie die *Erfassungsgrenze* fest, d.h. die kleinste absolute Menge Chlorid (in µg), die Sie nachweisen können: Aus einer Lösung mit 1 mg Cl^-/mL (wieviel NaCl ist das?) stellt man sich genaue Verdünnungen 1:10, 1:20, 1:50, 1:100, 1:200 und 1:500 her und versetzt in einer Reihe von Halbmikroreagenzgläsern je 1 mL mit je 3 Tropfen salpetersaurer $AgNO_3$-Lösung. Suchen Sie die günstigste Betrachtungsweise (Beleuchtung, Hintergrund), um eine AgCl-Fällung noch zu erkennen.

Testen Sie nunmehr Leitungswasser und Fluß- oder Teichwasser auf Chlorid. Versuchen Sie den Nachweis des Salzgehaltes in Schweiß, indem Sie sich kräftig die Hände reiben und dann Ihre Fingerspitzen mit ein paar Tropfen Wasser abspülen, oder die Haut mit einem sauberen feuchten Tuch kräftig abreiben und dann mit wenig Wasser extrahieren. Wenn der Nachweis negativ ist, joggen Sie einige Male um das Institut und wiederholen ihn.

Hinweis: Wenn derartige Nachweise sicher positiv sein sollen, verlangen sie die Verwendung analysenreiner (p.a.) Reagentien und reinsten, entionisierten oder doppelt destillierten Wassers sowie *Blindproben*, in denen Salpetersäure, Wasser, Reagenzgläser, Tuch usw. separat auf Chlorid geprüft werden.

Versuch 2.1.4 :   Nachweis von Fluorid

Das erste Element einer Gruppe hat oft spezielle Eigenschaften. Fluorid muß anders als die übrigen Halogenide nachgewiesen werden, und zwar indem man daraus Fluorwasserstoff (Flußsäure) HF in Freiheit setzt, der Glas (SiO_2) zu ätzen vermag:

$$SiO_2 + 4\,HF \quad \rightarrow \quad SiF_4 + 2\,H_2O$$

"*Ätzprobe*": Eine Spatelspitze Na-, K- oder Ca-Fluorid wird in einem trockenen Reagenzglas mit 1 mL konz. Schwefelsäure (Vorsicht!) versetzt. Der entstehende HF ätzt das Glas, so daß die Säure bei Schwenken nicht benetzend von der Wand abläuft, sondern *ölig* wie von einer gefetteten Fläche. Manchmal muß man vorsichtig erwärmen.

Bei gleichzeitiger Anwesenheit von Bromid färbt sich die Schwefelsäure braun (beim Erwärmen braune Dämpfe), bei Anwesenheit von Iodid treten beim Erwärmen violette Dämpfe auf. Die Ätzprobe für Fluorid ist aber auch in Anwesenheit dieser Ionen anwendbar.

Versuch 2.1.5 :   Analytik der Halogenide nebeneinander

Als Vorprobe wird zunächst mit salpetersaurer Silbernitratlösung auf Cl^-, Br^- oder I^- allgemein geprüft. Ist die Reaktion positiv, so wird die wässrige Lösung der Analysensubstanz mit verd. HNO_3 angesäuert und mit frischem Chlorwasser versetzt. Unterschichtetes Chloroform gestattet, das Halogen auszuschütteln: violette Iodfarbe (sofern vorhanden) oder braune Bromfarbe (sofern kein Iodid vorhanden). Bei Anwesenheit von Iodid wird die Analysenlösung stärker verdünnt und einem kleinen Teil dieser Lösung wird soviel Chlorwasser zugesetzt, bis die Iodfarbe verschwindet. Ist auch Bromid anwesend, wird die organische Phase braungelb.

Nachweis von Chlorid: Ein Silberniederschlag bei Abwesenheit von Iodid und Bromid beweist Chlorid. Weniger verläßlich ist die weiße Farbe des Niederschlages. Sichere Identifizierung gelingt durch die Löslichkeit von Silberchlorid in verdünntem Ammoniak. Eine Spatelspitze Substanz wird in 1 mL Wasser gelöst und mit 2 Tropfen konz. Salpetersäure angesäuert. Dann fügt man tropfenweise unter Erwärmen 1 %ige $AgNO_3$-Lösung zu, bis sich der Niederschlag zusammenballt und auf weitere Zugabe keine weitere Fällung mehr auftritt. Zum Vergröbern des Niederschlages kocht man kurz auf, zentrifugiert oder läßt ihn absitzen und dekantiert die überstehende Flüssigkeit ab. Man gibt 3 mL Wasser zu, kocht auf, läßt wieder absitzen und dekantiert erneut. Diese Waschoperation wiederholt man dreimal; sie dient der vollständigen Entfernung aller nicht am Halogenid gebundenen Silberionen. Jetzt fügt man zum Niederschlag 3 mL 0,2 M Ammoniak. Unter schwachem Erwärmen schüttelt man um, läßt absitzen und dekantiert die überstehende Flüssigkeit ab. Bei Anwesenheit von Silberchlorid im Niederschlag hat sich der Komplex $[Ag(NH_3)_2]Cl$ gebildet. Zugabe von 1 mL KBr-Lösung führt zur Ausfällung von AgBr, wenn die Analyse Chlorid enthielt.

Analyse: Halogenide

In einer mit Namen versehenen kleinen Reibschale wird vom Assistenten ein Analysengemisch löslicher Halogenide ausgegeben und wie oben untersucht.

Schwefel

Elementarer Schwefel besteht aus S_8-Ringmolekülen. Der in Wasser unlösliche Schwefel wird durch chemische oder mikrobielle Reduktion aus Salzen (Sulfit, Sulfat) oder durch Oxidation aus Sulfiden abgeschieden. Er verbrennt an der Luft zum Dioxid SO_2, einem wesentlichen Bestandteil der Luftverschmutzung beim Verbrennen fossiler Brennstoffe; es löst sich in Wasser zur schwach sauren, reduzierend wirkenden schwefligen Säure H_2SO_3.

$$SO_2\,(g) + H_2O \;\rightarrow\; H^+ + HSO_3^-$$

Schwefelsäure H_2SO_4 ist eine starke Säure; konzentriert wirkt sie oxidierend und ist sehr hygroskopisch, beim Erhitzen "raucht" Schwefeltrioxid SO_3 ab. Schwerlösliche Sulfate sind $BaSO_4$ (Schwerspat, $L_p = 10^{-10}$ $mol^2 \cdot L^{-2}$), $CaSO_4$ (Gips, $L_p = 6 \cdot 10^{-5}$ $moL^2 \cdot L^{-2}$) und $PbSO_4$ ($L_p = 2 \cdot 10^{-8}$ $mol^2 \cdot L^{-2}$). Es gibt zahlreiche weitere Schwefel-Sauerstoff-Anionen, darunter von praktischer Bedeutung Thiosulfat $S_2O_3^{2-}$ (Versuch 1.4.5), das als starkes Oxidationsmittel genutzte Peroxodisulfat $S_2O_8^{2-}$ und Dithionit $S_2O_4^{2-}$ als starkes Reduktionsmittel. Organische Sulfide und Disulfide ("Disulfidbrücken" in Proteinen) bilden ein charakteristisches Redoxpaar:

$$2\ -SH \ \rightleftarrows \ -S-S- \ + \ 2\,H^+ + \ 2\,e^-$$

Versuch 2.1.6 :   Schwefelverbindungen

Schwefelausscheidung: Aus löslichen Sulfiden wird feinverteilter, weißlich-gelber Schwefel durch Oxidationsmittel (Chlorwasser, H_2O_2, konz. H_2SO_4) abgeschieden, aus schwefliger Säure durch Reduktion (z. B. mit H_2S-Lösung). Aus Thiosulfat $Na_2S_2O_3$ entsteht er direkt beim Erhitzen oder durch Säurezusatz (warum erfolgt das hier so leicht?).

Schweflige Säure, Sulfite: Verreiben Sie im Mörser eine Spatelspitze Sulfit mit einer Spatelspitze Kaliumhydrogensulfat $KHSO_4$ als "feste Säure": Stechender, charakteristischer Geruch von SO_2 (in der hier auftretenden Konzentration ungefährlich). Sulfite wirken reduzierend: Natriumsulfit entfärbt tropfenweise zugesetzte Iod/KI-Lösung sowie organische Farbstoffe wie Malachitgrün oder Methylenblau unter Reduktion zum Leukofarbstoff (Reaktionsmechanismus später). Was entsteht dabei aus dem Sulfit?

Konzentrierte Schwefelsäure: Wirkt oxidierend und wasserentziehend. Kupferspäne lösen sich in ihr unter SO_2-Entwicklung (dagegen nicht in verdünnter Schwefelsäure), Zucker wird schwarz verkohlt. Beim Mischen von 2 mL Wasser (zuerst im Reagenzglas) mit 1 mL H_2SO_4 tritt ein großer Wärmeeffekt auf (*Vorsicht! Schutzbrille!*). Die rasche oxidierende und verkohlende Wirkung zerstört alle organischen Substanzen (Haut, Papier, Stoffe). *Daher handhabt man konzentrierte Schwefelsäure stets besonders vorsichtig und entfernt evtl. Spritzer auch vom Labortisch sofort mit viel Wasser.*

Nachweis von Sulfat: $BaCl_2$-Lösung, mit verd. HCl angesäuert, fällt aus Sulfatlösungen extrem schwerlösliches $BaSO_4$. Zum Beispiel in Zigarettenasche, in der pflanzlicher Schwefel zum Sulfat oxidiert vorliegt: Die Asche wird mit 1-2 mL 2 N HCl erwärmt, filtriert und das Filtrat mit einer Spatelspitze $BaCl_2$ versetzt. Dieser Nachweis ist auch wichtig, um mit Ammoniumsulfat gefällte und dann wieder aufgelöste Proteine (Vers.1.2.4) auf Anwesenheit oder Abwesenheit restlichen Salzes zu testen. Stellen Sie die Erfassungsgrenze für Sulfat fest!

Nachweis von Schwefel in organischer Bindung: Man schließt Substanz in alkalischer oder wenn nötig alkalisch-reduzierender Schmelze auf (NaOH oder kleine Menge Na-Metall), filtriert, säuert mit Essigsäure an (evtl. H_2S-Geruch) und versetzt mit Pb-acetat: Schwarzes Bleisulfid PbS zeigt Schwefel an. Schmelzen Sie eine kleine Probe der schwefelhaltigen Aminosäure Cystein mit einem NaOH-Plätzchen im Reagenzglas und führen Sie den Nachweis durch.

Stickstoff

Von Stickstoff sind die Oxidationsstufen des Ammoniaks NH_3, der salpetrigen Säure HNO_2 und der Salpetersäure HNO_3 von Interesse. Die Reduktion des reaktionsträgen elementaren N_2 ist ebenfalls von großer technischer wie biologischer Bedeutung, doch können weder die Umsetzung mit Wasserstoff unter Hochdruck im Haber-Bosch-Verfahren noch die enzymatische Reduktion durch Nitrogenase auf einfache Weise simuliert werden. Schließlich sind auch die Oxide des Stickstoffs, N_2O, NO und NO_2 ("Stickoxide") als kritische Luftbestandteile wichtig. Listen Sie alle Oxidationsstufen des Stickstoffs von Ammoniak bis Salpetersäure der Reihe nach auf!

Ammoniak in wässriger Lösung ist als schwache Base bekannt, das Ammonium-Ion NH_4^+ ähnelt den Alkalimetallen Na^+ und K^+. Nitrate und Nitrite sind durch starke Reduktionsmittel zu Ammoniak reduzierbar; diese Reaktionen werden auch durch Pflanzen und Mikroorganismen katalysiert, die mineralisches Nitrat aus Böden (Düngemittel, Salpeter) verwerten können. HNO_3 ist eine starke und in konzentrierter Form auch stark oxidierende Säure; *mit größter Vorsicht handhaben!*

Versuch 2.1.7 : Eigenschaften von Ammoniumsalzen

Die durch Protonierung von Ammoniak mit Säuren entstehenden Salze $NH_4^+X^-$ sind in Kristallform und Wasserlöslichkeit den Salzen der Alkalimetalle, insbesondere Kalium ähnlich (Ionenradius $K^+ = 133$ pm, $NH_4^+ = 143$ pm). Sie sind in Stickstoffdüngern und als N-Quelle in Nährmedien für Mikroorganismen enthalten; $(NH_4)_2SO_4$ wird in der Biochemie oft verwendet - wozu? (Erinnern Sie sich an Versuche 1.2.3 und 1.2.4.) Von Alkalimetallsalzen (Kapitel 2.2) unterscheiden sich Ammoniumsalze allerdings durch die Reversibilität ihrer Bildung (s.u.), durch die Säurenatur und die Oxidierbarkeit.

Eine spezifische Reaktion ist die Entwicklung von Ammoniak auf Zusatz starker Base. Ein trockenes Ammoniumsalz wird in einem kleinen Becherglas mit 10 %iger NaOH übergossen. Man legt ein Uhrglas auf, an dessen Unterseite ein feuchter Streifen Indikatorpapier hängt: NH_3-Dämpfe verursachen alkalische Reaktion und sind evtl. auch am Geruch zu erkennen. Ähnlich geht man bei der quantitativen Bestimmung von N-Verbindungen als NH_3 vor   (z.B. bei der Analyse von Bodenproben) wobei die Base durch Titration gemessen wird.

Freier Ammoniak ist i.a. für tierische Zellen toxisch. Wegen seiner Existenz im Dissoziationsgleichgewicht $NH_4^+ \rightleftarrows NH_3 + H^+$ ($pK_a = 9$; wieviel % liegen bei pH 7 als NH_3 vor?) darf man zur Einstellung bestimmter Elektrolytkonzentrationen, z.B. in Zellkulturen oder Infusionslösungen, auf keinen Fall Ammoniumsalze anstelle von Na^+- oder K^+-Salzen verwenden!

In Ammoniumsalzen (Oxidationszahl des N: $-III$) mit oxidierend wirkenden Anionen wird bei erhöhter Temperatur NH_4^+ zu Stickstoff oder Stickoxiden oxidiert, so z.B. in Ammoniumnitrit:

$$NH_4^+ + NO_2^- \rightarrow N_2 + 2\,H_2O$$

In einige mL KNO_2-Lösung gibt man eine Spatelspitze NH_4Cl und erwärmt schwach: Stickstoff entwickelt sich als farb- und geruchloses Gas.

Ammoniumnitrat ("Ammonsalpeter", Düngemittel) kann sich bei trockenem Erwärmen sogar explosionsartig zu N_2O zersetzen und wird daher nicht in reiner Form verwendet (Handelspräparat zusammen mit Kalk = Kalkammonsalpeter).

In Umkehrung ihrer Bildung zerfallen Ammoniumsalze beim Erhitzen in Ammoniak und Säuren und können leicht verflüchtigt werden: Erhitzen Sie eine Probe festes NH_4Cl mäßig im Reagenzglas. Das Salz verschwindet ("raucht ab") und bildet sich oben an kälteren Stellen erneut: $NH_4^+ + X^- \rightleftarrows NH_3 + HX$.

Ist die Säure besonders leicht flüchtig und wird zusammen mit NH_3 im Vakuum laufend abgepumpt, so kann man Ammoniumsalze, die zuvor für andere Zwecke gebraucht wurden (z.B. bei einer Ionenaustauschchromatographie, Kap. 4.1) bereits bei Normaltemperatur aus Lösungen rückstandsfrei entfernen. Formulieren Sie beispielsweise den Zerfall von Ammoniumhydrogencarbonat:

Versuch 2.1.8 :   Reaktionen von Nitrat und Nitrit

Sämtliche Nitrate sind wasserlöslich, so daß zum Nachweis keine einfache Fällungsreaktion in Frage kommt. Meist führt man eine Reduktion durch und bestimmt das Reduktionsprodukt.

In 3 mL Wasser werden 3 Spatelspitzen $NaNO_3$ gelöst, dazu gibt man 1 Spatelspitze Zinkpulver und erhitzt. Nach Abkühlen und Dekantieren vom Zink oxidiert die Lösung angesäuerte KI-Lösung: Iodausscheidung durch Nitrit. Verfährt man in Gegenwart von 5 N NaOH, so geht die Reaktion weiter und es entweicht Ammoniak (Geruch, feuchtes pH-Papier).

$$NO_3^- + Zn + 2\,H^+ \rightarrow NO_2^- + Zn^{2+} + H_2O$$

$$NO_3^- + 4\,Zn + 6\,H_2O + 7\,OH^- \rightarrow NH_3 + 4\,[Zn(OH)_4]^{2-}$$

Nachweis durch "Ringprobe": 1 mL Nitratlösung wird mit 1 mL gesättigter $FeSO_4$-Lösung und 1 Tropfen verd. HCl gemischt. Man unterschichtet mit 1-2 mL konz. Schwefelsäure, die man an der Wand herabfließen läßt. An der Zwischenschicht bildet sich ringförmig eine braune Zone durch einen Eisen(II)nitroso-Komplex:

$$HNO_3 + 3\,Fe^{2+} + 3\,H^+ \rightarrow 3\,Fe^{3+} + NO + 2\,H_2O$$

$$Fe^{2+} + NO + 5\,H_2O \rightarrow [Fe(NO)(H_2O)_5]^{2+} \text{ (braun)}$$

Nitrite sind gefährliche Chemikalien (R 25, S 44), jedoch technisch und wegen ihrer Entstehung aus Nitraten nicht zu umgehen. Verwenden Sie nur sehr kleine Mengen unter dem Abzug!

Einige Kristalle Natrium- oder Kaliumnitrit werden mit verd. Schwefelsäure übergossen: Entwicklung brauner Gase, da freie salpetrige Säure HNO_2 nicht stabil ist und in die nitrosen Gase NO_2 und NO zerfällt.

Nachweis: Nitrit oxidiert KI in essigsaurer Lösung zu Iod, das mit Stärkelösung nachzuweisen ist, und wird selbst zu NO reduziert.

Mit Ammoniak und seinen Derivaten entwickelt salpetrige Säure unter "Komproportionierung" molekularen Stickstoff. Säuern Sie 2 mL einer konzentrierten Harnstofflösung (Harnstoff = Diamid der Kohlensäure, NH_2-CO-NH_2) mit einigen Tropfen HCl an und geben Nitritlösung hinzu: Gasentwicklung. Nach kurzem Kochen wird Nitrit völlig zerstört und mit KI in der Lösung nicht mehr nachzuweisen sein. Reaktionsgleichungen:

Quantitative Nitritbestimmungen sind für Nitrit in Lebensmitteln und bei der Nitratbestimmung über Nitrit erforderlich; sie beruhen auf "Diazotierung" und Bildung eines Azofarbstoffes (Nitratbestimmung in Wasser: Kapitel 4.2).

Phosphor

Phosphor spielt in der Biosphäre fast ausschließlich in der Oxidationsstufe der Phosphorsäure (+V) eine Rolle; so kommt das Element auch mineralisch vor (Calciumphosphate: Phosphorit, Apatit). Durch stufenweise Dissoziation der Phosphorsäure entstehen Dihydrogenphosphate $H_2PO_4^-$, Hydrogenphosphate HPO_4^{2-} und Phosphate PO_4^{3-}. Gemische aus Hydrogenphosphaten werden häufig für Pufferlösungen verwendet. Das Oxid des Phosphors P_4O_{10} (= Anhydrid der Phosphorsäure) ist stark hygroskopisch und ein bekanntes Trockenmittel. Charakteristisch ist die Kondensation von Phosphorsäure (Orthophosphate) unter Energieaufwand zu Di- oder Pyrophosphorsäure ($H_4P_2O_7$) und Poly(Meta)phosphorsäuren ($HPO_3)_n$. Di-, Tri- und höhere Phosphate sind daher "energiereiche Verbindungen"; diese Eigenschaft kennzeichnet die wichtigsten Moleküle der Bioenergetik, Adenosindiphosphat und -triphosphat (ADP, ATP). Technisch sind Phosphate u.a. in Düngemitteln und Waschmitteln verbreitet. Ihr Nachweis - auch im Mikromaßstab - in Gewässern, Böden, Pflanzen und anderem biologischem Material ist eine häufige Aufgabe.

Versuch 2.1.9 : Phosphatnachweis

Phosphate ergeben mit $AgNO_3$ eine Fällung von gelbem Ag_3PO_4, löslich in NH_3, Essigsäure und HNO_3. Zum selektiven Nachweis dient vor allem die Reaktion mit Molybdat MoO_4^{2-} in saurer Lösung zu einer gelben "Heteropolysäure" der Zusammensetzung $H_3[P(Mo_{12}O_{40})]$ (12-Molybdatophosphorsäure), deren Ammoniumsalz schwer löslich ist. Neben Phosphat geben nur lösliche Arsenate und Silikate ähnliche Verbindungen.

Zu 3 mL 5 %iger Ammoniummolybdat-Lösung/halbkonz. HNO_3 gibt man einige Tropfen Phosphatlösung: Gelbfärbung, beim Erwärmen gelber dichter Niederschlag, der sich in NH_3 oder Laugen wieder lösen läßt.

In der Praxis sind oft Spuren von Phosphat zu bestimmen, die nur schwache Gelbfärbung liefern. Zum Herabsetzen der Nachweisgrenze in den µg-Bereich reduziert man das Molybdän in Molybdat (Ox.Zahl +VI) durch Fe^{2+} zum intensiv farbigen "Molybdänblau", in dem verschiedene Oxidationszahlen des Molybdäns (+IV bis +VI) vorliegen; diese Reduktion tritt nur in der Molybdatophosphorsäure ein. Je einige Tropfen hochverdünnte Phosphatlösung vermischt man in zwei Reagenzgläsern mit je 2 mL saurer Molybdatlösung (s. o.) und gibt in die eine Probe zusätzlich 0,2 mL saure $FeSO_4$-Lösung (10 %, mit wenig H_2SO_4 ansäuern); man beobachte die Farbentwicklungen. Dieser empfindliche Phosphatnachweis wird i.a. quantitativ (photometrisch) ausgewertet (Versuch 4.2.4).

Kohlenstoff

Kohlenstoff bildet durch seine Fähigkeit, vier kovalente Bindungen miteinander, mit Wasserstoff und mit anderen Elementen einzugehen, den vielfältigsten Baustein der Chemie. Zu seinen anorganischen Verbindungen zählt man die Gase Kohlendioxid CO_2 und das giftige Kohlenmonoxid CO, die in freier Form nicht isolierbare Kohlensäure ($H_2CO_3 \rightleftharpoons H_2O + CO_2$) und die meist unlöslichen, Gebirge bildenden Carbonate. Die Überführung von CO_2 in organische Materie durch Photoassimilation ist Basis fast aller Stoffwechselreaktionen der belebten Welt. Zur Zeit wird bekanntlich mehr CO_2 als Produkt der Verbrennung organischer Stoffe in die Atmosphäre entlassen (CO_2-Gehalt: 0,035 %) als durch Photosynthese fixiert und durch Remineralisierung in Carbonaten gebunden wird; warum ist das ein bedenkliches Ungleichgewicht ?

Versuch 2.1.10 : Carbonat und Hydrogencarbonat

Stärkere Säuren wie HCl und H_2SO_4 setzen aus Carbonaten und Hydrogencarbonaten Kohlensäure frei, die nicht stabil ist und unter "Aufbrausen" CO_2 entwickelt; die Gasentwicklung kann verzögert eintreten. Eindeutig ist der Nachweis erst, wenn man das Gas in $Ba(OH)_2$- oder $Ca(OH)_2$-Lösung ("Barytwasser", "Kalkwasser") leitet und dort eine Fällung von $BaCO_3$ bzw. $CaCO_3$ beobachtet. Testen Sie Na_2CO_3 sowie mineralischen Kalk oder Marmor.

Lösliche Carbonate (Natrium-, Kaliumcarbonat) geben auf Zusatz von $CaCl_2$- oder $BaCl_2$-Lösung weiße, beim Erhitzen dichter werdende Carbonatniederschläge. Weil alle Hydrogencarbonate löslich sind, tritt zwischen $NaHCO_3$ und $CaCl_2$ keine Fällung ein, wohl aber nach Zusatz von Ammoniak; warum? Rekapitulieren Sie das Kalkgleichgewicht (Versuch 1.2.6) !

Prüfen und erklären Sie den pH-Wert einer Sodalösung. Welche ist die in der Lösung vorhandene Base?

Analyse: Carbonat, Nitrat, Sulfat, Phosphat

Die Identifizierung dieser Anionen erfolgt in Einzelnachweisen nebeneinander. Hydrogencarbonat, Nitrit, Sulfit wären neben den anderen Ionen schwer nachzuweisen und werden nicht ausgegeben. Carbonat: Ansäuern, $Ba(OH)_2$. Nitrat: Ringprobe. Sulfat: $BaCl_2$. Phosphat: Molybdat. Da einige Ionen alkalisch reagieren, kann der pH-Wert der Lösung erste Anhaltspunkte geben. Überlegen Sie aber bei Fällungen jedes Mal, welcher pH erforderlich ist!

Fragen und Anregungen

1. Informieren Sie sich im Biochemie-Buch über das Vorkommen und die Bindungsart von Iod im menschlichen Körper. In welcher Form und zusammen mit welcher Substanz nimmt man es i.a. zu sich?

2. Welche Chloride und Fluoride kommen mineralisch in großen Mengen vor und wie heißen sie mit Trivialnamen? Zu welchem Zweck werden sie abgebaut und genutzt?

3. Flüchtige Säuren kann man i.a. aus ihren Salzen durch Zugabe von konz. H_2SO_4 (als starker nicht-flüchtiger Säure) in Freiheit setzen. Warum gelingt es nicht, auf diese Weise Iodwasserstoffsäure HI aus NaI zu erzeugen?

4. Welche und wieviel % Chloride enthält Meerwasser?

5. Wie reagieren folgende Salze in Wasser (sauer, neutral, alkalisch): NaH_2PO_4, K_3PO_4, Na_2SO_4, K_2CO_3, Na_2SO_3, Na-acetat, $NaHCO_3$, KF ?

6. Reine Kohlensäure besitzt theoretisch den pK_a-Wert 3,3. Ist sie eine stärkere oder schwächere Säure als Essigsäure? Warum reagiert eine wässrige CO_2-Lösung dennoch nur sehr schwach sauer?

7. Die Carbonate von Natrium, Kalium, Calcium, Magnesium und das "Doppelsalz" $MgCO_3 \cdot CaCO_3$ haben als Substanzen und Mineralien individuelle Namen. Welche?

8. Kondensierte Phosphate wurden oben erwähnt. Muß zu ihrer Spaltung in Orthophosphat Energie aufgewandt werden oder wird Energie frei ? In welcher Form ist diese Energie bei der Reaktion mit Wasser (Hydrolyse) zu erwarten, wie in einer lebenden Zelle? $\Delta G = -29 \ kJ \cdot mol^{-1}$.

9. Schwarzpulver enthält Salpeter (KNO_3) als Oxidationsmittel, Schwefel und Kohlepulver. Welche Reaktionen und welche Hauptprodukte ergeben sich beim Abbrennen des Gemisches?

10. Aus einer filtrierten Aufschlämmung von $CaSO_4$ in Wasser ("Gipswasser") fällt $BaCl_2$ einen Niederschlag. Wieso? Ist Gips nicht wasserunlöslich?

11. Eine Möglichkeit zum Unschädlichmachen der beiden unerwünschten Gase Schwefelwasserstoff (z. B. im Erdgas enthalten) und Schwefeldioxid (aus Verbrennungsprozessen usw.) ist ihre Reaktion *miteinander* unter Bildung von elementarem Schwefel. Formulieren Sie die korrekte Redoxgleichung.

12. Zum Auflösen der folgenden Salze stehen Ihnen Wasser, verd. Salzsäure und verd. Ammoniak zur Verfügung. Worin lösen sich KCl, Kalk, $BaSO_4$, Salpeter, AgCl, $Ca_3(PO_4)_2$, Pottasche, $Mg(OH)_2$?

2.2 Metalle der Hauptgruppen

Die Elemente der Hauptgruppen I - III des Periodensystems (ausgenommen Bor) sind Metalle. Nach dem Aufbauprinzip der Atome besitzen sie ein bis drei Elektronen mehr als die vorhergehende abgeschlossene Elektronenkonfiguration (Edelgasschale). In "metallischer Bindung" halten diese Elektronen die positiven Atomrümpfe zusammen und erlauben als "Elektronengas" die für Metalle charakteristische elektrische Leitfähigkeit. Da die Anziehung dieser äußeren Elektronen durch den Kern relativ schwach ist, sind die Ionisierungsenergien gering (z.B. 4,3 eV für $K \rightarrow K^+$); aus den Elementen entstehen so durch Ionisierung leicht die typischen Metallkationen mit edelgasähnlicher Elektronenkonfiguration. Metallischen Charakter haben auch die schweren Elemente der Hauptgruppen IV und V (Zinn, Blei, Wismut), deren leichte Elemente (Kohlenstoff, Stickstoff) bekanntlich Nichtmetalle sind; in diesen Elementen hoher Ordnungszahl mit großen Atomradien (= geringe Anziehung von Außenelektronen) ist die Ionisierung zu höhergeladenen Kationen energetisch möglich. Zwischen den Nichtmetallen und Metallen sind die technologisch bedeutenden Elemente mit Halbleiter-Eigenschaften zu finden (Silicium, Germanium, Arsen).

Wir müssen die Eigenschaften der Alkalimetalle Natrium und Kalium, der Erdalkalimetalle Magnesium und Calcium, von Aluminium und Blei kennenlernen. Da in den Gruppen der Alkali- und Erdalkalimetalle chemische Verwandtschaften besonders ausgeprägt sind, wird auch das Verhalten der anderen, selteneren Elemente verständlich. Nicht experimentell behandelt werden die leichtesten Elemente der Hauptgruppen I bis III (Lithium, Beryllium und das Halbmetall Bor), die viele chemische Besonderheiten aufweisen.

Alkalimetalle

Zur Gruppe der Alkalimetalle gehören nach Lithium die häufigen Elemente Natrium und Kalium sowie die seltenen Rubidium und Cäsium, die alle große chemische Ähnlichkeit haben: Es sind leichte, weiche und niedrig schmelzende, sehr unedle und daher sehr reaktive Metalle (z.B. Kalium: Dichte 0,86 $g \cdot cm^{-3}$; Schmelzpunkt 63 °C, $E° = -2,02$ V). Sie kommen nicht elementar vor, sondern in salzartigen, wasserlöslichen Verbindungen mit einwertigen Kationen; darunter sind auch die bekannten "alkalisch" reagierenden Hydroxide NaOH und KOH. In Kristallgittern wie in wässrigen Lösungen sind die Kationen i.a. stark hydratisiert.

Eine auffällige Eigenschaft von Alkalimetallen und Erdalkalimetallen und ihren flüchtigen Verbindungen ist die Emission charakteristischer Spektrallinien

(Farben) bei Energiezufuhr in einer heißen Flamme. Daher werden sie oft durch *Spektralanalyse* nachgewiesen; leicht erkennt man an ihren Emissionslinien

Natrium	–	intensiv gelbe Flammenfärbung (Linie bei 589 nm)
Kalium	–	rötlich-violett (Linien bei 404 und 768 nm)
Calcium	–	ziegelrot (Linien bei 553 und 622 nm)
Strontium	–	karminrot (Linien bei 461 und 605 nm)
Barium	–	fahlgrün (viele Linien, 514-534 nm) .

Physiologisch-chemisch ist das Ungleichgewicht von Na^+- und K^+-Ionen von Bedeutung: Die mineralisch i.a. in geringerer Konzentration vorhandenen Kaliumionen werden intrazellulär angereichert, die mengenmäßig dominierenden Natriumionen i.a. unter Energieverbrauch aus Zellen ausgepumpt. (In der Frage 9 zu Kapitel 1.4 haben Sie das Membranpotential ausgerechnet.) Mineraldünger enthalten daher "Kalisalze" und nicht Natriumsalze, Asche aus organischem Material ist Kalium-reich (Pottasche).

Die wichtigsten mineralisch vorkommenden, oft in großen Mengen gewonnenen und verwendeten Natrium- und Kaliumsalze sollten Sie mit Namen kennen:

$NaCl$	Steinsalz, Kochsalz	KCl	Sylvin
$Na_2CO_3 \cdot 10\ H_2O$	Soda	K_2CO_3	Pottasche
Na_2CO_3	"kalzinierte", wasserfreie Soda		
$NaNO_3$	Chilesalpeter	KNO_3	Salpeter
$Na_2SO_4 \cdot 10\ H_2O$	Glaubersalz		

Wasserfreies Natriumsulfat dient zum Entfernen von geringen Wassermengen aus organischen Lösungsmitteln.

Versuch 2.2.1 :   Metallisches Natrium und Magnesium

Die unedlen Alkalimetalle und Erdalkalimetalle werden durch elektrolytische Reduktion aus Schmelzen ihrer Salzen hergestellt und in Chemie und Technik verwendet. Überzeugen Sie sich von der gefährlich hohen Reaktivität metallischen Natriums. Auf *völlig trockener keramischer* Unterlage schneidet man von dem unter Mineralöl aufbewahrten Metall (mit Pinzette anfassen) ein höchstens linsengroßes Stück ab; beachten Sie die blanke, an der Luft unter Oxidation rasch anlaufende Oberfläche. Geben Sie das Stückchen in einen großen wassergefüllten Topf (keine Plastikschüssel!) und beobachten Sie *aus der Entfernung* die Gas- und Wärmeentwicklung sowie ggf. die Entzündung bis zur Auflösung des Metalls. Konsequenz: Natrium und ebenso Kalium dürfen *niemals* unkontrolliert mit Wasser in Berührung kommen!

Reaktionsgleichung:

Prüfen Sie nach dem Ende der Reaktion - ggf. nach Durchführung des Versuchs durch mehrere Gruppen - den pH-Wert des Wassers. Erklärung?

Beherzigen auch Sie bei diesem Versuch die Ermahnung aus dem "Chemischen Experimentierbuch" von Dr. O. Nothdurft (1913): ".... sich nicht dazu verleiten lassen, größere Stücke des Metalles auf eine Wasserfläche zu werfen; Freunde, die einen solchen Spaß verlangen, sind nicht die besten und zuverlässigsten! Und der junge Naturwissenschaftler, der sich aus falscher Eitelkeit zu solchen Scherzen gebrauchen läßt, wird weder in seinen Augen noch in denen anderer dadurch gewinnen".

Metallisches Magnesium: Das Leichtmetall ist ebenfalls unedel und leicht oxidierbar, jedoch bei Normaltemperatur in freier Form beständig, weil es sich an der Luft mit einer dünnen, schützenden Oxidschicht überzieht. Beim Erhitzen verbrennt es rasch mit blendend weißem Licht (Blitzlicht).

Blasen Sie ein wenig Magnesium-Pulver oder -Späne durch eine heiße Bunsenbrenner-Flamme oder halten ein Stückchen Magnesium-Band mit der Tiegelzange und entzünden es: Feuerwerks-ähnliche Sternchen, der weiße Rauch ist (harmloses) Magnesiumoxid MgO.

Ein Demonstrationsversuch: Brennendes Magnesium in einer CO_2-Atmosphäre reduziert das sehr stabile Kohlendioxid unter Abscheidung von Rußflocken.

Reaktionsgleichung:

Geben Sie einige Magnesium-Späne in kaltes Wasser: Im Gegensatz zu Natrium keine Reaktion. Beim Kochen setzt Gasentwicklung und Auflösung ein, die Lösung wird trübe. Was entsteht?

Reaktionsgleichung:

Geben Sie zu Magnesium-Spänen in kaltem Wasser eine Spatelspitze Ammoniumchlorid. Warum tritt *jetzt* eine Reaktion ein?

Versuch 2.2.2 : Flammenfärbung von Alkali- und Erdalkalimetallen

Für Natriumionen, die fast allgegenwärtig sind, gibt es keinen einfachen Nachweis durch Fällung oder Farbreaktion. Charakteristisch ist die gelbe Flammenfärbung, die man beim Erhitzen von Substanz in einer heißen Flamme direkt oder durch ein Spektroskop beobachtet. Es zerlegt das ausgestrahlte Licht in seine spektralen Bestandteile und läßt die Emissionslinien (s.o.) auf einer Skala identifizieren.

Ein ausgeglühtes Magnesia-Stäbchen (MgO), das *keine* Flammenfärbung mehr zeigt, wird mit konz. HCl befeuchtet, mit ein paar Krümeln des zu testenden Salzes bedeckt oder in eine zu prüfende Lösung getaucht. Man hält es in den Saum einer nicht leuchtenden Gasflamme. Da bereits Natriumspuren (ng–µg) die Flamme vorübergehend gelb färben, sind Kontrollproben, z.B. mit dem verwendeten Wasser, erforderlich; nur intensive, langanhaltende Gelbfärbung ist ein sicherer Natriumnachweis.

Prüfen Sie Kochsalz, Viehsalz, Soda, Mineralwasser (ggf. einige mL in einer sauberen Porzellanschale eindampfen). Menschlicher Schweiß enthält 0,4% NaCl. Reiben Sie ein Magnesia-Stäbchen auf verschwitzter Haut und führen den Natriumnachweis.

Kaliumverbindungen erzeugen rotviolette Flammenfärbung. Eventuell störende Natriumfärbung wird bei Betrachtung durch ein blaues Kobaltglas absorbiert. Prüfen Sie ein Kaliumsalz.

Flüchtige Calcium-, Strontium- und Barium-Verbindungen zeigen ziegelrote, karminrote bzw. grüne Flammenfärbung. Testen Sie die Chloride auf einem ausgeglühten Magnesia-Stäbchen. Die nicht flüchtigen Sulfate sind ungeeignet. Andere Salze (Carbonat, Nitrat, Phosphat, Oxid) überführt man durch Befeuchten mit konz. HCl in die leichter verdampfbaren Chloride. Im Gemisch mit brennbaren Substanzen und Oxidationsmitteln liefern Erdalkalisalze die Farbeffekte im Feuerwerk.

Versuch 2.2.3 : Schwerlösliche Kaliumsalze

Kaliumionen lassen sich als schwerlösliches Perchlorat ausfällen; allerdings ist das Löslichkeitsprodukt nur $L_p = 3 \cdot 10^{-3}$ mol$^2 \cdot$L^{-2} bei 0°C. 1 mL einer K$^+$-haltigen Lösung wird tropfenweise mit 70 %iger HClO$_4$ (*Vorsicht, starke Säure* !) versetzt: Kristalliner Niederschlag, der sich beim Erwärmen löst und beim Abkühlen wieder auskristallisiert (vgl. Versuch 1.2.2).

Prüfen Sie flüssigen Blumendünger auf Kalium. Kochen Sie einige Gramm Pflanzen-/Holzasche einige Minuten lang in wenig Wasser, filtrieren heiß und prüfen die Lösung nach dem Abkühlen. Welches Kaliumsalz liegt in der Asche überwiegend vor?

Ein natürlich vorkommendes schwerlösliches Kaliumsalz ist Kaliumhydrogentartrat (Tartrate = Salze der Weinsäure), das zusammen mit Calciumtartrat den Weinstein bildet. Versetzen Sie eine kaliumhaltige Probe mit einer Lösung von Natriumhydrogentartrat.

Erdalkalimetalle

Diese Elemente haben ihren Namen nach Ähnlichkeiten mit den Alkalimetallen und der Tatsache, daß sie unlösliche "Erden" (Oxide) bilden, in Form von Carbonaten sogar ganze Gebirge. Die leichteren Elemente Magnesium und Calcium sind häufig: Calcium steht an fünfter, Magnesium an achter Stelle der Elementhäufigkeit in der Erdrinde, Calcium ist das häufigste Metall im menschlichen Körper. Die schwereren Elemente Strontium und Barium sind zwar selten, aber in kleinen Mengen oft mit Calcium vergesellschaftet. (Welches Element folgt noch auf Barium?) Auch diese Metalle sind leicht, sehr unedel und reaktionsfähig (z.B. Calcium: Dichte 1,55 $g \cdot cm^{-3}$; $E° = -2,76$ V). Sie bilden in Verbindungen ausschließlich zweiwertige Kationen mit kleineren Ionenradien als die einfach geladenen Alkalimetallionen. Daher haben sie einerseits eine starke Tendenz zur Hydratisierung, anderseits in Kombination mit mehrfach geladenen Anionen (CO_3^{2-}, SO_4^{2-}, PO_4^{3-}) zur Bildung schwerlöslicher kristalliner Salze. Calcium- und Magnesiumionen bestimmen die "Härte" von Wasser ($\rightarrow$ Kapitel 4.2).

Mineralisch vorkommende und technisch wichtige Erdalkaliverbindungen sind

MgO	Magnesia	CaO	gebrannter Kalk
$MgCO_3$	Magnesit	$CaCO_3$	Kalk, Kreide, Marmor
$MgCO_3 \cdot CaCO_3$	Dolomit		(kristallin: Kalkspat)
$MgSO_4 \cdot 7\ H_2O$	Bittersalz	$CaSO_4 \cdot 2\ H_2O$	Gips
$BaSO_4$	Schwerspat	$CaSO_4$	Anhydrit
		CaF_2	Flußspat
		$Ca_3(PO_4)_2$	Phosphorit
		$Ca_5(PO_4)_3(F, OH)$	Apatit

Wasserfreies Magnesiumsulfat dient zum Entfernen kleiner Mengen Wasser aus organischen Lösungsmitteln.

Die Erdalkaliionen und in speziellen Fällen auch Alkalimetallionen bilden mit geeigneten Liganden *Komplexe*, die funktionell (im Chlorophyll) oder analytisch (als Mg-EDTA, Vers. 4.1.1) interessant sind oder im Labor zur Analyse physiologischer Vorgänge dienen können (K-Valinomycin als "Ionophor" in biologischen Membranen). Komplexbildung wird in Kapitel 2.3 behandelt.

Versuch 2.2.4 : Schwerlösliche Verbindungen der Erdalkalimetalle

Erdalkalichloride und -nitrate sind wasserlöslich, Salze mit höher geladenen Anionen i.a. schwerlöslich (warum?). Die Hydroxide sind von mäßiger Löslichkeit, aber als starke Basen technisch wichtige und billige Neutralisationsmittel (Calciumhydroxid in Wasser gelöst = Kalkwasser, suspendiert = Kalkmilch).

Welche schwerlöslichen Calcium- und Bariumsalze haben Sie bereits kennengelernt und analytisch genutzt, z.B. in Versuch 1.2.6, 2.1.6, 2.1.9 ?

Eine Lösung von $MgCl_2$ oder $MgSO_4$ versetzt man

–   mit NaOH bzw. mit NH_3 : in beiden Fällen Ausfällung von $Mg(OH)_2$

–   ebenso in Gegenwart von NH_4Cl: keine Fällung - warum?

–   mit Na_2CO_3-Lösung: weißes basisches Magnesiumcarbonat ("Magnesia alba", als Füllstoff in Papier, Pudern u. dergl. verwendet).

Etwas Magnesiumoxid ("Magnesia usta") bringt man auf feuchtes pH-Indikatorpapier; wieso beobachten Sie alkalische Reaktion?

Ein für Magnesium typisches, schwerlösliches Salz ist Magnesiumammoniumphosphat $MgNH_4PO_4$ ($L_p = 10^{-12}$ $mol^3 \cdot L^{-3}$). Zu einer verdünnten Mg^{2+}-haltigen Lösung gibt man etwa die Hälfte des Volumens NH_4Cl-Lösung und dann Ammoniak bis zur schwach alkalischen Reaktion (es soll noch kein $Mg(OH)_2$ ausfallen); dann wird Na_2HPO_4-Lösung zugetropft. Der kristalline Niederschlag kann sich verzögern (ggf. Umschwenken oder mit Glasstab reiben); man kann in einem Tropfen unter dem Mikroskop Kristallprismen beobachten. Diese Kristalle bilden sich gelegentlich nach dem Hitzesterilisieren von Mineralsalzmedien (z.B. für Algenkulturen), die die drei Ionensorten in passender Konzentration enthalten. Wozu brauchen Pflanzen viel Magnesium?

Man versetze 1 M $CaCl_2$-Lösung

–   mit NaOH bzw. mit NH_3 zur Bildung von $Ca(OH)_2$: Unterschied zum Verhalten von Mg^{2+} beachten! Welches Hydroxid hat das größere Löslichkeitsprodukt?

–   mit Ammoniumcarbonat-Lösung und kocht kurz auf: Dichter weißer $CaCO_3$-Niederschlag.

–   mit verdünnter Schwefelsäure: $CaSO_4$ (Gips); die charakteristischen Kristallnadeln sind unter dem Mikroskop zu betrachten.

Eine gesättigte Lösung von $CaSO_4$ ($L_p = 10^{-4}$ $mol^2 \cdot L^{-2}$; "Gipswasser") versetze man mit Ammoniumoxalat-Lösung (Oxalsäure = HOOC-COOH): Schwerlösliches Calciumoxalat CaC_2O_4 fällt aus ($L_p = 10^{-8}$ $mol^2 \cdot L^{-2}$, physiologisch ein Bestandteil von Nierensteinen).

Versuch 2.2.5 :   Kalk und Gips

Unsere wichtigsten Baustoffe beruhen alle auf der Unlöslichkeit von Calciumverbindungen. Calciumcarbonat (Kalkstein, Marmor, Kreide) wird durch Brennen bei hoher Temperatur in CO_2 und Calciumoxid CaO (gebrannter Kalk) zerlegt;

diese Reaktion führen wir im Praktikum nicht durch. Versetzen Sie kleine Stücke von gebranntem Kalk in einer Porzellanschale tropfenweise mit Wasser (Erinnerung: Schutzbrille tragen!): Unter Zischen und Wärmeentwicklung zerfallen die Stücke unter Bildung von zunächst pulvrig-trockenem, dann aufgeschlämmtem Calciumhydroxid $Ca(OH)_2$ (gelöschter Kalk).

$$CaCO_3 \xrightarrow[\text{Brennen}]{-CO_2} CaO \xrightarrow[\text{Löschen}]{+H_2O} Ca(OH)_2$$

$$CaCO_3 + H_2O \xleftarrow[\text{Abbinden}]{} Ca(OH)_2 + CO_2$$

Weisen Sie die Bildung von $Ca(OH)_2$ mit pH-Papier nach. Wie kann man den CaO-Gehalt von technischem Branntkalk leicht bestimmen? Im Mörtel entsteht durch Aufnahme von CO_2 aus der Luft schließlich wieder kristallines Calciumcarbonat.

Mineralisch vorkommender Gips ist $CaSO_4 \cdot 2\ H_2O$, der übliche gebrannte Gips das metastabile "Hemihydrat" $CaSO_4 \cdot \frac{1}{2}\ H2O$. Entwässerung bzw. Rehydratisierung sind von starken Änderungen der Kristallstruktur der beiden Feststoffe begleitet, aber reversibel. Völlig wasserfreies $CaSO_4$ ist dagegen zum Bauen ungeeignet. Verrühren Sie 5 g gebrannten Gips mit der berechneten, theoretisch benötigten Wassermenge. Tauchen Sie ein unten eingefettetes Thermometer in die Masse und beobachten, ob die Reaktion exotherm oder endotherm ist. Die Verfilzung der neu entstehenden Gipskristalle ist auch unter dem Mikroskop sichtbar.

Zement, der durch Brennen von Kalk zusammen mit Ton bei hoher Temperatur hergestellt wird, besteht ebenfalls zum größeren Teil aus Calcium in Form von Silikaten und Aluminaten. Da zum Erhärten durch Wasseraufnahme kein CO_2 - wie bei normalem Kalkmörtel - erforderlich ist, kann Zementmörtel bekanntlich auch unter Wasser verwendet werden.

Aluminium

Aluminium ist das dritthäufigste Element der Erdkruste und geologisch (in den Alumosilikaten der Feldspäte, Glimmer und Tone) sowie technologisch (als leichtes beständiges Metall hoher Leitfähigkeit) von größter Bedeutung. Dagegen hat es keine bekannte physiologische Funktion. Toxische Wirkungen überschüssiger freier Aluminiumionen werden im Zusammenhang mit den neuartigen Waldschäden sowie in der Pathogenese der Alzheimerschen Krankheit diskutiert.

Aluminium ist ein unedles Metall ($E° = -1{,}67$ V). In Wasser tritt dennoch keine Auflösung ein, weil sich auf der Oberfläche eine dünne und durchsichtige, aber harte unlösliche Oxidschicht bildet. Die beim Auflösen in wässrigen Säuren entstehenden Al^{3+}-Ionen binden wegen ihrer hohen Ladung Wassermoleküle zum Hexaaquo-Ion $Al(H_2O)_6^{3+}$. Diese Species ist eine sog. Kation-Säure; warum werden Protonen freigesetzt? Oberhalb pH 5 wird unter stufenweiser Deprotonierung unlösliches, amorphes $Al(OH)_3$ abgeschieden vom Löslichkeitsprodukt $L_p = 10^{-34}$ $mol^4 \cdot L^{-4}$.

Aluminiumhydroxid hat amphoteren Charakter. Es löst sich wieder in Säure, aber auch bei hoher Hydroxylionenkonzentration zu Hydroxoaluminaten $Al(OH)_4^-$. Vereinfacht formuliert:

$$Al(H_2O)_6^{3+} \quad \rightleftarrows \quad \rightleftarrows \quad Al(OH)_3 \quad \rightleftarrows \quad [Al(OH)_4]^-$$
$$\downarrow$$
$$AlO(OH)$$
$$\downarrow$$
$$Al_2O_3$$

Die Bildung der Hydroxokomplexe erklärt, warum sich metallisches Aluminium auch direkt in konzentrierten Basen auflöst.

Die zur Beurteilung physiologischer Wirkungen interessierende Konzentration *in Lösung* vorliegender Aluminiumionen ist stark vom pH-Wert abhängig. Beispielsweise können sich bei pH 7,4 im Blutplasma neben etwa 8 $\mu mol \cdot L^{-1}$ Aluminium als $Al(OH)_4^-$ nur 3 $pmol \cdot L^{-1}$ als Al^{3+} gelöst befinden, während in versauernden Böden und Gewässern oder sauren Pflanzensäften unterhalb pH 5 die löslichen Aquo-Ionen dominieren.

Wenn frisch ausgefälltes $Al(OH)_3$ durch Erhitzen oder langes Stehenlassen "altert", so verkleinert sich seine innere Oberfläche und es wird in Säuren schwerer löslich. Mineralische Aluminiumoxide (α-Al_2O_3: Korund, Schmirgel; γ-Al_2O_3: aus Bauxit, Tonerde) lassen sich überhaupt nur bei hohen Temperaturen aufschließen.

Versuch 2.2.6 : Löslichkeitsverhalten

Lösen Sie einige Kristalle $Al_2(SO_4)_3 \cdot 18\ H_2O$ in Wasser und prüfen Sie den pH-Wert (pH =   ). Verteilen Sie die Lösung auf drei Reagenzgläser und machen Sie folgende Proben:

– NH_3-Lösung zufügen: Ausfällung von gallertigem $Al(OH)_3$, das sich nur langsam absetzt.

– Tropfenweise mit NaOH versetzen: Ausfällung, dann Wiederauflösung unter Bildung von Na-aluminat.

– Zu dieser alkalischen Aluminat-Lösung eine Spatelspitze Ammoniumchlorid zufügen; was erwarten Sie und warum?

– Zur $Al_2(SO_4)_3$-Lösung zuerst einige Kristalle Citronen- oder Weinsäure zusetzen und nach deren Auflösung Ammoniak zugeben: Die $Al(OH_3)$-Fällung bleibt aus, weil jetzt nicht Al-Hexaaquo-Ionen, sondern Al-Citrat- bzw. Tartrat-Komplex-Ionen vorliegen (Komplexbildung wird in Kapitel 2.3 behandelt).

– Übergießen Sie einige Aluminiumspäne mit Salzsäure und mit verdünnter NaOH und beobachten die Auflösung unter Entwicklung von .... (ggf. leicht erwärmen). Formulieren Sie die Reaktionsgleichungen. Im Gegensatz zu den oben ausgeführten Säure-Base-Reaktionen handelt es sich bei der Auflösung des Metalls um .... Reaktionen.

Versuch 2.2.7 : Aluminium-Nachweis

Aluminium läßt sich empfindlich an der Bildung eines intensiv roten "Farblacks" mit Alizarin S (= 1,2-Dihydroxyanthrachinon-3-sulfonsäure) erkennen, das in verdünnter Lösung selbst nur schwach farbig ist. Der sulfonsäure-freie Grundkörper Alizarin ist der Farbstoff der Krapp- oder Färberwurzel (*Rubia tinctorum*). Hierbei entsteht eine Komplexverbindung zwischen Aluminium-Ionen und Farbstoffmolekülen. Die Reaktion ist allerdings nicht spezifisch für Al-Ionen; Eisen-, Mangan-, Chromsalze würden stören.

Alizarin S:

$$
\begin{array}{c}
\text{Alizarin-S-Struktur} \\
O \quad OH \\
OH \\
SO_3\,Na \\
O
\end{array}
$$

Zu 1 mL einer Lösung von $Al_2(SO_4)_3$ oder Kalialaun (einige Kriställchen pro mL) fügt man 5 Tropfen 0,1 %ige Alizarin S-Lösung und 5 Tropfen verdünnte Ammoniaklösung. Die hier vorhandene lila Farbe ist die des Farbstoffs in schwach alkalischem Medium. Setzt man jetzt tropfenweise verdünnte Essigsäure zu, so tritt die rote Farbe oder Ausflockung des Al-Farblackes auf, während eine Al-freie Blindprobe (Wasser) nur gelblich erscheint.

Testen Sie mit der Alizarin-Reaktion

– eine Tablette zur Magensäure-Bindung (Antacidum), die basische Aluminiumsalze enthält: in 5 mL Na-acetat-Puffer pH 4 zerreiben, abfiltrieren oder zentrifugieren, Überstand untersuchen.

– im chemischen Labor zur Chromatographie verwendetes Al_2O_3: 5 g in 20 mL saurem Puffer wie oben 1 Stunde rühren oder schütteln, filtrieren, Filtrat testen; je nach Präparat (Alterung des Al_2O_3) kann das Ergebnis positiv oder negativ sein.

– einen alkalischen Extrakt aus Glasperlen oder -Scherben (nicht Jenaer Glas, vgl. 1.1.2): 5 g in 10 mL 2 N NaOH 1 Stunde rühren oder schütteln, absitzen lassen, 1 mL des Überstandes testen. *Anmerkung*: In diesem Fall ist nach der Farbstofflösung keine NH_3-Zugabe erforderlich, genügend Essigsäure zum Ansäuern zusetzen!

Versuch 2.2.8 : Alaun-Bildung

Alaune sind auffällig gut kristallisierende "Doppelsalze", in denen ein einwertiges und ein dreiwertiges Metallkation, jeweils mit 6 Wassermolekülen koordiniert, zusammen mit zwei Sulfationen vorliegen.

Zur Darstellung von Kalialaun $KAl(SO_4)_2 \cdot 12\ H_2O$ löst man 6,6 g (........... mol) $Al_2(SO_4)_3 \cdot 18\ H_2O$ in 20 mL Wasser (bei Raumtemperatur, oder schwach erwärmen), die äquivalente Menge von Kaliumsulfat K_2SO_4 (........ g) in wenig heißem Wasser und mischt die beiden Lösungen in einem Erlenmeyerkölbchen. Einen kleinen Impfkristall von Alaun bindet man an einen Zwirnsfaden und hängt ihn über den Rand in die Salzlösung. Lassen Sie das Gefäß ohne Erschütterung stehen und beobachten die Abscheidung großer oktaedrischer Alaunkristalle.

Alaun oder Aluminiumsulfat wird beim Gerben verwendet, da die hochgeladenen Metallionen Proteinmoleküle an sauren Resten vernetzen und denaturieren können. Darauf beruht auch die schwach antiseptische und adstringierende, blutstillende Wirkung eines Rasiersteins aus Alaun.

Blei

Blei, das schwerste Element der IV. Hauptgruppe (Kohlenstoff, ..., ..., ...) besitzt als Metall und in Verbindungen praktische Bedeutung; in der weltweiten Metallproduktion steht Blei nach Fe, Al, Cu, Mn und Zn an 6. Stelle. Welche Eigenschaften und welche Verwendungszwecke kennen Sie ?

In seinen Verbindungen kann Blei - wie Kohlenstoff und Silicium - vierwertig sein und kovalente Bindungen eingehen, so im flüssigen, nicht-salzartigen $PbCl_4$ oder dem früher als Antiklopfmittel benutzten Tetraethylblei $Pb(C_2H_5)_4$. Das schwere Element bevorzugt jedoch die zweiwertige Stufe. Dementsprechend sind Blei(II)salze und das gelbe Bleioxid PbO beständig, während das braunschwarze Bleioxid PbO_2 ein sauerstoffabspaltendes, starkes Oxidationsmittel ist. Das weiche, niedrigschmelzende Metall (Schmelzpunkt 327°C) ist unedel und in Säuren (z.B. Salpetersäure) löslich, sofern nicht ein schwerlöslicher Niederschlag auf der Oberfläche (z.B. $PbSO_4$ in Schwefelsäure, $PbCO_3$ in kohlensäurehaltigem Wasser) das Metall schützt.

Bleiverbindungen sind giftig und dürfen von Ihnen nur in den hier vorgesehenen Mengen, unter dem Abzug und mit peinlich sauberer Arbeitsweise gehandhabt werden, damit die Auslöseschwelle nicht überschritten wird. Vorgeschriebene Entsorgung beachten! Für Frauen gelten beim beruflichen Umgang mit bleihaltigen Stoffen besondere Beschränkungen bzw. Verbote (§ 26, Abs. 7 Gefahrstoffverordnung).

Versuch 2.2.9 : Fällungen von Bleisulfid und Bleifarben

Das auch in Säuren sehr schwer lösliche schwarze Bleisulfid ($L_p = 10^{-28}$ mol^2 $\cdot$L^{-2}) ist eine übliche Nachweisform entweder für Bleiionen *oder* für Schwefelwasserstoff: Aus einer angesäuerten, stark verdünnten Bleiacetatlösung fällt auf Zusatz von H_2S-Wasser oder Na_2S-Lösung PbS.

Im umgekehrten Fall übergießt man im Mikroreagenzglas einige Körnchen Natriumsulfid mit einigen Tropfen verdünnte Salzsäure oder Schwefelsäure und hält über die Öffnung einen zuvor mit Bleiacetat angefeuchteten Streifen Filterpapier: Schwarzfärbung.

Ein empfindlicher quantitativer Nachweis für in Böden deponiertes Blei (woher kann es stammen?) wird in Versuch 4.2.1 ausgeführt.

Eine Reihe unlöslicher Bleisalze sind als schöne deckkräftige Malerfarben bekannt und trotz ihrer Giftigkeit lange verwendet worden. An H_2S-haltiger Luft können diese Farben nachdunkeln - wieso ?

Bleiweiß	basisches Bleicarbonat, $PbCO_3 \cdot Pb(OH)_2$
Chromgelb	Bleichromat, $PbCrO_4$
Chromrot	Bleichromatoxid, $PbCrO_4 \cdot PbO$

Stellen Sie *kleine* Proben dieser Farbpigmente aus einer verdünnten Lösung von Bleiacetat her; auf das Trocknen der Niederschläge wird verzichtet, um die Gefahr des Einatmens von Staub zu vermeiden. Eine Lösung von Bleiacetat in Wasser (0,5 g in 10 mL) verteilt man auf drei Reagenzgläser. In das erste Glas tropft man mit Essigsäure angesäuerte (pH 4) Kaliumdichromatlösung, bis sich an der Eintropfstelle kein neuer Niederschlag mehr bildet. Nach kurzem Stehen hat sich ein *gelber* Niederschlag abgesetzt. In das zweite Glas tropft man schwach alkalische Kaliumchromatlösung und erwärmt die Lösung langsam, bis alle Bleiionen als *roter* Chromrot-Niederschlag gefällt sind. Die Lösung im dritten Reagenzglas wird bis fast zum Sieden erhitzt und tropfenweise mit wässriger Natriumcarbonat-lösung versetzt bis zur vollständigen Fällung von Bleiweiß.

Versuch 2.2.10 : Redoxreaktionen von Blei - Prinzip des Bleiakkumulators

Die Potentialdifferenzen von metallischem, zweiwertigem und vierwertigem Blei

$$Pb^{2+} + 2\,e^- \quad\rightleftarrows\quad Pb \qquad\qquad E° = -\,0{,}13\ V$$

$$PbO_2 + 2\,e^- + 4\,H^+ \quad\rightleftarrows\quad Pb^{2+} + 2\,H_2O \qquad E° = +\,1{,}47\ V$$

sind im Bleiakkumulator zu einer reversibel auf- und entladbaren Batterie kom-biniert.

Zwei oder mehr Gruppen arbeiten zusammen: In ein hohes 400 mL-Becherglas oder ähnliches Gefäß füllt man 250 mL 4 M Schwefelsäure *(Vorsicht, Ätzend!)* und stellt zwei etwa 5 x 10 cm große Bleibleche einander so gegenüber, daß sie sich nicht berühren (Styropor-Klötzchen als Abstandshalter verwenden). Man leitet 5 Minuten lang bei 3 − 4 V Spannung (2 Monozellen von 1,5 V genügen) Gleichstrom durch die Zelle und kann anschließend daraus ein Glühbirnchen mit Strom versorgen. Der Vorgang ist wiederholbar. Auf der anodischen Bleiplatte bildet sich allmählich ein brauner PbO_2-Überzug, während die Kathode blank bleibt.

$$PbO_2 + Pb + 2\,H_2SO_4 \quad\overset{\text{Entladen}}{\underset{\text{Aufladen}}{\rightleftarrows}}\quad 2\,PbSO_4 + 2\,H_2O$$

Überzeugen Sie sich davon, daß Bleioxid ein starkes Oxidationsmittel ist. Die mit PbO_2 bedeckte, kurz abgespülte Anode schwenkt man in einer mit HCl angesäu-erten Kaliumiodid-Lösung: Es wird braunes Iod abgeschieden, das sich mit der Iod-Stärke-Reaktion nachweisen läßt (vgl. Versuch 1.4.5). Die Elektrode bedeckt sich zugleich mit goldgelbem Bleiiodid PbI_2, das mit NaOH unter Entfärbung ab-zuspülen ist.

Reaktionsgleichung für die Redoxreaktion zwischen PbO_2 und KI (HCl nicht ver-gessen):

Fragen und Anregungen

1. Das Calcium-bindende Protein Calmodulin (Molmasse 17 000 Da) besitzt vier Metallbindungsstellen. Wieviel % Ca enthält das Ca^{2+}-gesättigte Protein, wieviel μmol Ca^{2+} können von 1 mg Calmodulin gebunden werden?

2. Das als Rostschutzanstrich bekannte Pigment Mennige (Farbe ?) hat die Zusammensetzung Pb_3O_4. Aus welchen Bleioxiden kann man es sich gebildet denken, was entsteht beim Behandeln mit Salpetersäure?

3. Überlegen Sie, warum man zur Herstellung von metallischem Natrium, Magnesium und Aluminium durch elektrochemische Reduktion (Elektrolyse) in Salzschmelzen arbeiten muß und nicht - wie bei der elektrolytischen Abscheidung anderer Metalle - in wässriger Lösung.

4. Welche Alkali- und Erdalkalisalze enthält Meerwasser und in welchen Konzentrationen? Warum schmeckt es nicht nur salzig, sondern auch bitter?

5. Wenn das in Kernspaltungsprozessen entstehende radioaktive Strontium-Isotop der Atommasse 90 in den Körper gelangt, wird es im Gegensatz zu anderen Fremdionen kaum ausgeschieden. Wie erklären Sie sich das?

6. Nennen Sie mineralische Mg- und Ca-Vorkommen. Wieviel (kg, g ?) Magnesium und Calcium enthält der menschliche Körper und in welcher Form (gelöst, unlöslich ?).

7. Im Xylemsaft von Buchen auf einem Basaltstandort wurden folgende Konzentrationen an Metallionen gefunden: K 83,4 mg/L; Ca 43,0 mg/L; Mg 8,58 mg/L; Mn 8,87 mg/L; Al 0,08 mg/L (andere seien vernachlässigt). Welche Äquivalentmenge an Anionen muß vorhanden sein? Um Anionen welcher Säuren kann es sich handeln?

8. Wo steht Zinn im Periodensystem der Elemente? Warum rostet eine Konservendose aus Weißblech (= Eisenblech mit dünner Zinnauflage) erst dann, wenn die Zinnhaut an einer Stelle verletzt ist? (Normalpotentiale zu Rate ziehen !)

9. In Gipslagerstätten findet man nicht selten Einschlüsse von elementarem Schwefel, der aus einer mikrobiellen Stoffwechselreaktion stammt. Welche Chemie ist hier abgelaufen?

10. Welche der folgenden Materialien enthalten Calciumcarbonat (ggf. zusammen mit anderen Substanzen), welche nicht: Marmor, Schneckengehäuse, Gips, echte Perlen, Dolomit, Talkum, Eierschalen, Krebspanzer, Schwerspat, Diatomeenerde, Kreide.

2.3 Übergangsmetalle und Komplexverbindungen

Betrachten Sie erneut das Periodensystem der Elemente. In den Atomen der schwereren Elemente ab Ordnungszahl 20 (Calcium) können nach Besetzung der kernnahen s- und p-Orbitale insgesamt fünf d-Orbitale mit maximal 10 Elektronen gefüllt werden, ehe ab Element 31 (Gallium) wieder p-Zustände zur Besetzung kommen usf. Zwischen der 2. und der 3. Hauptgruppe existieren daher 10 "Nebengruppen" mit sog. Übergangsmetallen.

Die Zahl von d-Elektronen in den energetisch höherliegenden d-Orbitalen bestimmt die chemischen und physikalischen Eigenschaften dieser Übergangsmetalle. Gemeinsame Merkmale und charakteristische Unterschiede zu den Hauptgruppenelementen sind ihr Auftreten in verschiedenen Oxidationsstufen, die starke Tendenz zur Bildung von *Komplexen*, in denen Liganden zusätzliche Elektronenpaare für unbesetzte d-Orbitale beisteuern, und das häufige Vorkommen farbiger sowie paramagnetischer Ionen und Verbindungen.

Angesichts ihrer chemischen Vielfalt ist es nicht erstaunlich, daß eine Reihe von Übergangsmetallen essentielle biologische ("bioanorganische") Funktionen übernommen haben. Einige wichtige Beispiele sind

Mangan:	Wasserspaltung im Photosystem II der grünen Pflanzen
Eisen:	Sauerstofftransport, Redoxsystem in Cytochromen
Cobalt:	Reaktives Zentrum im Vitamin B12
Nickel:	Mikrobielle Bildung von Methangas und Wasserstoff
Kupfer:	Redoxsystem in der Atmungskette (Cytochromoxidase)
Zink:	Bestandteil einer Reihe von Enzymen
Molybdän:	Katalyse der Stickstofffixierung durch Nitrogenase

Neben den bekannten Metallen Eisen, Kupfer und Zink sind viele weitere Übergangsmetalle technisch wichtig, wie Titan, Vanadium, Chrom, Mangan und Nickel in Legierungen, Nickel und die Platinmetalle (Rhodium, Palladium, Platin) als Katalysatoren, Silber und Gold als Edelmetalle hoher Leitfähigkeit. Das flüssige Quecksilber mit seinen meist toxischen Verbindungen nimmt eine Sonderstellung in der Chemie der Übergangsmetalle ein und wird hier nicht behandelt.

Komplex- oder Koordinationsverbindungen

Ein Komplex entsteht, wenn sich verschiedene, an sich auch allein stabile Atome, Ionen oder Moleküle miteinander "koordinieren" und stöchiometrisch sowie geometrisch wohldefinierte neue Verbindungen höherer Ordnung bilden. Komplexbildung erfolgt zwischen Teilchen mit "Elektronenlücke" (d.h. mit einer kleineren Zahl von Elektronen als zum Erreichen der nächsten stabilen abgeschlossenen Elektronenkonfiguration erforderlich) und anderen Teilchen (Liganden), die über freie Elektronenpaare verfügen: Bei Kombination beider erreicht das System einen energetisch günstigeren Zustand. Komplexbildung ist nicht auf Übergangselemente beschränkt, aber wegen deren i.a. nicht voll besetzten d-Orbitale dort besonders charakteristisch.

Ein Komplex besteht aus einem Zentral-Atom oder Zentral-Ion als Koordinationszentrum und der Ligandenhülle. Das Koordinationszentrum ist typischerweise ein Metallion, als Liganden dienen i.a. Anionen oder Neutralmoleküle. Die Anzahl der Bindungen zwischen dem Zentralteilchen und seinen Liganden bezeichnet man als Koordinationszahl (KZ) des Zentralteilchens. Liganden wie F^-, Cl^-, Br^-, I^-,CN^-, H_2O oder NH_3, die nur eine Koordinationsstelle in einem Komplex besetzen, heißen einzähnige oder monodentate Liganden; solche mit zwei Koordinationsstellen wie das Oxalatanion oder Ethylendiamin (Kurzform: "en") werden zweizähnig (didentat) genannt, Liganden mit mehreren Koordinationsstellen (z.B. EDTA) mehrzähnig oder multidentat. Gehen Liganden mit einem Zentralteilchen mehrere koordinative Bindungen ein und werden dadurch Ringe gebildet, so spricht man von Chelatliganden (Chelatbildnern) und Chelatkomplexen. Typische Komplexliganden sind:

NH_3	$H{-}O{-}H$	$^-OOC\text{-}COO^-$	$NH_2\text{-}CH_2\text{-}CH_2{-}NH_2$
Ammoniak	Wasser	Oxalat	Ethylendiamin

$$CH_3\text{-}\underset{\underset{O}{\|}}{C}\text{-}CH=\underset{\underset{O^-}{|}}{C}\text{-}CH_3 \qquad \begin{array}{c} ^-OOC\text{-}CH_2 \diagdown \\ \diagup \\ ^-OOC\text{-}CH_2 \end{array} N\text{-}CH_2\text{-}CH_2\text{-}N \begin{array}{c} \diagup CH_2COO^- \\ \diagdown \\ CH_2COO^- \end{array}$$

Acetylacetonat   Ethylendiamintetraacetat = EDTA

Nomenklaturregeln zur Benennung von Komplexen:

1. Ist die Komplexverbindung ein Salz, so wird zuerst das Kation genannt. Im $[Ag(NH_3)_2]Cl$ wird daher zuerst der kationische Komplex $[Ag(NH_3)_2]^+$ und dann das Gegenion Cl^- geschrieben.

2. Im Namen der Komplex-Ionen oder -Moleküle werden die Liganden vor dem zentralen Metallion aufgeführt, verschiedene Ionen oder neutrale Moleküle als Liganden in alphabetischer Reihenfolge. So heißt das komplexe Kation $[Cr(H_2O)_4Cl_2]^+$ Tetraaquadichlorochrom(III).

3. Anionische Liganden enden auf -o, während neutrale Liganden in der Regel die Molekülnamen tragen. Für einige wichtige Liganden lauten die Bezeichnungen: N_3^- azido, Br^- bromo, Cl^- chloro, CN^- cyano, F^- fluoro, HO^- hydroxo, CO_3^{2-} carbonato, $C_2O_4^{2-}$ (Oxalat) oxalato, S^{2-} thio, NH_3 ammin, CO carbonyl, H_2O aqua (häufig auch aquo).

4. Die Zahl der Liganden einer Sorte wird durch griechische Zahlworte (di-, tri-, tetra-, penta-, hexa-) angegeben. Enthalten die Namen der Liganden schon solche Präfixe, dann werden die Vorsilben bis-, tris-, tetrakis usw. verwendet. So lautet der Name für den Komplex $[Co(en)_3]Cl_3$ Tris(ethylendiamin)-cobalt(III)chlorid.

5. Ist der Komplex ein Anion, so wird die Endung -at benutzt. So heißt die Verbindung $K_4[Fe(CN)_6]$ Kalium-hexacyanoferrat(II), $Na[Al(OH)_4]$ heißt Natrium-tetrahydroxoaluminat(III).

In Proteinen finden sich nicht selten *mehrkernige* Metallzentren, in denen zwei bis vier gleiche oder auch ungleiche Zentralionen (z.B. Mn, Fe, Cu, Zn) durch Brückenliganden (Bezeichnung "μ", oft O- oder S-haltige Liganden) verknüpft sind. Beispiel: Zweikernige μ-Carboxylato-μ-oxo-di-Eisenkomplexe oder vierkernige Eisen-Schwefel-Zentren (Ferredoxine):

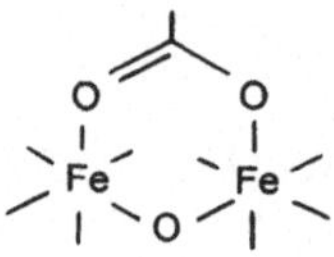

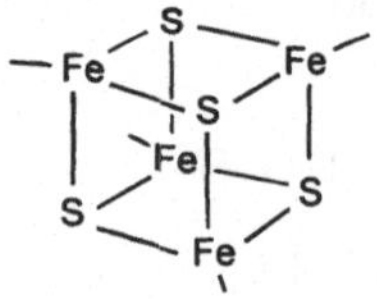

Anmerkung: In dieser und den folgenden Strichformeln von Komplexstrukturen wird nicht zwischen ionischen und "koordinativen" Bindungen unterschieden; meist handelt es sich um *gleichwertige* Bindungen in delokalisierten Elektronensystemen.

Die Eigenschaften von Metallkomplexen unterscheiden sich oft drastisch von denen ihrer Komponenten, den unkomplexierten Metallionen und freien Liganden.

Häufig sind *Farbänderungen* zu beobachten: Eine Lösung von Kupfersulfat in Wasser ist schwach hellblau, mit Ammoniak wird die Lösung tiefblau, bei Zusatz von Chloridionen ändert sich dagegen die Farbe der Lösung über Grün nach Gelb. In den Lösungen sind nämlich unterschiedliche Komplexionen enthalten:

$[Cu(H_2O)_4]^{2+}$ $[Cu(NH_3)_4]^{2+}$ $[CuCl_2(H_2O)_2]$ $[CuCl_4]^{2-}$
hellblau   tiefblau   grün   gelb

Die *elektrische Leitfähigkeit* einer Lösung von $K_4[Fe(CN)_6]$ (Kaliumhexacyanoferrat(II)) entspricht nicht der der Summe der freien Ionen Fe^{2+}, 4 K^+ und 6 CN^-, sondern der der in der Lösung tatsächlich vorhandenen Ionen 4 K^+ und ein komplexes Anion $[Fe(CN)]^{4-}$.

Ionen werden durch Komplexbildung im *Löslichkeitsverhalten* und in der *Reaktivität* "maskiert". Während bekanntlich Ag^+-Ionen durch Chlorid als AgCl ausgefällt werden (Versuch 2.1.3), reagieren die Komplexionen $[Ag(NH_3)_2]^+$ nicht mit Chlorid unter Fällung. Ag^+-Ionen werden als Oxidationsmittel ($E° = +0{,}80$ V) leicht zu elementarem Silber reduziert, nicht aber in Gegenwart von Cyanid als Cyanokomplex $[Ag(CN)_2]^{2-}$, der ein negatives Redoxpotential aufweist ($E° = -0{,}31$ V).

Lösungen von Metall-aquakomplexen wie $[Fe(H_2O)_6]^{3+}$ reagieren stark sauer (sie sind "*Kationsäuren*"), weil Wassermoleküle in der Ligandensphäre polarisiert werden und Protonen abdissoziieren.

Geometrie und Isomerie von Komplexen

In Metallkomplexen werden am häufigsten die Koordinationszahlen 2, 4 und 6 beobachtet, die den geometrischen Anordnungen ("Koordinationspolyedern") linear, tetraedrisch oder planar-quadratisch sowie oktaedrisch entsprechen (Abb. 8). Einige Ionen wie Ni^{2+} und Cu^{2+} bilden mit unterschiedlichen Liganden Komplexe verschiedener Geometrie; andere Metallionen haben stets dieselbe Koordination, so Cr^{3+}, Fe^{3+} und Co^{3+} Oktaeder, Pt^{2+} quadratisch-planare Geometrie.

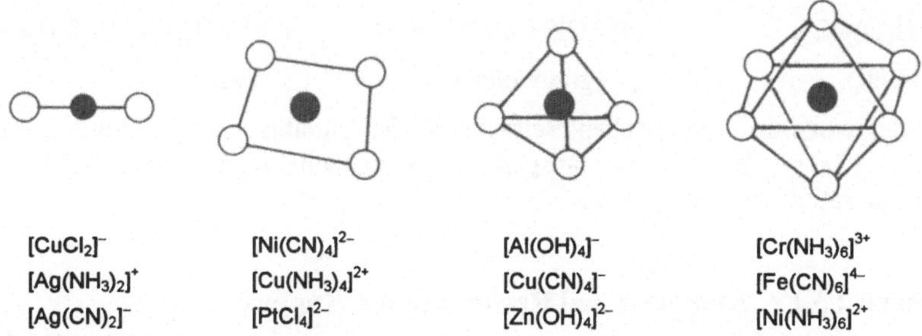

Abb. 8. Koordinationspolyeder: Beispiele für die räumliche Struktur von Metallkomplexen der Koordinationszahl 2 (linear), 4 (planar-quadratisch oder tetraedrisch) und 6 (Oktaeder).

Komplexe können bei gleicher Zusammensetzung in isomeren Formen vorliegen. Stereoisomere unterscheiden sich in der räumlichen Anordnung unterschiedlicher Liganden: An quadratisch-planaren sowie oktaedrischen Komplexen sind *cis*- (*Z*-) und *trans*- (*E*-)Isomere zu unterscheiden, in denen gleiche Liganden Nachbarn sind oder einander gegenüberstehen. Spiegelbildisomerie (optische Isomerie) tritt auf, wenn zwei Formen sich wie Bild und Spiegelbild verhalten und nicht zur Deckung zu bringen sind (Abb. 9).

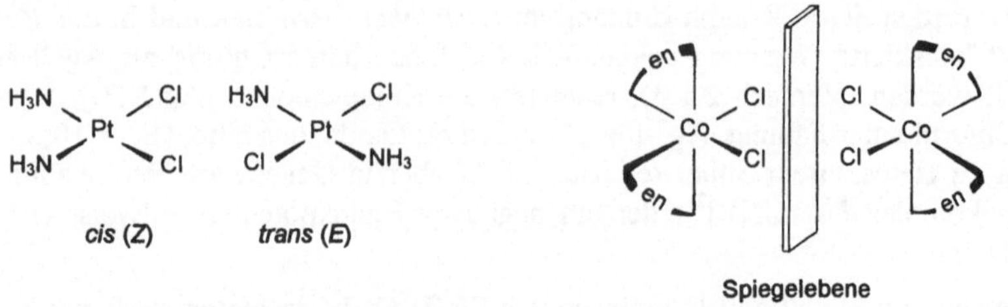

Abb. 9. Isomerie in quadratisch-planaren und oktaedrischen Metallkomplexen (en = Ethylendiamin). *cis*-Diammindichloroplatin(II) ("Cisplatin", links) wird als Cytostatikum in der Krebs-Chemotherapie verwendet, das *trans*-Isomere ist unwirksam.

Schließlich können Liganden (Anionen, Wassermoleküle) sowohl innerhalb eines Komplexions wie auch außerhalb lokalisiert sein, so daß in Lösung unterschiedliche Ionen vorliegen (Ionisationsisomerie). Beispiele:

$[Co(NH_3)_5Cl]SO_4$ Sulfat in Lösung nachweisbar, Chlorid nicht

$[Co(NH_3)_5SO_4]Cl$ Chlorid in Lösung nachweisbar, Sulfat nicht

Bei Hydratisomerie sind Wasser und andere Liganden vertauscht. Ein eindrucksvolles Beispiel sind die drei isomeren, unterschiedlich gefärbten Formen von Chromtrichlorid $CrCl_3 \cdot 6\ H_2O$:

$[Cr(H_2O)_6]Cl_3$ $[CrCl(H_2O_5]Cl_2 \cdot H_2O$ $[CrCl_2(H_2O)_4]Cl \cdot 2\ H_2O$

  (violett)   (grauviolett)   (grün)

Vor der weiteren theoretischen Betrachtung der Stabilität und Bindungsverhältnisse in Komplexen vergegenwärtigen wir uns zunächst diese Eigenschaften und die Präparation von Komplexen.

Versuch 2.3.1 :   Komplexe und Reaktionen des Kupfers

Wasserfreies Kupfersulfat ist farblos. Aus wässriger Lösung kristallisiert es als das blaue Pentahydrat $[Cu(H_2O)_4]SO_4 \cdot H_2O$ aus. Im Tetraaquakupfer(II)-Ion lassen sich die Wasser-Liganden durch andere austauschen, beispielsweise durch Ammoniak oder Chlorid. Die Aminosäure Glycin bildet mit Cu^{2+} einen stabilen zweizähnigen Komplex.

Reaktionsgleichungen:

1. $CuSO_4 \cdot 5\ H_2O \quad \rightarrow \quad CuSO_4 + 5\ H_2O$ (verdampft bei 250 °C)

2. $[Cu(H_2O)_4]^{2+} + 2\ Cl^- \quad \rightarrow \quad [CuCl_2(H_2O)_2] + 2\ H_2O$

3. $[Cu(H_2O)_4]^{2+} + 4\ NH_3 \quad \rightarrow \quad [Cu(NH_3)_4]^{2+} + 4\ H_2O$

$$4. \; [Cu(H_2O)_4]^{2+} + 2 \; H_3N^+\text{-}CH_2\text{-}COO^- \; \rightarrow \; \left\langle \begin{array}{c} NH_2 \quad {}^-OOC \\ Cu^{2+} \\ COO^- \quad NH_2 \end{array} \right\rangle + 2 \; H^+ + 4 \; H_2O$$

Glycin

Zerlegung des Aquokomplexes (R.1): Einige Spatelspitzen $CuSO_4 \cdot 5 \; H_2O$ werden in einem trockenen schwerschmelzbaren Reagenzglas so lange erhitzt, bis die Substanz durch völligen Verlust des Kristallwassers farblos geworden ist.

Ligandenaustausch (R.2 und 3): 1 g $CuSO_4 \cdot 5 \; H_2O$ werden in 10 mL Wasser gelöst. Zu 3 mL dieser Lösung gibt man einige Spatelspitzen NaCl, bis sich die Lösung grün färbt. Zu weiteren 3 mL der Stammlösung tropft man verdünnte Ammoniaklösung. Der durch die alkalische Reaktion zunächst entstandene Niederschlag von Kupferoxid wandelt sich bei Überschuß an Ammoniak in den tiefblauen Amminkomplex um.

Diglycinokupfer(II)-Komplex (R.4): 0,5 g Glycin werden in 10 mL Wasser unter Erhitzen gelöst. Man bestimmt mit pH-Indikatorpapier die pH-Werte dieser Lösung und der obigen $CuSO_4$-Lösung. Je 3 mL dieser beider Lösungen werden vereinigt und der pH-Wert erneut überprüft. Warum wurde die Lösung sauer? Aus der blauen Lösung fällt durch Zugabe von Natronlauge bis zur schwach alkalischen Reaktion kein Kupferhydroxid aus.

Den Komplex kann man präparativ isolieren, wenn in die heiße Lösung von 1 g Glycin in 25 mL Wasser Kupfercarbonat eingetragen wird, bis keine Auflösung mehr erfolgt (Schäumen durch CO_2 beachten!). Es wird heiß filtriert. Aus dem Filtrat fallen beim Abkühlen tiefblaue Kristalle aus. Sie werden abgesaugt, mit wenig Methanol gewaschen und an der Luft getrocknet. Die Ausbeute (bezogen auf Glycin) durch Wägen ermitteln.

Reduktion von Cu(II) zu Cu(I): Fehlingsche Lösung

Alkalische Kupfer(II)salz-Lösungen werden durch leicht oxidierbare Verbindungen wie Glucose oder andere "reduzierende" Zucker reduziert, wobei sich rotes Kupfer(I)oxid Cu_2O abscheidet. In der alkalischen Lösung muß durch Komplexbildung mit Tartraten (Salze der Weinsäure HOOC-CHOH-CHOH-COOH) verhindert werden, daß Kupfer(II)hydroxid ausfällt. Diese Mischung wird als "Fehlingsche Lösung" bezeichnet.

Reaktionsgleichung (vereinfacht):

$$2 \; Cu^{2+} \; + \; R\text{-}CHO \; + \; 5 \; HO^- \; \rightarrow \; Cu_2O \; + \; R\text{-}COO^- \; + \; 3 \; H_2O$$

als Komplex Aldehyd   fällt aus   Carboxylat
          (reduzierender Zucker)   (Zuckercarbonsäure)

Eine $CuSO_4$-Lösung wird mit K-Na-Tartrat versetzt und mit einigen Tropfen NaOH alkalisch gemacht. Es bildet sich eine tiefblaue Lösung. Man stellt verdünnte Glucose-Lösung her (z.B. 5 mg/mL) und vereinigt sie mit der Fehlingschen Lösung. Nach Aufkochen im Wasserbad scheidet sich gelbes, später rötliches Kupfer(I)oxid ab. Führen Sie die Fehlingsche Probe auch mit "normalem" Zucker (Rohrzucker, Saccharose) aus; warum bleibt sie negativ?

Versuch 2.3.2 :   Komplexe des Eisens

Die Komplexchemie des Eisens ist wegen seiner vielen bioanorganischen Verbindungen (Hämin, Ferredoxin, Ferritin u.a.) wichtig und wird auch beim Nachweis des häufigen, überall vorhandenen Elementes benutzt. An der Luft (unter oxidierenden Bedingungen) dominiert die Oxidationsstufe +III des Eisens.

Fe^{3+}-Ionen bilden Hexaaqua-Komplexe. Durch die hohe Ladung des Zentralions werden Wassermoleküle der Ligandenhülle polarisiert und zur starken Säure ("Kationsäure"):

$$[Fe(H_2O)_6]^{3+} \quad \rightarrow \quad [Fe(H_2O)_5OH]^{2+} + H^+$$

Die entstehenden Aquahydroxokomplexe sind für die gelbbraune Farbe wässriger Eisen(III)-salzlösungen verantwortlich.

Säurecharakter:

Vergewissern Sie sich vom pH-Wert einer Lösung von 0,5 g $FeCl_3$ in 10 mL Wasser. Vergleichen Sie mit dem pH-Wert einer *frisch bereiteten* Lösung von Eisen(II)sulfat $FeSO_4$, die ebenfalls Hexaaquaionen ($[Fe(H_2O)_6]^{2+}$) enthält und erklären Sie den Unterschied. *Anmerkung*: Eisen(II)salze sind autoxidabel.

Ligandenaustausch:

An den Aquakomplexen des Eisens tritt leicht Ligandenaustausch ein. Durch Zugabe von Salzsäure entsteht der Tetrachlorokomplex, der als Säure in organischen Lösungsmitteln löslich ist.

$$[Fe(H_2O)_6]^{3+} + 4\,HCl \quad \rightarrow \quad H[FeCl_4] + 3\,H_3O^+ + 3\,H_2O$$

5 mL der oben hergestellten $FeCl_3$-Lösung werden mit 5 mL 2-Butanon (Methylethylketon) überschichtet und durchgeschüttelt: Die wässrige Phase bleibt gelb und die organische farblos. Man gibt 5 mL konz. HCl zu und schüttelt erneut: Die wässrige Phase wird farblos und das organische Lösungsmittel durch den extrahierten Eisentetrachloro-Komplex intensiv gelb gefärbt.

Eisennachweis durch Komplexbildung:

Man versetze eine kleine Probe frisch hergestellter $FeCl_3$-Lösung mit Ammoniumrhodanid (Thiocyanat, SCN^-): blutrote Färbung von $[Fe(SCN)_2(H_2O)_4]^+$ und

[Fe(SCN)$_3$(H$_2$O)$_3$] (inkorrekt als Fe(SCN)$_3$ formuliert). Testen Sie mit Rhodanid auch eine frisch angesetzte Lösung von FeSO$_4$ sowie Lösungen der Hexacyanoferrate K$_3$[Fe(CN)$_6$] und K$_4$[Fe(CN)$_6$] ("rotes bzw. gelbes Blutlaugensalz"), in denen Fe durch Cyanidionen komplexiert ist. Warum erfolgt keine Farbänderung?

Das fast farblose Fe^{2+}-Ion gibt selbst in saurer Lösung einen tiefgefärbten roten 3:1-Komplex mit dem zweizähnigen Liganden 1,10-Phenanthrolin, der zum empfindlichen kolorimetrischen Eisennachweis, z.B. nach Aufschluß biologischen Materials genutzt wird (Versuch 4.1.6). Im Reagenzglas mischt man 0,5 mL frisch bereitete, verdünnte FeSO$_4$-Lösung mit 1 mL 1,10-Phenanthrolin-Lösung (2 %, in Ethanol gelöst) und 2 mL 2 N Schwefelsäure. Hexacyanoferrat wird ebenfalls mit 1,10-Phenanthrolin auf Farbreaktion geprüft.

Versuch 2.3.3:   Cobaltkomplexe als Feuchtigkeitsindikator

In den vorhergehenden Versuchen wurde an Aquakupfer- und Aquaeisenkomplexionen Ligandenaustausch durch einfache Zugabe anderer Liganden erzielt. In anderen Komplexen kann er nur bei gleichzeitiger Temperaturerhöhung erreicht werden, insbesondere wenn sich die Koordinationszahl ändert.

Wasserabgabe und Wasseraufnahme:

Cobaltchlorid kristallisiert aus wässrigen Lösungen als rosafarbenes Hexahydrat CoCl$_2$·6 H$_2$O, in dem Hexaaquakomplexionen [Co(H$_2$O)$_6$]$^{2+}$ vorliegen. Ab 50 °C verlieren sie Wasser zu tiefblauen, wasserärmeren Salzen wie CoCl$_2$·2 H$_2$O ([Co(H$_2$O)$_2$Cl$_2$], KZ = 4) und CoCl$_2$·H$_2$O; ab 175°C entsteht wasserfreies blaues CoCl$_2$. Wasserabgabe und Wasseraufnahme sind reversibel. Die Farbänderungen der Cobaltkomplexe können daher als Indikator für Feuchtigkeit bzw. Trockenheit dienen, so im "Blaugel" (Trockenmittel für Exsikkatoren, Co^{2+}-imprägnierte Kieselsäure), das nach Erschöpfung durch Feuchtigkeitsaufnahme (rosa) im Trockenschrank wieder regeneriert (blau) wird. Ferner läßt sich 5 %ige Cobaltchlorid-Lösung als Geheimtinte ("sympathetische Tinte") verwenden, deren Schriftzüge auf rosafarbenem Papier nahezu unsichtbar sind, sich beim Erwärmen aber blau entwickeln.

Schreiben oder malen Sie mit Cobaltchlorid-Lösung auf Filtrierpapier und trocknen im Trockenschrank bei 50 °C. Durch Aufnahme von Luftfeuchtigkeit wird das Blau auf dem Papier allmählich wieder verblassen.

Anmerkung: Blaues Cobaltglas enthält wasserfreies Cobaltoxid, die Malerfarbe Cobaltblau Cobalt-aluminiumoxid. Beide sind völlig unlöslich und können daher ihre Farbe *nicht* ändern.

Auch in wässriger Lösung ist der Austausch von Aqua-Liganden durch Erhitzen zu erzwingen. Lösen Sie 1 g Cobaltchlorid-Hexahydrat in einem Reagenzglas oder kleinem Erlenmeyerkolben in 5 mL Wasser und registrieren die Farbe; fügen Sie zwei Spatelspitzen festes NaCl zu und erhitzen vorsichtig bis fast zum Sieden: Die tiefblaue Farbe des Tetrachloro-Komplexes erscheint.

Reaktionsgleichung bitte:

Versuch 2.3.4 :   Herstellung von Chloropentammincobalt(III)chlorid

Wie unten begründet wird, ist in Cobaltkomplexen die Oxidationsstufe +III begünstigt, während freie Cobaltionen im zweiwertigen Zustand (+II) am stabilsten sind. Die Bildung von Cobaltkomplexen verläuft daher oft unter Oxidation, z.B. durch Luftsauerstoff oder (hier) Wasserstoffperoxid. In dem so synthetisierten Komplex $[Co(NH_3)_5Cl]Cl_2$ beobachtet man das Anion Chlorid in unterschiedlicher Funktion als Ligand und als Gegenion.

Zur Herstellung wird zuerst Co^{2+} zu Co^{3+} (als Amminkomplex) oxidiert und dann der restliche Ligand Wasser durch Chlorid verdrängt. Reaktionsgleichungen:

1. $[Co(H_2O)_6]^{2+} + NH_4^+ + 4\,NH_3 + \frac{1}{2}\,H_2O_2 \;\rightarrow\; [Co(NH_3)_5H_2O]^{3+} + 6\,H_2O$

2. $[Co(NH_3)_5H_2O]^{3+} + 3\,Cl^- \;\rightarrow\; [Co(NH_3)_5Cl]Cl_2 + H_2O$

In einem kleinen Erlenmeyerkolben wird 1 g (..... mol) Ammoniumchlorid in 6 mL konz. Ammoniak gelöst. Unter Rühren mit einem Magnetrührer fügt man portionsweise 2 g (..... mmol) fein gepulvertes $CoCl_2 \cdot 6\,H_2O$ hinzu. Unter weiterem Rühren tropft man mit Hilfe eines Tropftrichters zu der braunen Masse langsam 1,6 mL 30 %iges wässriges H_2O_2 zu. Wenn das Aufschäumen abgeklungen ist, werden 6 mL konz. HCl hinzugefügt. Anschließend rührt man noch bei 85°C 15 min, kühlt das Reaktionsgemisch auf Raumtemperatur ab und filtriert das ausgefallene Produkt über eine Glasfilternutsche ab. Man wäscht viermal mit 1 mL Eiswasser, einmal mit 4 mL kalter 6 M HCl und mit 3 mL Ethanol. Nach zweistündigem Trocknen im Trockenschrank liegen violettrote Kristalle vor. Bestimmen Sie die Ausbeute (bezogen auf eingesetztes $CoCl_2 \cdot 6\,H_2O$).

Die Stabilität von Komplexen

In den vorausgegangenen Versuchen haben wir mehrere Fälle von Ligandenaustausch kennengelernt; es muß also stabilere und weniger stabile Komplexe geben und es ist wichtig, die die Komplexstabilität bestimmenden Faktoren zu erkennen.

Die Stabilität eines Komplexes wird durch die Gleichgewichtskonstante seiner Bildung (Komplexbildungskonstante K) wiedergespiegelt. Zwar erfolgt die Reaktion eines Zentralions mit seinen 2, 4 oder 6 Liganden schrittweise und muß daher exakt durch bis zu sechs individuelle, unterschiedliche Konstanten K_1, K_2 usw. beschrieben werden. Für unsere Zwecke genügt aber die Betrachtungsweise, *als ob* ein Komplex aus Zentralion M und n Liganden L direkt zusammenträte:

$$M + n\,L \; \rightleftarrows \; M\,L_n$$

$$K = K_1 \cdot K_2 \cdot .... K_n = \frac{[ML_n]}{[M] \cdot [L]^n}$$

> Je größer die Komplexbildungs- oder Stabilitätskonstante K,
> desto beständiger ist ein Komplex.

Beispiele: Komplexbildungskonstanten für die Bildung der Di-, Tetra- und Hexamminkomplexe von Ag^+, Cu^{2+}, Ni^{2+}, Co^{2+} und Co^{3+} aus den Ionen bzw. ihren Aquakomplexen und Ammoniak:

$$Ag\,(NH_3)_2^+ = 10^7 \; mol^{-2} \cdot L^2 \qquad Co(NH_3)_6^{2+} = 10^5 \; mol^{-6} \cdot L^6$$
$$Ni(NH_3)_6^{2+} = 6 \cdot 10^8 \; mol^{-6} \cdot L^6 \qquad Co(NH_3)_6^{3+} = 10^{35} \; mol^{-6} \cdot L^6$$
$$Cu(NH_3)_4^{2+} = 10^{13} \; mol^{-4} \cdot L^4$$

Drei Faktoren bestimmen die Komplexstabilität: 1. Art und Ladung des Metallions, 2. die Art der Liganden, und 3. die Art der Beziehungen zwischen Metall und Elektronendonatoren.

Zu 1: Komplexbildung beinhaltet stets die Wechselwirkung zwischen positiv geladenem Zentralion und elektronenreichen (negativen) Liganden. Wenn die Komplexbildung rein ionischer Natur wäre, sollte die Stabilität mit Erhöhung der Ionenladung (also in dreiwertigen > zweiwertigen Metallionen) und Abnahme des Ionenradius (also mit zunehmender Ordnungszahl innerhalb einer Periode) zunehmen. Bei Fluoro- und Hydroxokomplexen, in denen die Liganden vorwiegend ionisch gebunden sind, trifft das zu. In vielen anderen Übergangsmetallkomplexen beobachtet man aber eine nicht durchgehend damit in Einklang stehende Stabilitätsreihe:

$$Cr^{2+} > Mn^{2+} < Fe^{2+} < Co^{2+} < Ni^{2+} < Cu^{2+} > Zn^{2+}$$

Die Betrachtung rein elektrostatischer (ionischer) Wechselwirkungskräfte ist also nicht ausreichend. Ursache ist eine Rückwirkung der Komplexliganden auf die Energieniveaus der d-Elektronen im Zentralion (Ligandenfeldtheorie, s.u.).

Zu 2: Komplexe, die ein Metallion mit zwei- oder mehrzähnigen Liganden ausbildet, sind stets stabiler als Komplexe desselben Ions mit chemisch vergleichbaren monodentaten Liganden. Bei der Bildung von Chelatkomplexen sind Entropieeffekte wichtig (s.u.). Stabile Chelatkomplexe spielen in Natur und Technik eine große Rolle.

Zu 3: Für die Abschätzung der Wechselwirkungen zwischen Metallionen und Liganden hat sich ihre Betrachtung als "Lewis-Säuren" und "Lewis-Basen" bewährt. (Diese Begriffe stammen aus der Betrachtung von Säure-Base-ähnlichen Beziehungen *ohne* Wasserstoffionenübertragung durch G.N. Lewis.)

> **Eine Lewis-Säure besitzt eine Elektronenlücke (sie ist Elektronenpaarakzeptor), eine Lewis-Base hat ein freies Elektronenpaar (sie ist Elektronenpaardonator).**

Nach R.G. Pearson werden kleine, hoch geladene und schwer polarisierbare Kationen, die keine Elektronen in der Valenzschale aufweisen, als *hart* bezeichnet. Elektronenpaarakzeptoren mit niedriger positiver Ladung (Elektronen in der Valenzschale) und großem Ionenradius sind *weich*. Stark elektronegative, schwer polarisierbare Moleküle und Anionen mit freien Elektronenpaaren stellen harte Lewis-Basen dar; Elektronenpaardonatoren mit niedriger Elektronegativität, polarisierbaren Elektronenhüllen und leichter Oxidierbarkeit sind dagegen weich.

> **Nach Pearsons Konzept der harten und weichen Säuren und Basen (hard and soft acids and bases) entstehen stabile Komplexe, wenn harte Kationen mit harten Basen und weiche Kationen mit weichen Basen als Liganden reagieren.**

Besonderheiten gibt es in Cyano- und Carbonylkomplexen. Harte und weiche Metallionen und Liganden sind:

Harte Lewis-Säuren	Grenzfälle	Weiche Lewis-Säuren
H^+, BF_3, Na^+, K^+, Mg^{2+}, Ca^{2+}	Fe^{2+}, Co^{2+}, Ni^{2+}	Cu^+, Pd^{2+}, Ag^+, Cd^{2+}
Al^{3+}, Cr^{3+}, Fe^{3+}, Co^{3+}	Cu^{2+}, Zn^{2+}, Pb^{2+}	Pt^{2+}, Au^+, Hg^{2+}, Pt^{4+}

Harte Lewis-Basen	Grenzfälle	Weiche Lewis-Basen
F^-, Cl^-, NH_3, RNH_2	NO_2^-, SO_3^{2-}, Br^-	RSH, R_2S, RS^-, S^{2-}
H_2O, ROH, R_2O, HO^-, RO^-		CN^-, SCN^-, $S_2O_3^{2-}$
$RCOO^-$, CO_3^{2-}, SO_4^{2-}, PO_4^{3-}		H^-, I^-, NO, CO

Chemische Bindung in Komplexen

Komplexe unterscheiden sich von ihren Komponenten und untereinander in Struktur, Reaktionsverhalten, Leitfähigkeit, Magnetismus und Lichtabsorption. Um alle diese Eigenschaften zu deuten und die Natur der Bindung in Komplexen beschreiben zu können, benötigt man mehrere unterschiedliche Betrachtungsweisen. Die *Valenzbindungstheorie* ist geeignet, die Geometrie und das magnetische Verhalten von Komplexen zu beschreiben, die *Ligandenfeldtheorie* ist in der Lage, neben den Bindungsverhältnissen die Farbigkeit von Komplexverbindungen zu erklären. *Tatsächlich* hat jedoch jedes System aus einem Zentralion und bestimmten Liganden *eine* durch die vorhandenen Elektronen und Energieniveaus individuell bestimmte günstigste Bindungssituation.

Valenzbindungstheorie

Dieses Konzept beschreibt Komplexbildung so, daß mit Elektronen gefüllte Orbitale der Liganden ("freie Elektronenpaare") mit unbesetzten, "leeren" Hybridorbitalen eines Metallions unter Ausbildung kovalenter Bindungen überlappen. Die bindenden Elektronenpaare stammen von den Liganden, aber die Hybridisierung der Orbitale des Metallions bestimmt die räumliche Anordnung. Günstige und häufige Möglichkeiten der Hybridisierung und der daraus folgenden räumlichen Strukturen sind

$\mathbf{sp^3}$ (4 Hybride aus einem s- und drei p-Zuständen)   tetraedrisch
$\mathbf{dsp^2}$ (4 Hybride aus einem d-, einem s-, zwei p-Zuständen)   planar-quadratisch
$\mathbf{d^2sp^3}$ (6 Hybride aus zwei d-, einem s-, drei p-Zuständen)   oktaedrisch

Am Beispiel der Komplex-Ionen $[Fe(CN)_6]^{3-}$ und $[Fe(H_2O)_6]^{3+}$ ist dieses Bindungskonzept in Abb. 10 schematisch dargestellt. Ein Eisenatom (das Element) hat die Elektronenkonfiguration $3d^6 4s^2$ (A); durch Entfernen von drei Elektronen entsteht das Fe^{3+}-Ion (B). Bei Paarung der fünf einzelnen Elektronen in den 3d-Orbitalen bleibt ein ungepaartes Elektron, leer sind zwei 3d-Orbitale sowie das 4s-Orbital und die drei 4p-Orbitale (B'). Aus diesen sechs Orbitalen werden sechs gleichartige Hybridorbitale d^2sp^3 gebildet und mit den Elektronenpaaren von sechs Cyanid-Ionen unter Bildung eines oktaedrischen Komplexes gefüllt (C'). Im Falle des Hexaaqua-Fe^{3+}-Ions ist eine andere Bindungsmöglichkeit realisiert: Die fünf d-Elektronen sind *nicht* gepaart, hybridisiert werden das 4s-Orbital, die drei 4p-Orbitale und zwei der 4d-Orbitale. Diese sechs Hybridorbitale d^2sp^3 werden mit Elektronenpaaren der H_2O-Liganden zum ebenfalls oktaedrischen Komplex gefüllt (C).

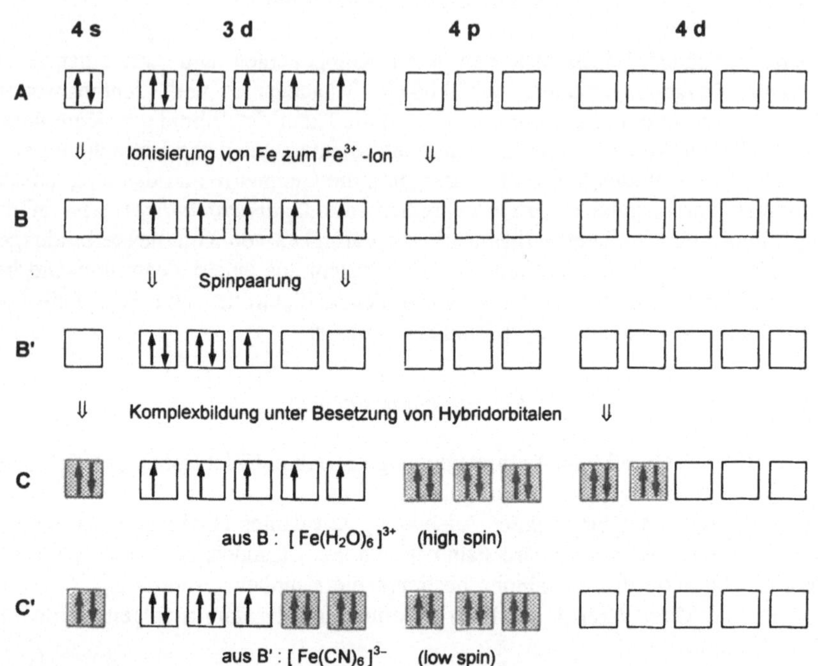

Abb.10. Valenzbindungsdiagramme und Elektronenkonfiguration von zwei Komplexen des Fe^{3+}-Ions.

Beachten Sie aber: Diese *formale* Betrachtungsweise dient der Veranschaulichung und heißt nicht etwa, daß Elektronen schrittweise ihren Aufenthalt in Atomorbitalen wechseln!

In den beiden Eisen(III)-Komplexen hat der Hexacyanokomplex *ein* ungepaartes Elektron, während der Hexaaquakomplex *fünf* ungepaarte Elektronen aufweist. Ungepaarte Elektronen verleihen einem Atom oder Ion *Magnetismus*. Beide Eisenkomplexe sind paramagnetisch, aber entsprechend der Zahl ungepaarter Elektronen unterscheiden sich ihre magnetischen Momente. Man bezeichnet Komplexe wie $[Fe(CN)_6]^{3-}$ als inner-orbital-Komplexe, Ionen vom Typ $[Fe(H_2O)_6]^{3+}$ als outer-orbital-Komplexe; in der Sprache der Ligandenfeldtheorie (s.u.) spricht man von *low-spin-* bzw. *high-spin*-Komplexen. Magnetische Eigenschaften von Metallkomplexen spielen biologisch eine Rolle, wo proteingebundene Metalle mit anderen Molekülen mit ungepaarten Elektronen reagieren, z.B. Eisen- oder Manganzentren mit Sauerstoff. Auf die energetische Ursache für unterschiedliche Spinzustände und deren experimentellen Nachweis wird hier nicht eingegangen (→ Bioanorganische Chemie).

Ligandenfeldtheorie

Dieses Bindungsmodell berücksichtigt die Tatsache, daß das Zentralion in den Komplexen ein Kation ist und die Liganden als Anionen oder Dipolmoleküle mit ihrem negativen Pol zum Zentralion hin orientiert sind. Die Bindung der Liganden an das Zentralion wird daher als eine Ion-Ion- oder Ion-Dipol-Wechselwirkung aufgefaßt (vgl. Kapitel 1.2). Die Liganden als Träger elektrischer Ladung erzeugen aber Felder, die als gemeinsames "Ligandenfeld" auf das benachbarte Zentralion einwirken und dessen Elektronenzustände verändern. Insbesondere wird durch das Ligandenfeld die in einem freien, nicht komplexierten Metallion gegebene energetische Gleichheit ("Entartung") der fünf d-Orbitale aufgehoben, indem zwei oder drei energetisch niedriger und die anderen drei bzw. zwei energetisch höher zu liegen kommen (Abb. 11).

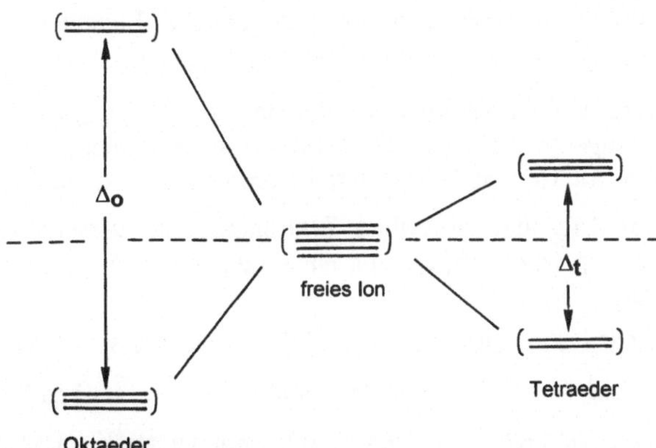

Abb. 11. Aufspaltung der d-Orbitale eines Zentraliones in einem umgebenden oktaedrischen bzw. tetraedrischen Ligandenfeld (energiegleiche, "entartete" Energieniveaus in Klammern)

Die d-Orbitale eines Atoms sind räumlich exzentrisch auf bzw. zwischen den Koordinatenachsen angeordnet; daher hängt die Aufspaltung Δ der beiden Orbitalgruppen von der Geometrie der Liganden und des Ligandenfeldes ab und ist für tetraedrische (Δ_t) und oktaedrische Komplexe (Δ_o) unterschiedlich. Bei gleichen Liganden und gleichem Zentralion ist die Ligandenfeldaufspaltung Δ_t kleiner ($\sim 4/9$) als Δ_o, weil vier Liganden ein schwächeres Feld ausbilden als sechs.

Außer durch die Geometrie wird Δ von der Ladung des Zentralions und der Natur der Liganden bestimmt.

Farbigkeit von Komplexen

Übergangsmetallkomplexe mit nicht voll besetzten d-Orbitalen sind farbig, weil Elektronen aus energieärmeren d-Zuständen durch sichtbares Licht in energiehöhere d-Zustände angehoben werden können. (Lichtabsorption wird in Kapitel 3.7 - Farbstoffe - genauer behandelt.) Die Anregungsenergie und damit Farbe hängt von der obengenannten Aufspaltung Δ ab. Bei Lichteinstrahlung ist $\Delta = h \cdot \upsilon$.

Δ gering: Anregungsenergie klein; Lichtabsorption im langwelligen (z.B. roten) Spektralbereich, Substanzfarbe grün bis blau ("tiefe Farben")

Δ groß: Anregungsenergie hoch, Absorption im kurzwelligen (z.B. violetten) Spektralbereich, Substanzfarbe gelb bis orange ("hohe Farben")

Da Δ in vorhersagbarer Weise von Art und Ladung des Zentralions sowie von der Natur der Liganden abhängt, kann man sog. "Spektrochemische Reihen" aufstellen. Die Reihenfolge von Δ bei Zentralionen mit gleichen Liganden

$$Mn^{2+} < Ni^{2+} < Co^{2+} < Fe^{2+} < Fe^{3+} < Cr^{3+} < Co^{3+} < Ti^{3+}$$

erklärt beispielsweise, warum ein Aquakomplex des Ni^{2+}-Ions grün ist und Licht kleinerer Energie (längerer Wellenlänge) absorbiert als ein analog strukturierter blauer Aquakomplex von Co^{3+} und ein violetter Komplex des dreiwertigen Titans.

Für unterschiedliche Liganden desselben Zentralions, die verschieden starke Ligandenfeldaufspaltung bewirken, gilt die nach steigendem Δ geordnete Spektrochemische Reihe

$$I^- < Br^- < S^{2-} < Cl^- < F^- < OH^- < H_2O < NCS^- < NH_3 < NO_2^- < CN^- \approx CO$$

    schwaches Feld   mittleres Feld   starkes Feld

Beispiele sind die aus Versuch 2.3.1 bekannten Komplexe des Kupfers mit Chloridionen (grün), Wasser (hell grünlichblau) und Ammoniak (tiefblau): Der Chlorokomplex absorbiert Licht niedriger Energie (längerer Wellenlänge) als der Amminkomplex.

Chelatkomplexe

Komplexe mit mehrzähnigen Liganden sind besonders stabil. Solche Liganden enthalten zwei oder mehr, gleichartige oder ungleiche Ligandenstrukturen *in einem Molekül* miteinander verknüpft. Bei der Bildung eines Chelatkomplexes aus einem Aqua-Zentralion nimmt die Entropie der freigesetzten Wassermoleküle und damit des Gesamtsystems stark zu, so daß die Reaktion energetisch begünstigt ist. Chelatbildner enthalten insbesondere Amino- und Carboxylatgruppen in organischen Molekülen kombiniert (Aminosäuren, EDTA). Zur Bildung farbiger Komplexe befähigte aromatische Moleküle mit mehreren N- oder S-Atomen als Liganden werden für analytische Zwecke benutzt (1,10-Phenanthrolin, Dithizon u.a., Kap. 4). In Biomolekülen spielt das Tetrapyrrol-System Porphyrin als vierzähniger Ligand eine dominierende Rolle - wo und mit welchen Metallionen?

Glycin   EDTA   1,10-Phenanthrolin   Porphyrin

Mit derartigen Chelatkomplexbildnern lassen sich nicht nur die Übergangsmetalle mit teilweise unbesetzten d-Orbitalen komplexieren, sondern auch zweiwertige Erdalkaliionen und einwertige Alkaliionen ohne energetisch günstige d-Zustände; die Komplexbildung beruht dort auf ionischen Wechselwirkungen und Entropiezunahme. Beispiele: Mg im Chlorophyll, Kalium in Valinomycin als membrangängigem "Ionophor" ($\rightarrow$ Biochemie-Buch).

Typisch für die Bildung stabiler organischer Chelatkomplexe und ebenfalls von biochemischem Interesse ist die Reaktion von Metallionen mit der Enolform von Diketonen oder Ketocarbonsäuren ($\rightarrow$ Kapitel 3.6).

Versuch 2.3.5 : Acetylaceton als Chelatligand

Das 1,3-Diketon Acetylaceton (2,4-Pentandion) nimmt in Lösung überwiegend die Enolform ein, deren Enolat (Kurzform "ac") mit vielen Metallionen stabile Chelatkomplexe bildet (s. Kapitel 3.6). Es werden zwei Präparationen alternativ angeboten.

a) Herstellung von Bis(acetylacetonato)-kupfer(II) [Cu(ac)$_2$]

Ammoniak fungiert als Ligand des Cu^{2+}-Ions und neutralisiert zugleich als Base die saure Enolform des Acetylacetons (ac-H).

1. $[Cu(H_2O)_4]^{2+} + 4\,NH_3 \quad \rightarrow \quad [Cu(NH_3)_4(H_2O)_2]^{2+} + 2\,H_2O$
     hellblau   tiefblau

2. $[Cu(NH_3)_4(H_2O)_2]^{2+} + 2\,ac\text{-}H \rightarrow Cu(ac)_2 + 2\,NH_3 + 2\,NH_4^+ + 2\,H_2O$

In einem Becherglas werden 1,2 g (.... mol) $Cu(NO_3)_2 \cdot 3\,H_2O$ in 10 mL Wasser gelöst. Unter Rühren mit einem Magnetrührer oder Glasstab werden 1,8 mL wäßrige konz. Ammoniak-Lösung hinzugetropft, wobei das tiefblaue Tetraamminkupfer(II)ion entsteht. Dann werden 1,2 g (.... mmol) Acetylaceton hinzugetropft und noch 20 min gerührt. Anschließend wird das hellblaue, schwerlösliche Produkt mit einem Hirschtrichter abgesaugt, mit Wasser und mit 5 mL kaltem Ethanol gewaschen. Die Kristalle werden an der Luft getrocknet.

b) Herstellung von Tris(acetylacetonato)-eisen(III) [Fe(ac)$_3$]

$$[Fe(H_2O)_6]^{3+} + 3\,ac\text{-}H + 3\,HO^- \rightarrow Fe(ac)_3 + 9\,H_2O$$

In einem Becherglas werden 1,4 g (..... mmol) $FeCl_3 \cdot 6\,H_2O$ in 8 mL Wasser gelöst (wie ist der pH der Lösung und warum?) und mit 1,6 g (..... mmol) Acetylaceton versetzt. Unter Rühren werden innerhalb von 15 min 3,5 mL einer 5 M Natronlauge zugetropft. Nach kurzer Zeit bilden sich rote Kristalle, die nach 30 min mit einem Hirschtrichter abgesaugt, mit Wasser gewaschen und an der Luft getrocknet werden. Für höhere Ansprüche an die Reinheit kann man den Komplex in siedendem Toluol lösen und dann den größten Teil des Solvens am Rotationsverdampfer entfernen. Nach Zugabe von *n*-Hexan saugt man das Produkt erneut ab und trocknet im Vakuum.

Man bestimme jeweils die Ausbeute (bezogen auf die Metallsalze) und ermittle die Schmelzpunkte der Verbindungen.

Versuch 2.3.6 :   Chlorophyll als Magnesium-Komplex

Magnesium ist kein Übergangsmetall und verfügt nicht über d-Orbitale, kann aber über leere p-Orbitale Komplexe mit mehrzähnigen Liganden wie EDTA (Versuch 4.1.1) bilden. Der wichtigste Komplex überhaupt ist der zwischen Magnesiumionen und dem Dihydroporphyrin-Ring als vierzähnigem Liganden im grünen Blattfarbstoff Chlorophyll: Ohne Chlorophyll keine Photosynthese, ohne sie kein pflanzliches und tierisches Leben auf der Erde! Allerdings ist der Komplex

(Abb.12) empfindlich gegenüber Säuren, Alkalien, Reduktions- und Oxidationsmitteln. Aus dem aus Blättern extrahierten Chlorophyll lassen sich daher die Mg^{2+}-Ionen leicht herauslösen und durch Verteilung zwischen zwei Phasen vom Porphyrin-Liganden trennen.

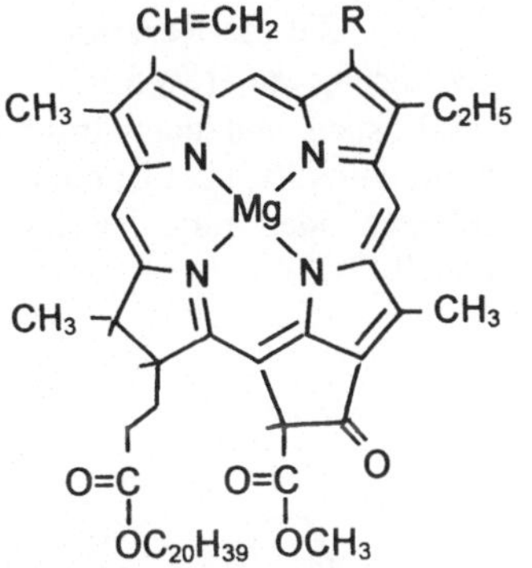

Chlorophyll a: $R = CH_3$

Chlorophyll b: $R = CHO$

Abb.12. Strukturformel von Chlorophyll. In höheren Pflanzen liegt ein Gemisch aus blaugrünem Chlorophyll a (ca. 75%) und gelbgrünem Chlorophyll b vor, die sich nur im Substituenten R unterscheiden. Durch den ankondensierten Phytylrest (Phytol = langkettiger verzweigter Alkohol $C_{20}H_{39}OH$) ist das Molekül lipophil und in den Thylakoidmembranen verankert.

Extraktion von Chlorophyll: 25 g frische Blätter (z.B. Brennnesseln oder Spinat, kein Gras) oder auch Tiefkühl-Spinat werden in einem großen Erlenmeyerkolben mit 200 mL Methanol (*Vorsicht, brennbar!*) übergossen und einige Spatelspitzen $CaCO_3$ zur Neutralisation von Pflanzensäuren zugesetzt. Man kocht 3-5 Minuten unter Rühren auf einer Heizplatte (*keinen Bunsenbrenner verwenden!*) und filtriert die noch warme dunkelgrüne Lösung. Das Filtrat wird in einen Rundkolben gegeben und das Methanol am Rotationsverdampfer im Vakuum abgezogen. (Hierzu ggf. mehrere Präparationen vereinigen.) Der Rückstand wird mit wenig Wasser und 50 mL Diethylether (*Vorsicht, Leicht entzündlich!*) übergossen, in einen Scheidetrichter überführt und kräftig geschüttelt (auf Druckausgleich achten, Anweisungen der Assistenten beachten!). In der Etherphase befinden sich Chlorophyll und andere lipophile Substanzen; die wässrige Phase wird abgetrennt und verworfen.

Freisetzung der Mg^{2+}-Ionen aus Chlorophyll: Die etherische Phase verbleibt im Scheidetrichter. Sie wird zweimal mit je 10 mL 4 M Salzsäure *schwach* durchgeschüttelt. Die Säure protoniert die Stickstoffatome des Porphyrinliganden und verdrängt die Mg^{2+}-Ionen, die Etherphase nimmt die olivgrüne Farbe Mg-freier Chlorophyllderivate (Phäophytin) an. Die sauren wässrigen Phasen werden entnommen, vereinigt und zentrifugiert. Die klare Lösung wird vom gelartigen Rückstand dekantiert und in einer *frisch gespülten* Porzellanschale vorsichtig eingedampft. Aus dem Rückstand löst man mit 2 mL schwach angesäuertem Wasser die Mg^{2+}-Ionen heraus.

Nachweis von Mg^{2+}-Ionen mit Titangelb: Magnesiumionen bilden mit Titangelb (Thiazolgelb G) einen roten "Farblack". Üben Sie die Reaktion zunächst mit 1 mL einer sehr verdünnten Magnesiumsalz-Lösung mit etwa 5 µg Mg: 10 Tropfen einer 0,1 %igen ethanolischen Titangelb-Lösung und dann tropfenweise 2 M NaOH zufügen. Da die Reaktion sehr empfindlich ist, sind Blindproben erforderlich: Prüfen Sie Leitungswasser, destilliertes oder entionisiertes Wasser und schließlich den Mg^{2+}-Extrakt aus Chlorophyll.

Titangelb:

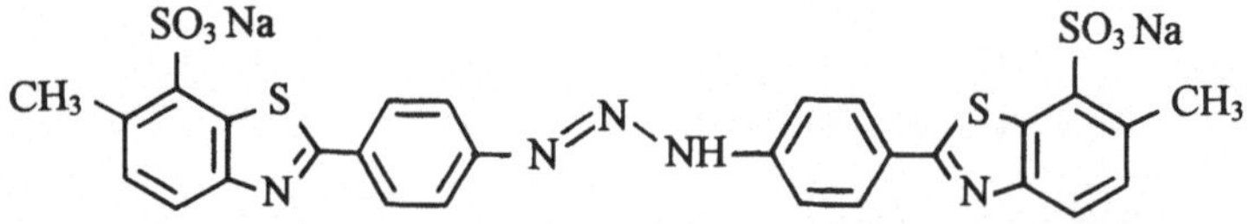

Weitere Eigenschaften von Übergangsmetallen

Neben der ausgeprägten Komplexbildungsfähigkeit von Übergangsmetallionen spielen für ihre bioanorganische Betrachtung das Auftreten in mehreren beständigen Wertigkeitsstufen und entsprechende Redoxwechsel sowie Fragen der Löslichkeit und "Bioverfügbarkeit" eine Rolle. Hier können nur wenige ausgewählte Reaktionen der für Tier und Pflanze häufigsten Spurenelemente Eisen, Zink und Mangan gezeigt werden, ferner des bekannten und technisch wichtigen Silbers. Die Redoxchemie des Kupfers kennen Sie schon (woher?).

Klassische Trennungsgänge und Nachweise der Metallionen nebeneinander werden nicht behandelt. Die qualitative und quantitative Bestimmung incl. Spurenanalyse von Schwermetallen in mineralischen und biologischen Proben erfolgt mit spezifischen Reagentien und Verfahren (vgl. Kapitel 4) und insbesondere durch physikalische Meßmethoden wie Atomabsorptionsspektroskopie (AAS) oder Atomemissionsspektroskopie (AES).

Versuch 2.3.7 : Löslichkeit und Reaktionen von Mangan, Eisen und Zink

Metallhydroxide und Oxidhydrate

Werden die in den Aquakomplexen der Metallionen vorliegenden Kationsäuren ($\rightarrow$ Vers. 2.3.2) mit Lauge neutralisiert, so dissoziieren weitere Wassermoleküle der Ligandenhülle, bis ein schwerlösliches Hydroxid ausfällt; das kann bereits bei neutralem pH, also auch unter natürlichen Bedingungen geschehen. Die Löslichkeitsprodukte sind sehr klein:

$$Mn(OH)_2, Fe(OH)_2 \qquad L_p = 10^{-14}\ mol^3 \cdot L^{-3}$$
$$Fe(OH)_3 \qquad L_p = 10^{-38}\ mol^4 \cdot L^{-4}$$
$$Zn(OH)_2 \qquad L_p = 10^{-17}\ mol^3 \cdot L^{-3}$$

$Fe(OH)_3$ existiert nicht in reiner Form, sondern spaltet weiter Wasser ab zu FeOOH und anderen unlöslichen "Oxidhydraten" (= wasserhaltigen Formen des Oxids Fe_2O_3). In Gewässern sind i.a. sehr wenige Eisenionen *in gelöster Form* verfügbar (aufgrund des Löslichkeitsproduktes bei pH 7 nur 10^{-17} mol Fe^{3+} pro Liter; Meßwerte unter Einschluß anderer ionischer Formen ergeben 10^{-12} bis 10^{-8} mol$\cdot$L^{-1}), was für Wachstumsvorgänge, beispielsweise von Phytoplankton im Ozean limitierend ist.

Bei einem Überschuß von OH^--Ionen lösen sich manche "amphotere" Hydroxide unter Bildung von Hydroxokomplexen wieder auf. Beispiel:

$Zn^{2+} \rightarrow [Zn(H_2O)_4]^{2+}$ (löslich) $\rightarrow [Zn(H_2O)_3OH]^+ \rightarrow Zn(OH)_2$ (fällt aus) $\rightarrow$ $[Zn(OH)_3(H_2O)]^- \rightarrow [Zn(OH)_4]^{2-}$ (lösliches Zinkat)

In Ammoniak verhalten sich die Hydroxide unterschiedlich, je nachdem ob sich Amminkomplexe bilden oder nicht.

Man testet Lösungen von Zn^{2+}, Fe^{3+} und Mn^{2+}-Ionen durch tropfenweise Zugabe von NaOH und NH$_3$ und registriert die auftretenden Niederschläge und Farben; dann versetzt man die ausgefallenen Hydroxide mit konz. NaOH bzw. NH$_3$ im Überschuß und verfolgt wieder die Veränderungen. Stellen Sie Ihre Beobachtungen in folgendem Schema zusammen (+ = Fällung bzw. Wiederauflösung, (+) langsam oder unvollständig, – keine Reaktion):

Metall	gefällt durch		wieder gelöst in	
	NaOH	NH$_3$	NaOH	NH$_3$
Zn^{2+}				
Fe^{3+}				
Mn^{2+}				

Wertigkeitswechsel

Zink kommt nur in farblosen, zweiwertigen Verbindungen vor und ist nicht durch Farbreaktionen oder Redoxwechsel zu erkennen.

Mangan. Von Bedeutung sind die zweiwertige (rosa, in Lösung fast farblos), vierwertige (dunkelbraun bis schwarz, schwerlöslich; mineralisch Braunstein MnO_2) und siebenwertige Oxidationsstufe (charakteristisch rotviolette Permanganate).

Wiederholen Sie die Reaktion zwischen Mn^{2+} und NH_3 (s.o.) unter Zusatz einiger Tropfen H_2O_2 als Oxidationsmittel: Tief dunkelbrauner Niederschlag des Oxidhydrats $MnO(OH)_2$, unlöslich in Säuren und Laugen. Wiederauflösung erfolgt nur in Gegenwart von Reduktionsmitteln, z.B. durch Natriumoxalat $Na_2C_2O_4$ in verdünnter Schwefelsäure ($C_2O_4^{2-} \rightarrow 2\,CO_2 + 2\,e^-$).

Reduzieren Sie eine schwach alkalische Lösung von $KMnO_4$ mit Natriumsulfit Na_2SO_3: Ebenfalls brauner Oxidhydratniederschlag. Rekapitulieren Sie die Reaktion mit H_2O_2 in saurer Lösung und die Ursache der pH-abhängigen Unterschiede (Versuch 1.4.3)!

Eisen. Unter aeroben Bedingungen dominiert die gelbbraune dreiwertige Oxidationsstufe. Blaßgrüne Eisen(II)salze wie $FeSO_4 \cdot 7\,H_2O$ werden selbst bei längerem Aufbewahren an der Luft oxidiert; eine Ausnahme bildet das beständige Doppelsalz $(NH_4)_2[Fe(SO_4)_2]$ (Mohrsches Salz).

Versetzen Sie eine fast farblose Fe^{2+}-Lösung mit NaOH: Das ausfallende grünlich weiße $Fe(OH)_2$ wird rasch schmutzig-grün und dann zu braunem $Fe(OH)_3$. Mit NH_3 und H_2O_2 entsteht sofort rotbraunes Eisen(III)-hydroxid.

Eisen(III)-Ionen sind starke Oxidationsmittel ($E° = +0{,}77$ V). Versetzen Sie eine angesäuerte $FeCl_3$-Lösung mit KI-Lösung: Iodausscheidung, nachweisbar mit Stärkelösung. Mit einer H_2S-Lösung in Wasser (*unter dem Abzug!*) erfolgt Ausscheidung von elementarem Schwefel. Die Reduktion von Fe^{3+} zu Fe^{2+} durch Hydroxylamin für analytische Zwecke wird in Versuch 4.1.6 angewandt.

Berlinerblau: Versetzen Sie verdünnte Lösungen von Kaliumhexacyanoferrat(II) $K_4Fe(CN)_6$ ("gelbes Blutlaugensalz") mit Fe^{3+}-Ionen und von Kaliumhexacyanoferrat(III) $K_3Fe(CN)_6$ ("rotes Blutlaugensalz") mit Fe^{2+}-Ionen: Blauer Niederschlag von $Fe_4[Fe(CN)_6]_3$. Die beiden Reaktionsmischungen führen zum gleichen Produkt, da intern Redoxwechsel zwischen komplexgebundenem und ionischem Eisen ablaufen. Auf der Existenz von Fe^{3+} *und* Fe^{2+} im Feststoff nebeneinander und deren Elektronenübergängen beruht die tiefe Farbe (Lichtabsorption durch "charge transfer"). Berlinerblau (= Preußischblau u.a. Namen) ist ein vielfach verwendetes lichtechtes blaues Pigment. Die Komplexe sind im Gegensatz zu sehr giftigen freien Cyanidionen nicht giftig - wieso?

Anmerkung: In seinen physiologisch-chemischen Funktionen (Sauerstofftransport, Redoxkatalysen) ist Eisen in Komplexen und Proteinen fixiert, in denen Redoxpotentiale und Reaktivität individuell unterschiedlich sind. Beispiel: Das Eisen in Hämoglobin ist zweiwertig und wird durch gleichzeitig im Komplex gebundenen Sauerstoff *nicht* oxidiert. Derartige Strukturdetails, die Reaktionen beim Einbau von anorganischem (dreiwertigem) Eisen in Biomoleküle und die Nutzung des Redoxpotentials freier Fe^{2+}- oder Fe^{3+}-Ionen durch Eisenbakterien sind Gegenstand von Biochemie und Mikrobiologie.

Versuch 2.3.8 : Reaktionen und Komplexe des Silbers

Das Edelmetall Silber spielt in der Technik und insbesondere Photographie eine bedeutende Rolle. Silberionen bilden lineare Komplexe der Koordinationszahl 2.

Silberbromid AgBr ist die lichtempfindliche Substanz in photographischen Schichten. Unter Einwirkung von Licht gehen angeregte Elektronen aus Bromidionen auf Silberionen über, so daß winzige Keime von schwarzem metallischem Silber entstehen ("latentes Bild"; das zugleich gebildete elementare Brom reagiert in der Gelatineschicht ab).

Man stellt aus 5 mL 1 %iger salpetersaurer $AgNO_3$-Lösung und KBr-Lösung bis zur völligen Fällung AgBr her. Den Niederschlag sammelt man möglichst dunkel auf einem kleinen Filter und wäscht mit Wasser. Einen Teil bewahrt man im Schrank auf, den anderen Teil läßt man auf dem Filter am Licht liegen: Graufärbung durch feinstverteiltes Silber.

$$AgBr \; \rightarrow \; Ag + \tfrac{1}{2}\,Br_2$$

Zur Entfernung des noch vorhandenen unbelichteten AgBr aus fertig entwickelten Filmen oder Papierbildern dient Natriumthiosulfat $Na_2S_2O_3$ (Fixiersalz), das bei großem Überschuß lösliche Thiosulfatokomplexe (Bis-thiosulfatoargentate) $[Ag(S_2O_3)_2]^{3-}$ bildet. Bei ungenügendem Fixieren und Wässern zurückbleibendes Silberthiosulfat disproportioniert unter Dunkelfärbung zu unlöslichem Silbersulfid (Ag_2S) und Schwefelsäure und ruiniert somit Photographien.

$$Ag_2S_2O_3 + H_2O \; \rightarrow \; Ag_2S \; + \; H_2SO_4$$

Fällen Sie aus $AgNO_3$- und $Na_2S_2O_3$-Lösung in annähernd äquivalenten Mengen gelbes $Ag_2S_2O_3$: Die Substanz färbt sich rasch braunschwarz und die Lösung wird sauer.

Ag^+-Ionen sind starke Oxidationsmittel ($E° = +0,80$ V). Bei Verwendung organischer Reduktionsmittel (Glucose, Weinsäure) scheidet sich das entstehende elementare Silber auf Glasoberflächen als Spiegel ab. Versetzen Sie in einem *sorgfältig gereinigten* Reagenzglas eine neutrale Tartratlösung (vgl. Versuch 2.3.1) mit $AgNO_3$ in geringem Überschuß und lösen Sie den weißen Niederschlag durch tropfenweise Zugabe von verd. Ammoniak gerade eben wieder auf. Stellen Sie das Reagenzglas in ein 70–80° heißes Wasserbad. Tartrat wird in der Reaktion u.a. zu Oxalat oxidiert.

Auf der Haut werden Ag^+-Ionen ebenfalls reduziert und erzeugen schwarze Silberflecken; die Hautoberfläche wird verätzt ($AgNO_3$ wurde früher als "Höllenstein" zum Verätzen von Warzen verwendet). *Ein Selbstversuch dieser Art ist entbehrlich.*

Anmerkung: Im Gegensatz zu anderen Übergangsmetallen (Cadmium, Quecksilber) sind von Silber keine schädlichen Wirkungen bekannt. Ag^+-Ionen wirken antiseptisch, z.B. indem sie SH-Gruppen in Mikroorganismen blockieren. Da Silber selten und teuer ist, werden Abfälle in Chemie- und Photolaboratorien gesammelt und zur Rückgewinnung des Edelmetalls (durch Reduktion) gegeben.

Fragen und Anregungen

1. Viele Übergangselemente sind als Metalle von praktischer und alltäglicher Bedeutung. Welche könnten Sie in einer heißen Bunsenflamme (Vers. 1.1.1) zum Schmelzen bringen und bei welcher Temperatur? Gold? Silber? Kupfer? Eisen? Platin? (Falls Sie die Frage experimentell beantworten wollen, empfehlen wir, nicht zu eigenen Schmuckstücken zu greifen.)

2. Das Übergangsmetall Titan ist nicht selten (0,6 % der Erdkruste) und auch in vom Menschen geschätzten Gegenständen zu finden (??), aber anders als bei viel selteneren Übergangselementen sind von ihm keine physiologischen Funktionen bekannt. Versuchen Sie, dies aus den chemischen Eigenschaften des Elements zu erklären; betrachten Sie beispielsweise die Löslichkeit der mineralischen Titanverbindungen und die Redoxpotentiale der verschiedenen Wertigkeitsstufen!

3. Die Oberfläche eines verchromten und eines verzinkten Eisenbleches sind beschädigt. Welches der beiden Bleche ist stärker korrosionsgefährdet? Welche Reaktionen laufen an der beschädigten Stelle ab?

4. Betrachten Sie die Strukturformel des Häms, das im Hämoglobin die reversible Sauerstoffbindung übernimmt. (Die Substituenten an der Peripherie seien hier vernachlässigt; der untere axiale Ligand stammt von der Aminosäure Histidin des Proteins.) Welche Komplexgeometrie ist zu erwarten? Wievielwertig ist das Eisen und wie könnte man seine Wertigkeit nachweisen? Versuchen Sie, den Farbunterschied zwischen arteriellem und venösem

Blut zu erklären. Chemisch-präparativ isoliert man aus Blut nicht Häm, sondern Hämin; was ist der Unterschied?

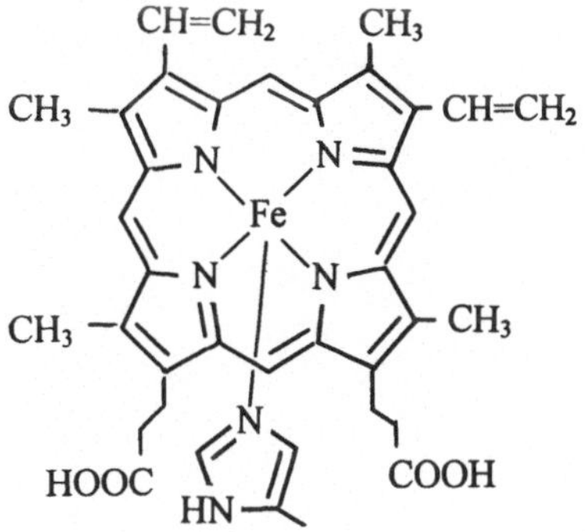

5. Zur Silbergewinnung werden geeignete Erze mit Cyanidlösungen extrahiert ("Cyanidlaugerei"). Warum geht Silber in Lösung, wieso ist Luftzutritt erforderlich?

6. Ein Feststoffgemisch aus äquivalenten Mengen der folgenden Salze wird in Wasser gelöst: $Cr_2(SO_4) \cdot 12\ H_2O$, $ZnSO_4 \cdot 7\ H_2O$, $NiSO_4 \cdot H_2O$. Wie liegen die Kationen vor? Geben Sie den pH-Wert (sauer, neutral, alkalisch ?) und die Farbe der Lösung an.

7. Unter geeigneten Bedingungen wird das Zentralion Magnesium aus Chlorophyll durch Übergangselemente, beispielsweise Kupfer- oder Vanadiumionen verdrängt. (Das passiert auch geochemisch, etwa in Ölschiefern.) Warum ?

8. Nennen Sie - z.B. unter Heranziehung des Periodensystems - die Zahl der 3d- und 4s-Elektronen in folgenden freien Ionen: Ca^{2+}, Mn^{2+}, Fe^{3+}, Fe^{2+}, Co^{2+}, Co^{3+}, Cu^+, Zn^{2+}. Welche sind isoelektrisch? In welchen Spinzuständen können Eisen(II)- und Eisen(III)-Ionen prinzipiell vorliegen?

9. Welche stöchiometrischen Formeln haben die folgenden Komplexe ?

Natrium-tetrahydroxoaluminat(III)
Tetrammin-diaquakupfer(II)sulfat
Ammonium-hexachloroplumbat(IV)
Hexaaquachrom(III)chlorid

10. Neben Hämproteinen mit fest gebundenen Eisen-Porphyrin-Komplexen kennt man auch Enzyme mit essentiellen, aber eher locker gebundenen Metallionen (Beispiel: Das Verdauungsenzym Carboxypeptidase, Alkoholdehydrogenase, Oxidasen und Oxigenasen). Wie können Sie *in vitro* feststellen, ob an einer Stoffwechselreaktion Metalle in dieser Art beteiligt sind?

3 Organische Chemie

Organische Chemie ist die Chemie des Kohlenstoffs in seinen zahlreichen Verbindungen mit sich selbst und mit anderen Elementen. Nur die Oxide (Kohlenmonoxid CO, Kohlendioxid CO_2) und Carbonate (Salze der Kohlensäure H_2CO_3) werden als "anorganische" Kohlenstoffverbindungen angesehen. Die Organische Chemie umfaßt alle Bausteine für Lebewesen und die von ihnen gebildeten "Naturstoffe" ebenso wie die große Zahl synthetischer Produkte, die unser tägliches Leben, die Technik, Medizin, Umwelt und Forschung bestimmen. Über 14 Millionen organische Verbindungen sind zur Zeit bekannt. Biologische Prozesse spielen sich zwischen organischen Verbindungen ab, es sind organisch-chemische Reaktionen!

Woher rührt diese Sonderstellung des einen Elements Kohlenstoff? Entsprechend seiner Stellung in der Mitte des Periodischen Systems (Ordnungszahl 6) besitzt er eine nicht-abgeschlossene Elektronenkonfiguration mit vier Außen- oder Valenzelektronen, die durch Hybridisierung der s- und p-Orbitale von s^2p^2 zu den tetraedrischen sp^3-Hybridorbitalen vier gleichartige oder unterschiedliche Bindungen von geringer Polarität und hoher Stabilität zuläßt.

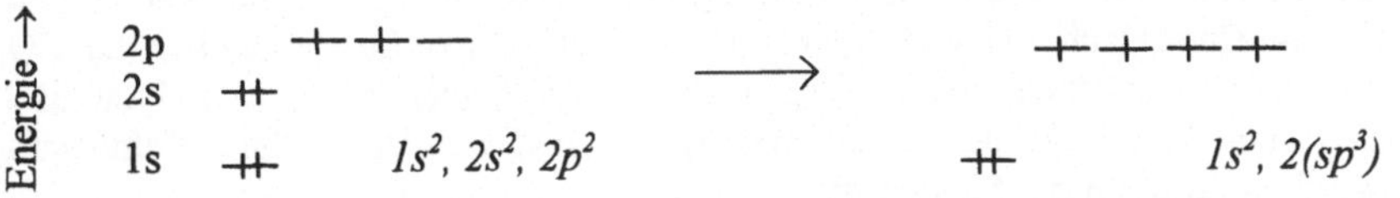

Daraus resultieren für die Chemie des Kohlenstoffs typische Eigenschaften:

• Kohlenstoffatome gehen miteinander, mit Wasserstoff und mit anderen Atomen ("Heteroatome" wie N, O, P, S) stabile *kovalente Einfach- und/oder Mehrfachbindungen* ein. Bekannte Verbindungsklassen mit typischen Elementkombinationen sind beispielsweise:

C, H	Kohlenwasserstoffe
C, H, O	Alkohole, Ether, Aldehyde und Ketone, Fettsäuren, Zucker
C, H, N	Amine, Azofarbstoffe, Heterocyclen, Alkaloide
C, H, N, O	Nitroverbindungen, Aminosäuren und Peptide
C, H, N, O, P	Phosphorsäureester (→ Nucleotide, Phospholipide)
C, H, S	Mercaptane oder Thiole, Thioether, Disulfide
C, H, Halogen	halogenierte Kohlenwasserstoffe (z.B. Chloroform $CHCl_3$).

- Kohlenstoffatome (und Heteroatome) können sich unter Bildung von *Ketten und Ringen* aneinanderreihen. Kein anderes Element ist dazu so befähigt wie Kohlenstoff. Sämtliche Präparate dieses Abschnitts bieten Beispiele.

- Für einen bestimmten Satz von Atomen (z.B. 3 Kohlenstoffe, 8 Wasserstoffe, 1 Sauerstoff) bestehen mehrere Anordnungsmöglichkeiten, die verschiedenen Molekülen mit unterschiedlichen physikalischen und chemischen Eigenschaften entsprechen (*Isomerie*). Beispiel: Isomere von C_3H_8O sind

$$CH_3\text{-}CH_2\text{-}CH_2\text{-}OH \qquad CH_3\text{-}\underset{|}{CH}\text{-}CH_3 \qquad CH_3\text{-}CH_2\text{-}O\text{-}CH_3$$
$$\phantom{CH_3\text{-}CH_2\text{-}CH_2\text{-}OH \qquad} OH$$

ein primärer Alkohol:	ein sekundärer Alkohol:	ein Ether:
n-Propanol	*iso*-Propanol	Ethylmethylether

- Durch Verknüpfung sehr vieler Atome (tausende bis Millionen, z.B. in Cellulose, Proteinen, DNA, synthetischen Kunststoffen) können *Makromoleküle* entstehen.

Wegen dieser Vielfalt umfaßt die organische Chemie gasförmige, flüssige und feste Substanzen von kleinsten und einfachen Molekülen und Metaboliten (Methan CH_4, Essigsäure CH_3COOH) bis zu Polymeren sehr hoher Molekülgröße und -masse (DNA: $>10^9$ Da). Eine besondere Eigenheit ist, daß alle diese Verbindungen - und somit alle Lebewesen! - existieren, obwohl die thermodynamisch stabilste Kohlenstoffverbindung das Kohlendioxid ist und jede organische Substanz nach ΔG und Gleichgewichtslage an der Luft eigentlich zu CO_2 und Wasser verbrennen müßte. Organische Verbindungen sind thermodynamisch labil, aber kinetisch inert oder "metastabil" und reagieren ohne Katalysator unmeßbar langsam mit Sauerstoff.

Kohlenstoffgerüste und funktionelle Gruppen

Organische Moleküle lassen sich unter zwei Aspekten betrachten und verstehen: Ihr *Kohlenstoffgerüst* (kurze oder lange Kette, Ringe, Ring mit anhängender Kette u. dergl.) bestimmt maßgeblich die Größe und räumliche Struktur, die an das Kohlenstoffskelett gebundenen *funktionellen Gruppen* sind überwiegend für die Reaktivität und chemischen Eigenschaften verantwortlich. Funktionelle Gruppen sind unterscheidbare Molekülteile mit Heteroatomen oder Mehrfachbindungen zwischen Kohlenstoffatomen, deren chemische Natur weitgehend unabhängig vom Gesamtmolekül eine bestimmte Reaktionsweise vorgibt. Ihnen schon bekannte Beispiele sind die Alkoholfunktion -OH ($\rightarrow$ Wasserstoffbrücken, Löslichkeit, Kap. 1.2), die Carbonsäurefunktion -COOH ($\rightarrow$ Acidität) und die Aminofunktion $-NH_2$ ($\rightarrow$ Basizität, Kap. 1.3). Allerdings beeinflussen sich

Kohlenstoffgerüst und Stellung einer funktionellen Gruppe im Molekül gegenseitig und bestimmen die Eigenschaften organischer Substanzen sehr individuell.

Wenn ein Molekül am gleichen Kohlenstoffgerüst mehrere verschiedene funktionelle Gruppen trägt, hat es auch mehrere, chemisch unterschiedliche Reaktionsmöglichkeiten, deren Eintreten und relative Bedeutung von den jeweiligen Reaktionsbedingungen und -partnern abhängen. Diese Situation nutzt man in der organischen Synthesechemie zum Entwickeln immer neuer Reaktionen und Strukturen. Sie ist auch Ursache für die hohe Komplexität und Spezifität der Wechselwirkungen zwischen Biomolekülen, die fast stets multifunktionell sind. Betrachten Sie als Beispiel die Reaktionsweisen der einfachen schwefelhaltigen Aminosäure Cystein (Kohlenstoffgerüst C_3; Carboxyl-, Amino- und Thiolfunktion -SH):

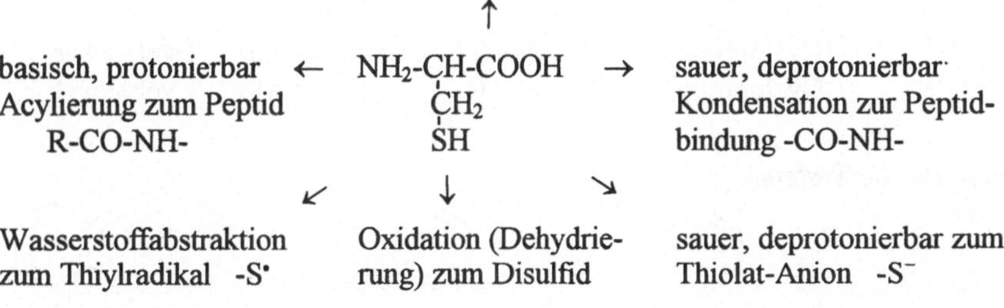

Sowohl die Kohlenstoffgerüste als auch die funktionellen Gruppen dienen zur Klassifizierung und Benennung (Nomenklatur) organischer Verbindungen. Die Namen häufiger "Stammsysteme" (Kohlenstoffgerüste und Heterocyclen) und die der funktionellen Gruppen finden Sie auf den folgenden Seiten. Bei Beachtung einiger Regeln können Sie damit chemisch und biochemisch wichtige Substanzen erkennen und bezeichnen. Für manche Stoffe werden weiterhin altbekannte und gängige Trivialnamen verwendet. Bei komplexen Strukturen mit vielen Isomeriemöglichkeiten führt das Nomenklatur-Regelwerk der IUPAC (International Union of Pure and Applied Chemistry) notwendigerweise zu langen Bezeichnungen. *Dennoch müssen Sie sich hier und später in Ihrer eigenen Laborpraxis über Struktur und Identität der verwendeten Stoffe und Reagentien stets eindeutig im Klaren sein. Verwechslungen könnten gefährliche Folgen haben, weil selbst scheinbar sehr ähnliche Stoffe oft sehr verschiedene chemische und physiologische Eigenschaften haben.*

Namen organischer Verbindungen

Aliphatische Kohlenwasserstoffgerüste

Alkane (Paraffine) C_nH_{2n+2}

C_1	C_2	C_3	C_4	C_5	C_6	
Methan	Ethan	Propan	Butan	Pentan	Hexan	usw.
Methyl-	Ethyl-	Propyl-	Butyl-	Pentyl-	Hexyl-	

Alkene (Olefine) C_nH_{2n}

$CH_2=$ Ethen Propen Buten Penten Hexen usw.
Methylen-

Alicyclische Verbindungen (gesättigte Ringe)

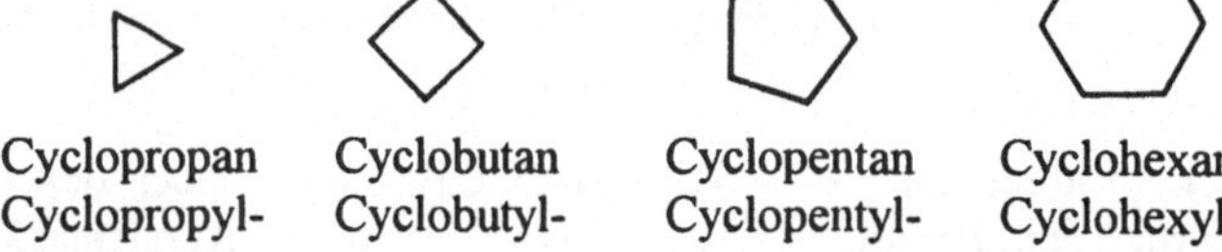

Cyclopropan Cyclobutan Cyclopentan Cyclohexan
Cyclopropyl- Cyclobutyl- Cyclopentyl- Cyclohexyl

Aromatische Systeme

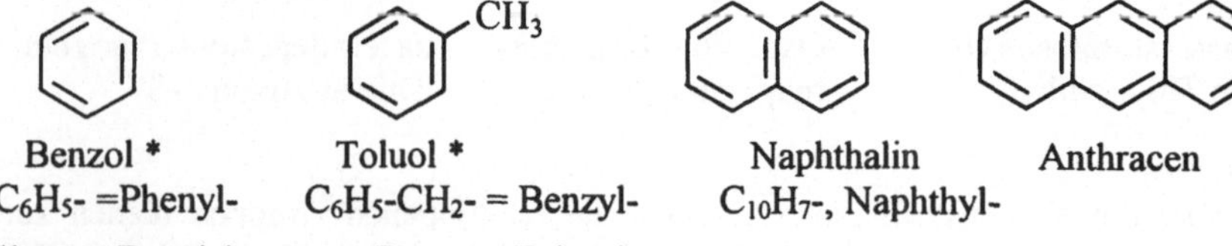

Benzol * Toluol * Naphthalin Anthracen
C_6H_5- =Phenyl- $C_6H_5-CH_2-$ = Benzyl- $C_{10}H_7-$, Naphthyl-

(* neue Bezeichnungen: Benzen, Toluen)

Heterocyclische Systeme

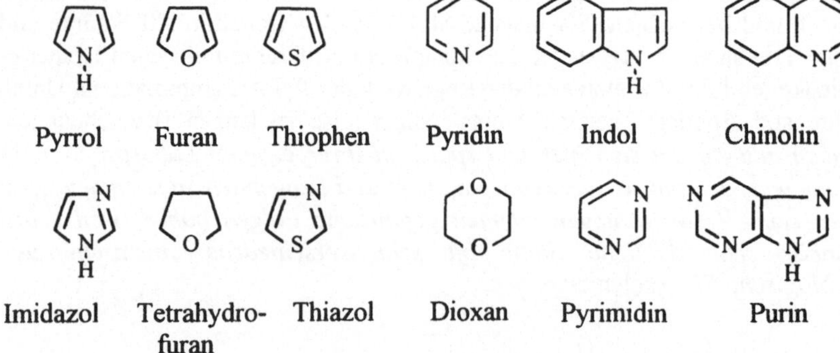

Pyrrol Furan Thiophen Pyridin Indol Chinolin

Imidazol Tetrahydro- Thiazol Dioxan Pyrimidin Purin
furan

Funktionelle Gruppen organischer Moleküle

Verbindungsklasse	Funktionelle Gruppe	Name der Gruppe als Präfix	/ als Suffix
Alkohole	$-OH$	Hydroxy–	–ol
Ether	$-O-R$	Alkoxy–	–ether
Aldehyde	$-CH=O$	Formyl–	–al
Ketone	$>C=O$	Oxo–	–on
Carbonsäuren	$-COOH$	Carboxy–	(carbon)säure
Carbonsäurederivat	$R-CO(O)-$	Acyl– (z.B. Acetyl–)	
Amine	$-NH_2$	Amino–	–amin
Nitroverbindungen	$-NO_2$	Nitro–	
Cyanoverbindungen	$-CN$	Cyan–	–nitril
Thiole	$-SH$	Thio– (Mercapto–)	–thiol
Sulfonsäuren	$-SO_3H$	Sulfonyl–	–sulfonsäure
Halogenverbindungen	$-F, -Cl, -Br, -I$	Halogen–	–halogenid

Zur Bildung der Namen organischer Verbindungen:

Die Namen funktioneller Gruppen werden dem Namen eines Stammsystems vorangestellt (Präfix) oder angehängt (Suffix):

Chloressigsäure   1,4-Diaminobutan   Triethylamin

Bei Sauerstoffverbindungen (Alkoholen, Ketonen) wird die funktionelle Gruppe meistens als Suffix verwendet; hier sind auch viele Trivialnamen gebräuchlich

CH_3OH	CH_3CH_2OH	$CH_3-CH-CH_3$ $\;\;$ $\vert$ $\;\;$ OH	$HOCH_2CH_2OH$	CH_3-C-CH_3 $\;$ $\Vert$ $\;$ O
Methanol	Ethanol	2-Propanol	1,2-Ethandiol	Propan-2-on
Methyl-alkohol	Ethylalkohol	Isopropanol, Isopropylalkohol	Ethylenglykol	Aceton (Dimethylketon)

Bildung des systematischen Namens einer mehrfach substituierten Carbonsäure:

$$HO-CH_2-CH=CH-CH_2-\underset{\underset{CH_3}{\vert}}{\overset{\overset{CH_3}{\vert}}{C}}-CH_2-COOH$$

Kurzdarstellung des Moleküls:

Stammsystem: Ungesättigte Kette mit 7 C-Atomen, Carbonsäure → Hept-5-ensäure; funktionelle Gruppen und deren Position: 3,3-Dimethyl, 7-Hydroxy. Eindeutiger Name: 7-Hydroxy-3,3-dimethylhept-5-ensäure.

Häufig genannte einfache Stoffe (Lösungsmittel, Metabolite) mit Trivialnamen:

CH_3COOH	Ethansäure	Essigsäure
$CH_3CH_2CH_2COOH$	Butansäure	Buttersäure
$(CH_3)_2CH-CH_2-CH_2OH$	3-Methylbutanol-1	Isoamylalkohol
CH_3-CHO	Ethanal	Acetaldehyd
CH_3-CN	Ethannitril	Acetonitril
$CHCl_3$	Trichlormethan	Chloroform
$CH_3-CO-CH_3$	Propan-2-on	Aceton
$HOCH_2-CO-CH_2OH$	1,3-Dihydroxypropan-2-on	Dihydroxyaceton
$CH_2-CH-CH_2$ (OH OH OH)	1,2,3-Trihydroxypropan	Glycerin

Bindungsarten und räumliche Struktur

Durch Hybridisierung der vier Außenelektronen eines C-Atoms von der Elektronenkonfiguration s^2p^2 zu vier energetisch gleichen ("entarteten"), je einfach besetzten sp^3- Hybrid-Niveaus resultiert der charakteristisch vierwertige Kohlenstoff mit in die Ecken eines Tetraeders gerichteten Bindungsorbitalen (Abb. 13). Diese Situation mit vier stabilen, gleichartigen Einfachbindungen (**σ-Bindungen**) unter gleichen Winkeln von 109° an jedem C kennzeichnet "gesättigte" Verbindungen von Methan CH_4 über Ketten (C_nH_{2n+2}) und Ringe (Cyclohexan, C_6H_{12}) bis zur kristallinen Kohlenstoffmodifikation Diamant. Der Tetraederwinkel 109° erlaubt *spannungsfrei* den Ringschluß zu Fünf- und Sechsringen, aber *nicht* zu Drei- oder Vierringen (warum?). Gesättigte Ketten und Ringe können allerdings nicht linear oder eben sein, sondern die Atome nehmen typisch zickzackartig gegeneinander versetzte Lagen ein. In Ketten ist eine freie Drehbarkeit um die σ-Bindungen möglich, sofern sie nicht durch sterische Hinderung oder elektronische Wechselwirkungen beeinträchtigt wird.

Eine andere energetisch erlaubte Hybridisierung der Elektronenniveaus liegt in Molekülen vor, in denen ein C-Atom lediglich *drei* Bindungspartner hat. Hier nehmen drei gleichartige Hybridorbitale (sp^2) für drei σ-Bindungen eine ebene Anordnung ein (trigonal-planar, Winkel 120°), während dem vierten Elektron das nicht in die Hybridisierung einbezogene p_z-Orbital senkrecht zur Ebene verbleibt (Abb. 13.) Diese Bindungsart liegt in der schichtförmig gebauten Kohlenstoffmodifikation Graphit vor und auch in Fulleren C_{60}, der kürzlich entdeckten dritten Kohlenstoffmodifikation ("Fußball", Nobelpreis 1996) . Bei der Bindung zweier sp^2-hybridisierter Atome aneinander kommt es zur Überlappung der p_z-Orbitale und Ausbildung der zusätzlichen π-**Bindung**. Die Doppelbindung eines "ungesättigten" Moleküls beinhaltet daher zwei in Energie und räumlicher Ausdehnung unterschiedliche Beiträge durch eine σ-Bindung zwischen den Atomen und π-Elektronen über und unter der Molekülebene. Um eine Doppelbindung ist im Grundzustand *keine* freie Drehbarkeit möglich. Doppelbindungen können sich auch zwischen sp²-hybridisierten C-Atomen und Heteroatomen wie O und N bilden, die p-Elektronen zur Verfügung stellen; im Gegensatz zu >C=C< sind >C=O und >C=N– *polar*.

Spezielle Eigenschaften haben organische Moleküle mit konjugierten Doppelbindungen (Polyene) sowie aromatischem Bindungscharakter (Benzol), die in den Kapiteln 3.5 und 3.7 beschrieben werden.

Schließlich kann Kohlenstoff in der Substanzklasse der Acetylene (H-C≡C-H und Derivate) auch linear orientierte sp-Hybridorbitale für Bindungen mit nur *zwei* anderen Partnern nutzen. Die dann entstehende Dreifachbindung besteht aus einer σ-Bindung und zwei senkrecht zueinander stehenden π-Bindungen.

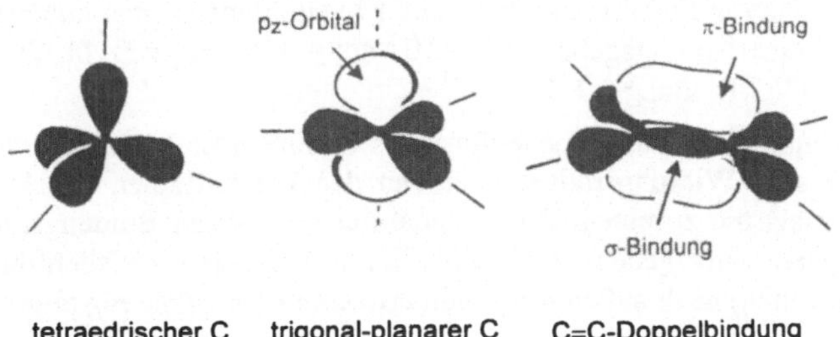

Abb. 13. Räumliche Orientierung der Atom- bzw. Bindungsorbitale (Elektronenwolken) in sp³- und sp²-hybridisierten C-Atomen bzw. Molekülen.

Da organische Moleküle oft aus vielen Atomen in unregelmäßiger Anordnung bestehen und die *Position* der funktionellen Gruppen ihre Reaktivität mitbestimmt, sind Informationen über die tatsächliche räumliche Struktur einer Verbindung genauso wichtig wie ihre schematische Strukturformel. Das gilt besonders für die Erkennung von Struktur-Funktions-Beziehungen in allen Biomolekülen, in Drogen, Katalysatoren u. dergl. Ein Molekül wird durch *Bindungswinkel* und *Bindungslängen* genau beschrieben. Die Winkel ergeben sich theoretisch aus den oben beschriebenen Hybridisierungszuständen. Typische kovalente Bindungslängen (Atomabstände) lassen sich durch Addition der bekannten Bindungsradien für Atome in guter Näherung angeben. Abweichungen zwischen diesen Werten und experimentell (z.B. durch Röntgenstrukturanalyse) ermittelten Daten zeigen besondere Bindungszustände an.

Kovalente Bindungsradien in pm = 10^{-12} m:

	H	C	N	O	F	P	S	Cl	Br	I
einfach	30	77	75	73	71	110	104	99	114	133
doppelt		67	61	55						
dreifach		60	55							

Berechnen und interpretieren Sie hiermit den Gang der Bindungslängen in

C–H   C–C   C=C   C–O   C=O   C–N   H–C≡N

Anmerkung: Häufig findet man Atom- und Moleküldimensionen auch in der Längeneinheit Ångström angegeben (1 Å= 10^{-8} cm = 100 pm), z.B. für die C-H-Bindung ≈ 1 Å, C-C-Bindung ≈ 1,5 Å.

Die Ausdehnung der Elektronenhülle eines Atoms oder Moleküls *nach außen* wird durch sog. Wirkungsradien oder van der Waals-Radien beschrieben. Sie sind *größer* als die zu einem Bindungspartner gerichteten Bindungsradien, aber weniger genau anzugeben, weil die Elektronendichte (Wellenfunktion der Valenzelektronen) nach außen nicht Null erreicht und nicht streng abgrenzbar ist.

Van der Waals-Radien (Atomradien) in pm

H	C	N	O	S	I
120	165	150	145	180	200

Interpretieren Sie auch den Gang dieser Werte qualitativ!

Es ist *sehr* nützlich, sich die allgemeine Gestalt, Ausdehnung, Polarität, Flexibilität oder Starrheit größerer organischer Moleküle selbst vor Augen zu führen. Wenn im Praktikum maßstabsgetreue Molekülmodelle verfügbar sind (Stäbchen- oder Kalottenmodelle in etwa 10^{8}-facher Vergrößerung, 100 pm = 1 cm) oder ein PC-Programm für molecular modelling installiert ist, so sollten Sie viele interessante Strukturen aufbauen, drehen und von allen Seiten betrachten. Die Formeln von beispielsweise

Bernsteinsäure/Maleinsäure/Fumarsäure und ihren Anhydriden,
Cyclohexan/Cyclohexen/Benzol,
Ribose und Glucose, Campher oder Adamantan,
des Schilddrüsenhormons Thyroxin (Tetraiodthyronin)

finden Sie in jedem Lehrbuch der Organischen Chemie und Biochemie. Ein besonderer Leckerbissen (wenn auch nicht von biologischem Interesse) wäre der Kohlenstofffußball Fulleren C_{60}.

Stereoisomerie in organischen Molekülen

Alle diese Eigenheiten organischer Moleküle erklären auch die verbreitete und für Naturstoffe typische Existenz von *Stereoisomeren*. Stereoisomere haben dieselbe Grundstruktur (Verknüpfung der Atome, "Konstitution"), aber unterscheiden sich in der räumlichen Anordnung von Atomen oder Substituenten. Die wichtigsten und für Biomoleküle (z.B. Zucker, Aminosäuren, Vitamine) typischen Arten der Stereoisomerie

- Konfiguration
- Konformation
- *cis-trans*-Isomerie

werden hier kurz erklärt; Details entnehme man Lehrbüchern. Im Praktikum ist der experimentelle Nachweis dieser Unterschiede nicht vorgesehen, weil dazu langwierige und spezielle Analysenmethoden herangezogen werden müssen.

Konfiguration ("Optische Isomerie")

Wenn ein tetraedrisches, sp^3-hybridisiertes C-Atom *vier verschiedene* Substituenten trägt (ein "asymmetrischer Kohlenstoff"), so ist es *zentral chiral*: Als Konsequenz der Tetraederstruktur kann die entsprechende Verbindung in zwei Stereoisomeren existieren, die nicht zur Deckung gebracht werden können, sondern sich wie Bild und Spiegelbild (rechte und linke Hand) verhalten. Sie heißen Enantiomere. Zwei Enantiomere haben dieselbe Elementzusammensetzung und Konstitution sowie identisches chemisches Verhalten. Nur wenn ein Reaktionspartner *ebenfalls chiral* ist - wie Enzyme oder spezifische Reagentien - werden die beiden Enantiomeren diskriminiert und enantioselektiv umgesetzt: Grundlage der (Bio)Synthese, Metabolisierung und Wirkung von chiralen Naturstoffen ! Enantiomere unterscheiden sich nur in der *Konfiguration* am chiralen C und in einer charakteristischen Eigenschaft: Ihre Lösungen drehen die Ebene polarisierten Lichtes nach unterschiedlichen Richtungen (Drehwinkel $\alpha >$ $0°$: nach rechts; $< 0°$: nach links). Dieser Unterschied wird z.B. für die Analyse von Zuckern häufig genutzt (Polarimeter, → Naturstoff- und Biochemie). Aus diesem Zusammenhang rühren auch die Bezeichnungen "optische Aktivität" für Chiralität und "optische Antipoden" für ein Paar von Enantiomeren. Die 1:1-Mischung zweier Enantiomerer ist ein "Racemat" oder racemisches Gemisch, dessen Lösung die Ebene polarisierten Lichtes *nicht* dreht, weil sich die beiden entgegengesetzten Drehwinkel kompensieren.

Die Benennung von Enantiomeren erfolgt nach Definitionen und Regeln, die hier nicht wiedergegeben werden. Vor allem in Zuckern, Hydroxy- und Aminosäuren ist die in Abb. 14 enthaltene Bezeichnungsweise mit **D** und **L** (nach E.Fischer) üblich; D und L (für dexter und laevus) definieren die Stellung der HO- bzw. NH_2-Gruppe an dem in eine Ebene projizierten chiralen C nach rechts bzw. links.

COOH	COOH	COOH	COOH	CHO	CHO
HO–C–H	H–C–OH	NH_2–C–H	H–C–NH_2	HO–C–H	H–C–OH
CH_3	CH_3	CH_3	CH_3	CH_2OH	CH_2OH
L(+)Milchsäure (im Muskel)	D(–)Milchsäure (durch Gärung)	L(+)Alanin (in Proteinen)	D(–)Alanin (selten)	L(–)Glycerin-aldehyd	D(+)Glycerin-aldehyd

Abb. 14. Enantiomere (optische Antipoden) der Milchsäure, der Aminosäure Alanin und des Glycerinaldehyds (einfacher Zucker, Bezugssubstanz für die Konfiguration der höheren Zucker). Die senkrechten Flächen symbolisieren eine Spiegelebene. (+) und (–) kennzeichnen die experimentell zu beobachtende Drehung der Ebene polarisierten Lichtes (Drehwinkel). Man beachte, daß *keine* Korrelation zwischen (+)/(–) und der Konfigurationsbezeichnung D/L besteht.

Für chirale Moleküle ganz allgemein - incl. komplexe Naturstoffe wie Antibiotika, Alkaloide, Steroide u.a.m. - gilt eine anders zustandekommende Beschreibung der Konfiguration mit den Symbolen **R** und **S** (für rectus und sinister; "CIP-Regeln" von Cahn, Ingold und Prelog). Sie ist hier nicht angewandt, aber wegen ihrer universellen Bedeutung im Anhang beschrieben. Eine Korrelation von D mit R und von L mit S ist nicht in allen Fällen gegeben!

Sind in einem Molekül mehrere (n) chirale C-Atome enthalten, so gibt es 2^n Stereoisomere. Unter ihnen verhalten sich nur jeweils zwei wie Bild und Spiegelbild, während die anderen *weder* deckungsgleich *noch* Bild und Spiegelbild sind. Solche Verbindungen gleicher Konstitution, aber verschiedener Konfiguration heißen Diastereomere. Aus dieser Gesetzmäßigkeit resultiert die Zahl von nicht weniger als 16 verschiedenen stereoisomeren Hexosen (Zucker mit 6 C-Atomen, davon 4 chiral); in der Natur kommen allerdings nur drei Diastereomere vor (D-Glucose, D-Galactose und D-Mannose). Zusätzlich benutzte Begriffe wie Epimere und Anomere → Biochemie, Kohlenhydrate.

Meso-Formen nennt man Diastereomere, in denen die Asymmetrie chiraler C-Atome durch eine *intramolekulare* Symmetrie kompensiert ist. Beispiel: Die verschiedenen 2,3-Dihydroxy-butandisäuren (Weinsäuren):

D-Weinsäure

$$
\begin{array}{c}
COOH \\
| \\
HO-C-H \\
| \\
H-C-OH \\
| \\
COOH
\end{array}
$$

meso-Weinsäure

$$
\begin{array}{c}
COOH \\
| \\
H-C-OH \\
| \\
H-C-OH \\
| \\
COOH
\end{array}
$$

Konformation

Konformationsisomere eines Moleküls gegebener Konstitution und Konfiguration sind unterscheidbare räumliche Anordnungen des C-Gerüstes und der Substituenten, die durch Drehung um Einfachbindungen zustandekommen und sich um gewisse (geringe) Energiebeträge unterscheiden. Schon die Einfachbindung eines Ethans mit Substituenten R wird sich vorzugsweise eher in einer "gestaffelten" Anordnung der Atome (links) als in einer "ekliptischen" Form (rechts) anordnen, um ggf. hinderliche Wechselwirkungen zu vermeiden:

Wichtig sind die Konformeren des Cyclohexan- und Cyclopentanringes sowie der ihnen vergleichbaren Sechs- und Fünfringe in Zuckern (Pyranose- und Furanose-Ringe, z.B. in Glucose, Fructose, Ribose): Ein Sechseck aus Tetraederkohlenstoffatomen kann nicht eben sein, da ein Winkel im Sechseck 120°, am Tetraeder aber 109° beträgt. (Welcher Winkel existiert in einem Fünfring?) Vielmehr nehmen Sechsringe gewinkelte, wannen- oder sesselförmige (englisch: boat oder chair) Konformationen an (Abb. 15). Die Sesselform ist die stabilste und häufigste. Die je zwei Substituenten an den C-Atomen des Ringes sind räumlich nicht gleich, sondern stehen gestaffelt und abwechselnd equatorial (vom Ring wegweisend) bzw. axial (in Richtung einer fiktiven Drehachse nach oben und unten). Im allgemeinen (aber nicht immer) ist die equatoriale Anordnung günstiger, da sterische und elektronische Behinderungen vermieden werden. Es ist wahrscheinlich kein Zufall, daß der wichtigste und häufigste natürliche· Zucker, Glucose, zugleich der konformativ stabilste ist, weil nur hier in der Ringform *alle Substituenten equatorial* angeordnet sind.

Konformationsisomere können jedoch durch Drehung um Einfachbindungen und "Umklappen" von Ringen ohne Aufbrechen des Molekülskeletts ineinander übergehen. Vergewissern Sie sich von dieser Möglichkeit an einem Molekülmodell!

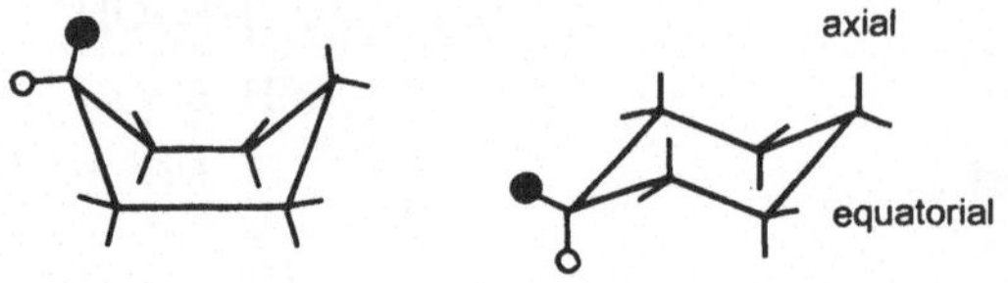

Abb. 15. Konformationen eines Cyclohexanringes. Die Wannenform (links) und die Sesselformen (rechts) sind durch Umklappen ineinander umwandelbar. Beachten Sie dabei den Wechsel von Substituenten (●,○) aus equatorialen in axiale Positionen und umgekehrt

Cis-trans-Isomerie (Geometrische Isomerie)

Die Atome oder Substituenten an einer C=C-Doppelbindung können wegen der dort vorgegebenen 120°-Winkel in *cis*- oder *trans*-Anordnung auf derselben bzw. auf verschiedenen Seiten des starren C-Gerüstes stehen. Beispiele:

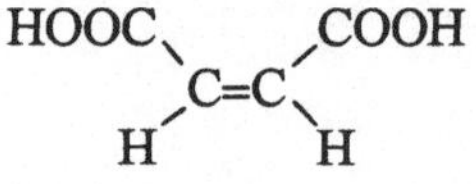

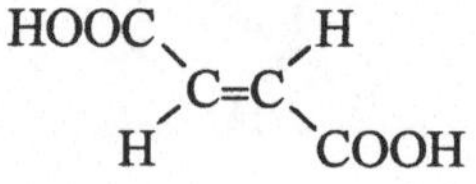

cis- bzw. Z-Butendisäure, Maleinsäure   *trans*- bzw. E-Butendisäure, Fumarsäure
(Z = zusammen)   (E = entgegen)

Cis-trans- oder geometrische Isomere sind individuelle, verschiedene Verbindungen, die sich z.B. in Dipolmomenten, Löslichkeit und chemischer Reaktivität unterscheiden. Gegenseitige Umwandlung (Isomerisierung) ist nur möglich, wenn die π-Bindung der Doppelbindung angeregt oder aufgehoben wird (z.B. bei Belichtung, oder durch reversible Addition von Brom oder Iod) und kurzzeitig freie Drehbarkeit um die σ-Bindung möglich ist.

Physiologische Bedeutung: Ölsäure und Linolsäure (*cis*-ungesättigte Fettsäuren) tragen durch ihre gewinkelte Kette zur unregelmäßigen Struktur und Fluidität von Lipidmembranen bei. Rhodopsin mit 11-*cis*-Retinal (Vitamin A-Derivat) im Sehpurpur wird durch Licht zu *trans*-Retinal isomerisiert, was Folgereaktionen einer Signalkaskade beim Sehvorgang auslöst.

Auch an gesättigten Ringen wird die gegenseitige Stellung von Substituenten ober- bzw. unterhalb der Ringeben mit *cis* bzw. *trans* bezeichnet, so z.B. die Position der OH-Gruppen in Zuckern.

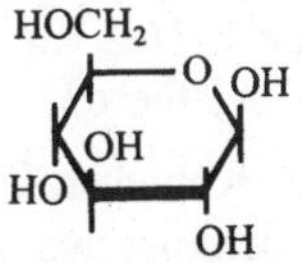

β-Glucose: alle OH-Gruppen an den C-Atomen 1,2,3 und 4 stehen *trans*

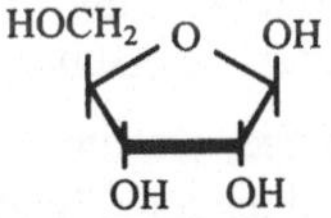

β-Ribose: die beiden OH-Gruppen an C-Atom 2 und 3 stehen *cis*

Unterschiedliche Reaktivitäten, günstige oder abstoßende Wechselwirkungen verschiedener Substituenten an Ringen lassen sich oft so erklären. Korrekter muß die Situation jedoch durch die *Konformation* (equatoriale bzw. axiale Stellung, s.o.) der Substituenten beschrieben werden.

❖

Aus dem umfangreichen Gebiet der Organischen Chemie lernen Sie in diesem Praktikum nur einige wenige Substanzklassen und Arbeitsweisen beispielhaft kennen. Die Synthesen und Präparate sollen vor allem Verständnis für wichtige Reaktionsmechanismen und Stoffeigenschaften vermitteln. Die zur Identitäts- und Reinheitsprüfung der synthetisierten Produkte an sich erforderliche Charakterisierung durch Infrarot- und Kernresonanzspektren (IR, NMR) sowie Gas- oder Flüssigchromatographie (GC, HPLC) wird wegen des Zeitbedarfs und apparativen Aufwandes im Praktikum i.a. unterbleiben müssen, so daß die Techniken hier nicht beschrieben sind (→ Praktikum in Instrumenteller Analytik). Arbeiten mit organischen Naturstoffen sind die Ausnahme, weil sie fast immer mehrere funktionelle Gruppen tragen und daher selektive - incl. stereoselektive - Umwandlungen in mehreren Stufen erfordern. Die Versuche an Aminosäuren im letzten Kapitel veranschaulichen für die Chemie und Analytik von Biomolekülen charakteristische Besonderheiten.

Übungsaufgaben

1. Geben Sie Strukturformeln und Namen für die beiden isomeren Verbindungen der Zusammensetzung C_2H_6O und für 4 Isomere von C_4H_8O an. In welchen Eigenschaften unterscheiden sich die Alkohole von den Ethern?

2. Überlegen Sie, warum "organische Chemie" nur mit Kohlenstoff, aber nicht mit dem folgenden Element der Gruppe, Silicium, denkbar ist. Vergleichen Sie beispielsweise die Eigenschaften und Reaktivität der thermodynamisch stabilen Oxide der beiden Elemente.

3. Aus Carbonsäuren kann beim Erhitzen durch Wasserabspaltung ein sog. Anhydrid entstehen: $2 \ -COOH \ \rightarrow \ -CO-O-CO- \ + \ H_2O$.
   In welcher der beiden isomeren Buten-1,4-disäuren Fumarsäure und Maleinsäure (s.o.) wird diese Reaktion leichter erfolgen?

4. Welche der folgenden natürlich vorkommenden Amino- und Hydroxysäuren sind chiral? Bezeichnen sie die asymmetrischen C-Atome.

$$
\begin{array}{cccccc}
CH_3 & COOH & COOH & \begin{matrix}COOH\\|\\CH_2\end{matrix} & COOH & CH_3 \\
| & | & | & | & | & | \\
HCOH & HCNH_2 & CH_2 & HO\text{-}C\text{-}COOH & CH_2 & HCNH_2 \\
| & | & | & | & | & | \\
COOH & CH_2OH & NH_2 & \begin{matrix}CH_2\\|\\COOH\end{matrix} & NH\text{-}CH_3 & COOH \\
\end{array}
$$

Milchsäure   Serin   Glycin   Citronensäure   Sarkosin   Alanin

5. Geben Sie die Struktur der mit Namen bezeichneten Substanzen an und benennen Sie die nur mit ihrer Strukturformel wiedergegebenen Stoffe. Die mit Sternchen bezeichneten sind Stoffwechselprodukte; finden Sie ihre gängigen Namen.

2-Ethyl-pentan-1-ol	2-Methyl-butadien *
3,5-Dinitrobenzoesäure	Tripropylamin
[Z]-9-Octadecensäure *	3-Oxobutansäure *
1,2,3-Triaminopropan	4-Fluor-2,2-dimethyl-butan-1-sulfonsäure

$(CH_3)_2CH\text{-}CH_2\text{-}OH$ $CH_2{=}CH\text{-}\overset{CH_3}{C}{=}CH_2$ * $HO\text{-}CH_2CH_2\text{-}SH$ $CH_2{=}CH\text{-}\overset{H}{C}{=}O$

$HOCH_2CH_2CH_2COOH$ $HOCH_2\text{-}\overset{CH_2OH}{\underset{CH_2OH}{C}}\text{-}NH_2$ $CH_3CO\text{-}NH\text{-}\langle\bigcirc\rangle$ $CH_3CH_2\text{-}O\text{-}CH_2CH_3$

6. Schreiben Sie das als Wuchsstoff natürlich vorkommende Isomere von Hexa-
    hydroxycyclohexan, den *myo*-Inosit (z.B. aus Muskel isoliert), in der Ses-
    selkonformation seines Cyclohexanringes und diskutieren Sie die räumliche
    Stellung der OH-Gruppen (wie viele equatorial, wieviele axial ?) Kann durch
    das Molekül eine Spiegelebene gelegt werden ?

7. In welcher Beziehung stehen die folgenden aus etherischen Ölen gewonnenen
    Terpenalkohole (Terpene = Oligomere des verzweigten Kohlenwasserstoffs
    Isopren C_5H_8) :

    α-Terpineol   β-Terpineol   (–)-Menthol   (+)-Neomenthol
    (in Kiefernölen)   (in Pfefferminzöl)

8. Cholesterin ist eine wichtige und häufige Komponente von Zellmembranen.
    Beschreiben Sie die im Molekül enthaltenen Strukturen und funktionellen
    Gruppen. Die hier zweidimensional geschriebene Strukturformel täuscht:
    Machen Sie einen Vorschlag für die räumliche Molekülgestalt und überlegen
    Sie, wie das Molekül in einer biologischen Membran (→ Biochemie-Buch)
    orientiert sein wird.

Konformation:

9. Die Aminosäure Threonin ist 2-Amino-3-hydroxybuttersäure. Zeichnen Sie die Konfiguration der ...... möglichen Stereoisomere. Wieviel davon erwarten Sie in Proteinen zu finden?

10. Die verschiedenen Stereosiomeren der Weinsäure = 2,3-Dihydroxybutandisäure haben bei der Aufklärung der optischen Aktivität von Naturstoffen durch L. Pasteur eine Rolle gespielt. Obwohl das Molekül 2 chirale C-Atome hat, existieren nur *drei* Diastereomere, sowie ein Racemat. Die in Früchten und im Wein vorkommende ist L-(+)-Weinsäure (ihr Mono-Kalium-Salz ist "Weinstein"), das Racemat (D,L) heißt Traubensäure. Erklären Sie, warum es nur 3 Diastereomere (statt   ?) gibt. Eins zeigt *keine* optische Aktivität (Drehwinkel $\alpha = 0$); wie unterscheidet es sich dennoch von Traubensäure?

❖

Zur Erinnerung vor dem Experimentieren in Organischer Chemie:

- Das Tragen einer Schutzbrille ist bei allen chemischen Arbeiten *Pflicht*.

- Über *Risiken* und *Sicherheitsvorkehrungen* (R- und S-Sätze) beim Umgang mit entzündlichen, ätzenden, gesundheitsschädlichen und anderen Gefahrstoffen haben Sie sich unbeschadet der Belehrung durch Praktikumsleiter und Assistenten *vor Versuchsbeginn selbst* zu informieren. Dafür sind im Labor *Betriebsanweisungen* nach §20 GefStoffV, Plakate mit Gefahrensymbolen und R- und S-Sätzen vorhanden sowie die Angaben auf Chemikalienflaschen zu beachten.

- Offene Flammen sind im Labor zu vermeiden. Die meisten organischen Lösungsmittel sind brennbar !

- Reste organischer Präparate sind ordnungsgemäß zu entsorgen. Nur biologisch abbaubare Substanzen (wasserlösliche Alkohole, Fettsäuren und Derivate, Zucker und andere Naturstoffe) dürfen im Abwasser beseitigt werden. Halogenhaltige sowie halogenfreie organische Lösungsmittel und andere Verbindungen sind *getrennt* zu sammeln.

3.1 Methoden der Organischen Chemie: Destillieren, Extrahieren, Umkristallisieren

Stofftrennungen und die Gewinnung "reiner Stoffe" gehören zu den häufigsten Aufgaben im organisch-chemischen Laboratorium: Das Produkt einer Synthese muß von Nebenprodukten und noch vorhandenem Ausgangsmaterial getrennt werden; aus einem komplexen Naturstoffgemisch soll eine reine, wirksame Substanz gewonnen werden; mit Lösungsmitteln aus Erdöl, Böden oder biologischem Material in kleiner Menge extrahierte Stoffe muß man vom Lösungsmittel befreien. Sie lernen hier Arbeitsweisen kennen, die in den folgenden Kapiteln des Praktikums und bei vielen biologischen Aufgaben angewandt werden.

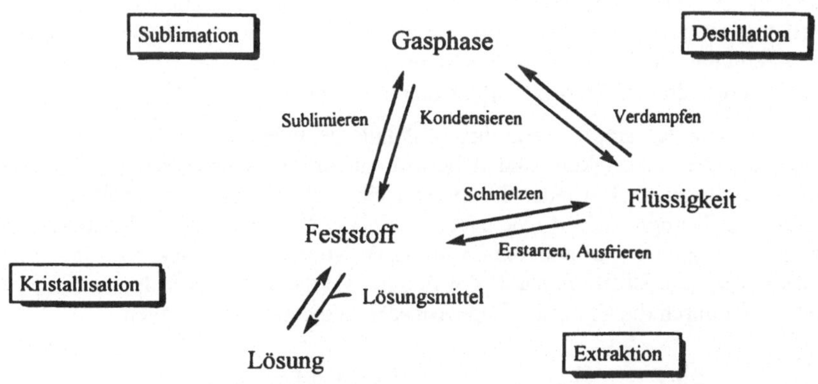

Viele Methoden der organischen Chemie sind von den Eigenschaften der organischen Moleküle bedingt. Sie sind durch ihre Kohlenwasserstoffgerüste häufig unpolar, ohne intermolekulare Wechselwirkungen und flüchtig, können am *Siedepunkt* (Sdp. oder Kp.) unter Verdampfung in den Gaszustand übergehen und *destilliert* werden. Andere - z.B. höhere Alkohole und Fettsäuren - besitzen sowohl hydrophobe unpolare wie hydrophile polare Molekülteile und werden daher mit Lösungsmitteln unterschiedlicher Polarität unterschiedlich gelöst und *extrahiert*. Schließlich besitzen viele organische Verbindungen große Neigung zur *Kristallisation*, wobei die Kristalle jedoch bereits bei nicht sehr hohen Temperaturen an einem scharfen *Schmelzpunkt* (Schmp. oder Fp., i.a. < 200°C) in die flüssige Phase übergehen. Salzartig, schwer flüchtig und hochschmelzend sind in der organischen Chemie nur Metallsalze von Carbonsäuren, Sulfonsäuren und Phosphorsäureestern sowie die Zwitterionen von Aminosäuren.

Die zur Trennung und Reinigung von Stoffen am häufigsten genutzten Phasen-
übergänge sind Destillieren und Umkristallisieren. Zur Sublimation sind nur
wenige Stoffe befähigt. Angaben über Siedepunkte, Schmelzpunkte und andere
Eigenschaften einiger organischer Substanzen und vielverwendeter Lösungsmittel
finden Sie in Handbüchern und Tabellenwerken; einige sind im Anhang des
Buches tabelliert.

Destillieren

Destillation ist das wichtigste Trenn- und Reinigungsverfahren für Flüssigkeiten.
Eine Flüssigkeit, die aus mehreren Komponenten bestehen kann, wird zum Sieden
erhitzt und der gebildete Dampf an anderer Stelle in einem Kühler als Destillat
kondensiert. Das Destillat kann in einer Menge (einfache Destillation) oder
nacheinander nach steigendem Siedepunkt in mehreren Fraktionen aufgefangen
werden (fraktionierende Destillation). Entsprechende Aufgaben können Ihnen bei
der Reinigung für die Analytik benötigter Lösungsmittel oder bei der Isolierung
neuer Naturstoffe aus Tier- oder Pflanzenreich begegnen.

Eine Substanz verdampft, wenn ihre Moleküle genügend kinetische Energie zum
Verlassen der Flüssigkeit und Übertritt in die Gasphase haben. Dies ist
temperaturabhängig. Bei jeder Temperatur einer Flüssigkeit herrscht über ihr ein
bestimmter Dampfdruck P. Sie siedet bei der Siedetemperatur T_S, wenn der
Dampfdruck gleich dem äußeren Druck (z.B. Atmosphärendruck p_{atm}) ist. Energetisch wird die Situation durch die molare Verdampfungsenthalpie ΔH_{verd} bestimmt und durch die Clausius-Clapeyronsche Gleichung beschrieben:

$$\frac{d\ln P}{dT} = \frac{\Delta H_{verd}}{RT^2} \qquad \text{(R = Gaskonstante,}$$
$$\text{T = absolute Temperatur)}$$

Integriert lautet diese Beziehung

$$\ln P = \frac{\Delta H_{verd}}{R} \cdot \frac{1}{T} + \text{const.}$$

und besagt, daß der Logarithmus des Dampfdrucks der absoluten Temperatur
umgekehrt proportional ist.

Für verschiedene Substanzen gelten verschiedene Dampfdruckkurven und Siede-
temperaturen (Abb. 16).

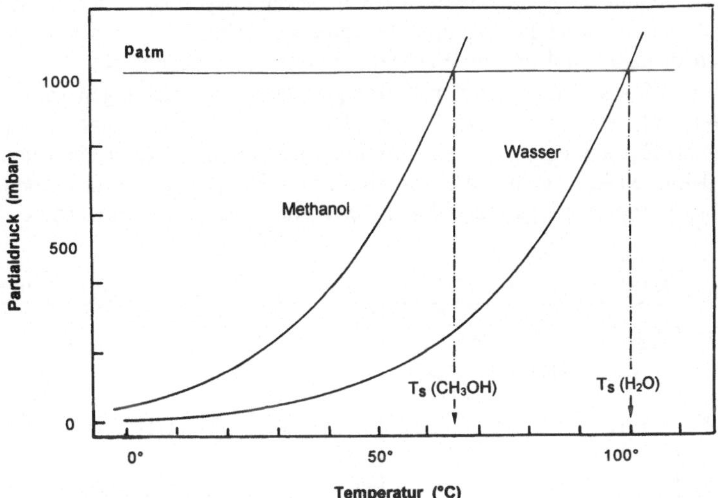

Abb.16. Dampfdruckkurven und Siedetemperatur von Methanol und Wasser. P_{atm} = Luftdruck unter Normalbedingungen (1013 mbar = 1 atm)

Aus diesen Gesetzmäßigkeiten ergeben sich für die Praxis interessante Zusammenhänge:

• Der Siedepunkt hängt vom äußeren Druck ab; bei Druckerniedrigung sinkt er (→ Vakuumdestillation), unter erhöhtem Druck ist er höher (→ Verflüssigung von Gasen bei Normaltemperatur unter Druck).

• Druckhalbierung bewirkt Absenken der Siedetemperatur um etwa 15 Grad.

• Aus der Dampfdruckkurve läßt sich der Partialdruck einer flüssigen Substanz im Gasraum bei bestimmter Temperatur entnehmen (z. B. Wasserdampfpartialdruck in Luft über Wasser von 10 °C = 12 mbar, 15 °C = 17 mbar, 20 °C = 23 mbar).

Verhalten von Stoffgemischen

In Mischungen flüchtiger Stoffe mit einem Gesamtdampfdruck hat jeder Stoff einen Partialdampfdruck p. Der Partialdruck ist im Idealfall dem Dampfdruck P der Reinsubstanz und ihrem Mengenanteil x am Gemisch proportional (Daltonsches Gesetz):

$$P_{gesamt} = p_1 + p_2 = P_1 \cdot x_1 + P_2 \cdot x_2 \qquad \text{wobei } x_1 + x_2 = 1.$$

Dieser Beziehung folgt das Siede- und Kondensationsverhalten von idealen Mischungen, deren Moleküle sich nicht beeinflussen (Abb. 17 a). Üben zwei Komponenten dagegen molekulare Wechselwirkungen aufeinander aus - denken Sie an Kapitel 1.2 - so treten mehr oder weniger starke Abweichungen vom idealen Verhalten auf. *Azeotrope* oder "konstantsiedende" Gemische haben bei einer bestimmten Zusammensetzung ein Minimum (in seltenen Fällen ein Maximum) der Siedekurve (Abb. 17 b). Dort verhält sich die Mischung wie ein *einheitlicher* Stoff, ihre Komponenten können durch Destillation *nicht* getrennt werden.

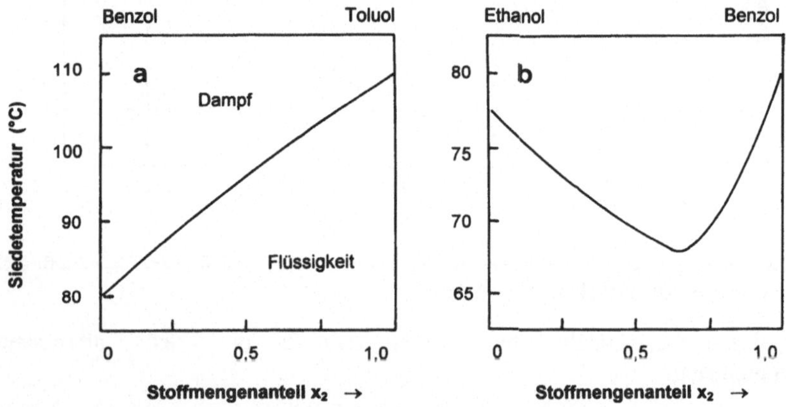

Abb.17. Abhängigkeit der Siedetemperatur von der Zusammensetzung (den Stoffmengenanteilen x) eines binären Gemisches. a: Ideales Verhalten (x_1 Benzol, x_2 Toluol). b: Azeotrop mit Siedepunktsminimum (x_1 Ethanol, x_2 Benzol). Die Siedekurven sind idealisiert dargestellt.

Wichtige azeotrope Gemische:

"Konstant siedende Salzsäure" mit 20,2 Gew.-% HCl: Siedepunkt 110 °C, Dichte 1,1 (Siedepunkte von HCl −83 °C, von Wasser 100°); eine Salzsäure definierter Konzentration (6 M), nicht zu verwechseln mit "konz. HCl" (> 30 %).

Toluol-Wasser mit 80 % Toluol: Siedepunkt 85 °C (Wasser 100 °C, Toluol 111 °C); dient zum Abdestillieren von gebildetem Wasser aus Reaktionsgemischen.

Ethanol-Wasser (95,6 % Ethanol): Siedepunkt 78,2 °C, entsteht bei Destillation wässriger Lösungen ("Gärungsalkohol"). "Absoluter Alkohol" (100 %, Siedepunkt 78,3 °C) wird synthetisch in wasserfreier Form gewonnen.

Praxis des Destillierens

Eine Standardapparatur für einfache Destillation besteht aus einem elektrisch beheizten Rundkolben, Destillationsaufsatz ("Destillationsbrücke") mit integriertem Kühler, Thermometer, und Vorstoß mit Vorlage zum Auffangen des Destillats (Abb. 18). *Beachten Sie*:

• Schliffgeräte mit Klammern *spannungsfrei* an Stativ befestigen

• Schliffe nur *dünn* fetten, Kühlerschläuche in der richtigen Richtung anschließen

• Destillationskolben niemals *voll* beschicken - Ausdehnung beim Erwärmen!

• Siedeverzüge und Stoßen der Flüssigkeit während des Heizens durch Rühren oder Siedesteine vermeiden

• Temperaturverlauf am Thermometer ständig beobachten. Bis zum Erreichen einer konstanten Siedetemperatur wird der "Vorlauf" aufgefangen, die Hauptmenge des Destillats sollte in einem engen Temperaturintervall übergehen; zum Schluß ggf. Nachlauf auffangen. Nicht überhitzen!

• Apparatur nach beendeter Destillation nicht heiß öffnen, erst nach Abkühlen auseinandernehmen.

• Bei Ihrer ersten Destillation müssen Aufbau und Schliffverbindungen der Apparatur unbedingt vom Assistenten überprüft werden.

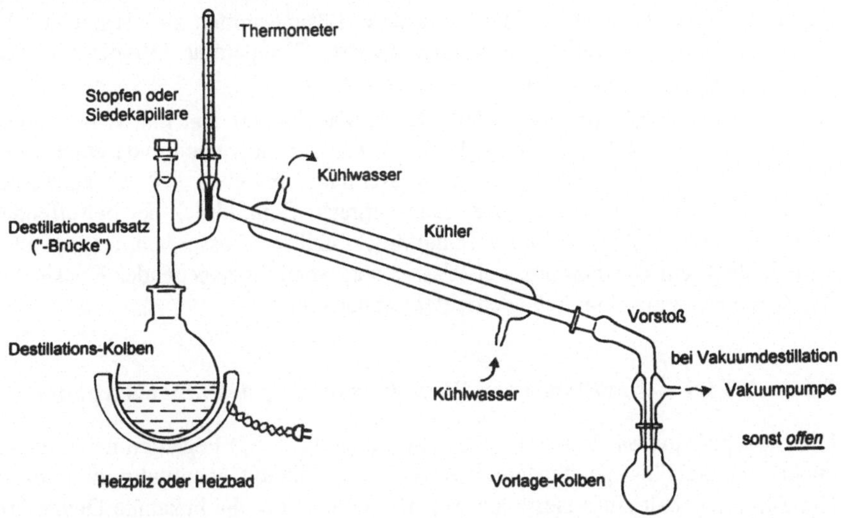

Abb. 18. Einfache Destillationsapparatur aus Normschliff-Teilen. Als Vorlage kann auch ein offener Erlenmeyerkolben dienen, falls die Substanzen ungefährlich, nicht zu niedrig siedend und nicht feuchtigkeitsempfindlich sind. Bei sehr niedrig siedenden Flüssigkeiten sollte man die Vorlage mit Eis kühlen.

Vakuumdestillationen erfordern eine Apparatur mit Vorrichtungen für Druckregulierung und -messung sowie zum Wechseln von Vorlagen unter Vakuum. Destillieren im Vakuum setzt gewisse Erfahrung voraus und wird in diesem Praktikum i.a. nicht ausgeführt.

Destillationskolonnen werden benötigt, wenn zu trennende Substanzen nur geringe Siedepunktsunterschiede haben. In den mit unterschiedlichen Füllkörpern oder Glaskonstruktionen versehenen Kolonnen wiederholen sich Verdampfen und Kondensieren vielfach im Gegenstrom, bis sich die Komponenten schließlich in verschiedenen Fraktionen anreichern ("Rektifikation"). Die Trennwirkung einer Kolonne wird als Vielfaches des Trenneffektes einer einfachen Destillation ausgedrückt ("theoretische Böden"). Müssen Sie eine Kolonnendestillation durchführen, so empfiehlt es sich, sachkundigen Rat einzuholen.

Rotationsverdampfer (Rotavaporen) sind im Labor verbreitete Standardgeräte für einfache Destillationen, in denen i.a. nicht das flüchtige Destillat (Lösungsmittel), sondern ein im Destillationskolben verbleibendes schwerflüchtiges Produkt gewonnen werden soll. Die Geschwindigkeit des Abdestillierens wird durch Vakuum und durch Vergrößerung der Oberfläche bei fortwährendem Rotieren des Kolbens erhöht. Zur Vakuumerzeugung sollen anstelle von Wasserstrahlpumpen (hoher Wasserverbrauch !) Membranpumpen verwendet werden. Zwischen Gerät und Pumpe ist eine Kühlfalle zu schalten, um Belastung von Abwasser oder Luft durch leicht flüchtige Lösungsmittel zu vermeiden. Im Rotavapor läßt sich auch Wasser bei niederer Temperatur (30–40 °C) vergleichsweise rasch abdampfen.

Wasserdampfdestillation: Eine Methode zur Destillation von mit Wasser nicht mischbaren, hochsiedenden Flüssigkeiten - z.B. zur Gewinnung von etherischen Ölen und Essenzen - gemeinsam mit Wasserdampf bei etwa 100 °C unter Ausnutzung des Daltonschen Gesetzes: Zum geringen Dampfdruck der betreffenden Substanz addiert sich der hohe Dampfdruck heißen Wasserdampfes; erhalten wird folglich ein Destillat aus viel Wasser und wenig hochsiedender Flüssigkeit, das sich anschließend im Scheidetrichter trennen läßt.

Versuch 3.1.1 :   Destillation von Wein, Bestimmung des Ethanolgehaltes

Die Siedepunkte von Wasser (°C) und Ethanol (°C) liegen zu nahe beieinander, um die Flüssigkeiten durch einfache Destillation quantitativ zu trennen. Der Alkoholgehalt eines Destillats läßt sich jedoch über die bekannte Dichte von Ethanol-Wasser-Gemischen bestimmen (→ Tabellenwerke, z.B. Deutsches Arzneibuch DAB).

In einem 250 mL-Rundkolben werden ca. 150 g Wein auf 0,1 g genau eingewogen; die Dichte des Weins ist mit einem Aräometer zu bestimmen. Dann setzt man eine Destillationsbrücke auf und destilliert. Dabei wird der Siedepunkt verfolgt und aller Alkohol abdestilliert, bis der Siedepunkt deutlich über 78°C steigt. Das Destillat (ca. 40 mL) wird in einem Vorlagekölbchen bekannten Gewichts aufgefangen und ausgewogen. Das Destillat wird dann in einen Meßzylinder umgefüllt und der Ethanolgehalt mit einem Alkoholometer (= auf Ethanol-Wasser-Gemische geeichtes Aräometer) ermittelt; gegebenenfalls muß mit dest. Wasser verdünnt werden. Aus der Menge des eingesetzten Weins und des abdestillierten Alkohols ist der Ethanolgehalt zu berechnen.

Apropos Ethanol-Destillation: Die Reinigung vergällten Alkohols ist *keine wissenschaftliche Aufgabe*, durch Destillation i.a. ohnehin nicht zu erreichen und wird daher im chemischen Grundkurs nicht behandelt.

Versuch 3.1.2 : Trocknung und Destillation von Methanol

Methanol (Sdp. 64,5 °C) ist nicht nur ein wichtiges Lösungs-, Extraktions- und Kälteübertragungsmittel im chemischen Laboratorium, sondern auch eine wichtige Industriechemikalie. Methanol ist mit Wasser unbegrenzt mischbar und bildet im Gegensatz zu Ethanol kein Azeotrop mit Wasser. Die Substanz ist giftig, aber ohne besondere Schutzmaßnahmen zu handhaben. Vergiftungen erfolgen meist durch Verwechslung mit Ethanol bei oraler Aufnahme; die tödliche Dosis kann schon mit 5 mL (!) erreicht sein. Methanol ruft Schwindelanfälle, Herzkrämpfe, Nervenschädigungen und Erblindung hervor.

Als Lösungsmittel wird Methanol oft in vollkommen *wasserfreier* Form benötigt, was bei der technischen Herstellung nicht erreicht werden kann. Methanol mit < 1 % Wassergehalt trocknet man durch Reaktion mit Magnesium zum Alkoholat, das durch das anwesende Wasser zu Magnesiumoxid hydrolysiert wird; der in der Redoxreaktion gebildete Wasserstoff entweicht. Anschließend wird der nun wasserfreie Alkohol abdestilliert.

$$2\ CH_3OH + Mg \xrightarrow[-H_2]{} (CH_3O)_2Mg \xrightarrow{+H_2O} 2\ CH_3OH + MgO$$

Durchführung:

In einem 250 mL-Rundkolben mit Rückflußkühler und Trockenrohr werden 1 g Magnesiumspäne mit 20 mL Methanol übergossen und erhitzt, bis alles in grauweißes Magnesiummethanolat umgewandelt ist. Man gibt durch den Kühler 100 mL Methanol hinzu und kocht noch 1 h unter Rückfluß. Nach dem Abkühlen auf Raumtemperatur wird der Rückflußkühler rasch durch eine trockene

Destillationsbrücke (warm aus dem Trockenschrank) ersetzt, die mit einem Trockenrohr am Vorstoß sowie Thermometer versehen ist. Bei der anschließenden Destillation werden zunächst ca. 15 mL Vorlauf abgenommen, die für Reinigungszwecke verwendet werden können. Dann wird das wasserfreie Methanol in einem Rundkolben aufgefangen, der vorher im Trockenschrank getrocknet und unmittelbar nach dem Herausnehmen verschlossen worden ist. Die Siedetemperatur des absoluten Methanols wird notiert.

Versuch 3.1.3 :   Isolierung von (+)-Limonen aus Apfelsinenschalen

Hauptbestandteil des etherischen Öls von Citrusfrüchten ist (+)-Limonen, ein cyclischer Kohlenwasserstoff aus der Reihe der Terpene (4-Isopropenyl-1-methylcyclohexen $C_{10}H_{16}$). Das enantiomere (–)-Limonen ist in Koniferennadeln enthalten.

Zur Wasserdampfdestillation arbeiten mehrere Gruppen zusammen. 500 g Apfelsinenschalen werden in einem Mixer mit insgesamt 1 L Wasser zu Brei geschlagen und in einen 2-Liter-Kolben gefüllt. In einem Heizpilz wird der Inhalt des Kolbens bis auf 95 °C erhitzt. Dann wird die Dampfzuführung angeschlossen, das Ableitungsrohr mit einem Kühler verbunden und das Destillat in einer Vorlage aufgefangen. Von Zeit zu Zeit prüft man in einem Reagenzglas, ob das abtropfende Destillat noch Öl mit sich führt. Geht nichts mehr über, gibt man *nach Abkühlen* 100 mL Ether zum Destillat und trennt beide Phasen in einem Scheidetrichter.

Zur etherischen Lösung gibt man 15 g wasserfreies Natriumsulfat, um im Ether gelöstes Wasser zu entfernen. Nach 10 min und mehrmaligem Umschütteln dekantiert man vorsichtig in einen 250 mL-Kolben und dampft den Ether am Rotavapor ab.

Das zurückbleibende Öl ist noch nicht rein. Zur Verwendung in Seife oder in Likören müßte es durch Vakuumdestillation weiter fraktioniert werden (Siedepunkt 176 °C bei Normaldruck). Vergleichen Sie den Geruch des Rohproduktes mit einer authentischen Probe: Schon 2–3 % Verunreinigung beeinträchtigen den Duft der Substanz. Eine Reinheitsprüfung ist über die Messung der optischen Aktivität möglich (Drehung der Ebene polarisierten Lichts nach rechts, spezifische Drehung $[\alpha]_D = 124\,°$).

Extrahieren

Hydrophobe Naturstoffe, die nicht in Wasser löslich sind, aber auch nicht durch Destillation gewonnen werden können (z.B. Alkaloide, Lipide) extrahiert man aus biologischem Material mit organischen Lösungsmitteln wie Ether, Ethanol oder Methanol/Chloroform. Sind die Substanzen hitzestabil, so verwendet man einen Heißextraktor (z.B. nach Soxhlet), in dem das feingepulverte Material in einer Hülse aus Filterkarton längere Zeit von zirkulierendem, siedendem und kondensierendem Lösungsmittel ausgelaugt wird. Umgekehrt werden wasser-lösliche Stoffe (Zucker, Aminosäuren) durch Auskochen mit Wasser extrahiert. Werden Stoffe bei Normaltemperatur mit Lösungsmittel extrahiert, so spricht man von Perkolation. Schließlich gibt es Apparate zur Flüssig-Flüssig-Extraktion zwischen zwei nicht mischbaren Lösungsmitteln (Perforatoren). Wir beobachten hier einen einfachen Fall der Extraktion eines Lipids.

Versuch 3.1.4 :   Extraktion von Trimyristin aus Muskatnuß

Trimyristin, ein Lipid der fettreichen Muskatnußsamen, ist der Ester aus Glycerin und drei Molekülen Myristinsäure (= Tetradecansäure, $C_{14}H_{28}O_2$). Struktur und Verseifung solcher "Triglyceride" sind in Kapitel 3.6 beschrieben.

$$CH_2-O-COC_{13}H_{27}$$
$$|$$
$$CH-O-COC_{13}H_{27}$$
$$|$$
$$CH_2-O-COC_{13}H_{27}$$

In einen 250 mL-Rundkolben gibt man 100 mL Ethanol und einen Rührkern. Man versieht den Kolben mit einem Heißextraktionsaufsatz, der in einer passenden Extraktionshülse 10 g gepulverte Muskatnuß enthält, die mit etwas Watte abgedeckt wird. Auf den Extraktionsaufsatz steckt man einen Rückflußkühler. Man kocht ca. 2 h unter Rückfluß und achtet darauf, daß das Kondensat stets in die Hülse tropft. Beim Abkühlen fallen aus der ethanolischen Lösung farblose Kristalle aus, die abgesaugt werden. Nach dem Trocknen an der Luft werden die Produktmenge, die Ausbeute bezogen auf die eingesetzte Menge Muskatnuß und der Schmelzpunkt bestimmt (Schmp. 56–57 °C). Heben Sie das Präparat für Versuch 3.6.7 auf.

Umkristallisieren

Rekapitulieren Sie Versuch 1.2.2 über die Strofftrennung durch unterschiedliche Löslichkeiten und die Technik des Umkristallisierens. Organische Stoffe enthalten nicht selten - wenn auch nur in kleiner Menge - bei der Herstellung oder bei längerer Lagerung entstehende Neben- und Zersetzungsprodukte, die gelbliche bis tief braune Färbungen verursachen. Sie sind dann für viele Zwecke, insbesondere für spektroskopische Messungen oder Enzymreaktionen ungeeignet und müssen vor Gebrauch umkristallisiert werden. Löslichkeit und geeignete Lösungsmittel können i.a. in Tabellenwerken nachgeschlagen werden. Andernfalls muß man in Vorversuchen mit kleinen Proben im Reagenzglas das geeignete Lösungsmittel finden, wobei man typischerweise Ethanol, Toluol, Wasser, Petrolether und Essigsäureethylester ("Essigester") der Reihe nach probiert. Vorsicht beim Arbeiten mit brennbaren Lösungsmitteln! Keinesfalls mit offener Flamme zum Sieden bringen!

Nach dem Absaugen der umkristallisierten Substanz müssen die Kristalle getrocknet werden. Die Reste organischer Lösungsmittel sind im Vakuum leicht zu entfernen. Zur Entfernung von Wasser wird ein Exsikkator zusätzlich mit einer Schale Trockenmittel beschickt, z.B. mit Kieselgel ("Blaugel" mit Feuchtigkeitsindikator, wiederverwendbar, Standardmethode), wasserfreiem $CaCl_2$, oder Phosphorpentoxid P_4O_{10} (besonders hygroskopisch, aber zerfließend und nicht wiederverwendbar. Ätzend! R35, S 22/26).

Von der getrockneten Substanz wird der Schmelzpunkt bestimmt und mit dem bekannten Literaturwert verglichen. Noch nicht bis zur Reinheit umkristallisierte, noch Verunreinigungen enthaltende Präparate schmelzen bei deutlich *niedrigerer* Temperatur als der reine Stoff. Zur Schmelzpunktbestimmung beobachtet man einige Kriställchen im Schmelzpunktsröhrchen oder auf dem Objektträger eines Mikroskops mit Heiztisch (Kofler-Schmelzpunktapparat) bei *langsamer* Aufheizgeschwindigkeit (ab 15 Grad unterhalb des erwarteten Schmelzpunkts nicht schneller als 2 Grad/min). Im Moment der Verflüssigung der Substanz liest man das Thermometer oder die Digitalanzeige ab.

Im Falle unbekannter Verbindungen kann eine Schmelzpunktsbestimmung auch zur Identifizierung dienen: Steht eine authentische Substanz desselben Schmelzpunkts zur Verfügung und bleibt ein "Mischschmelzpunkt" unverändert, so sind die Stoffe identisch. Sind sie verschieden, so sinkt der Schmelzpunkt des Gemisches erheblich, da sich die beiden Stoffe gegenseitig verunreinigen.

Versuch 3.1.5 :   Reinigung gefärbter Benzoesäure durch Umkristallisieren

Benzoesäure kommt im Pflanzenreich vor und ist als Konservierungsstoff für Lebensmittel zugelassen. Sie ist eine schwache Säure ($pK_a = 4{,}21$) und kristallisiert in glänzenden Blättchen vom Schmelzpunkt 122 °C.

$$\langle\!\!\!\bigcirc\!\!\!\rangle\text{--COOH}$$

Eine verfärbte, verunreinigte Benzoesäure soll durch Umkristallisieren unter Zusatz gekörnter Aktivkohle als Adsorptionsmittel gereinigt werden.

Vorversuche: Prüfen Sie zunächst im Reagenzglas, in welchem der obengenannten Lösungsmittel sich die Benzoesäure in der Hitze (beim Sieden) gut und in der Kälte möglichst wenig löst. Ermitteln Sie für das Solvens, das den Test am besten bestanden hat, das Mengenverhältnis Solvens/Benzoesäure.

Umkristallisation: In einem 250 mL-Erlenmeyerkolben werden 3 g verschmutzte Benzoesäure mit 40 mL Wasser, ca. 0,5 g gekörnte Aktivkohle und ein Rührkern vorgelegt. Man erhitzt den Inhalt zum Sieden und gibt ggf. portionsweise noch Wasser zu (nicht zu viel!), bis sich die Benzoesäure vollständig gelöst hat. Anschließend filtriert man die heiße Lösung über einen Faltenfilter im Glastrichter, die beide im Trockenschrank vorgewärmt wurden. Die nach dem Abkühlen der Lösung ausgefallene Benzoesäure wird über einen Büchnertrichter abgesaugt und mit wenig kaltem Wasser bis zur Farblosigkeit nachgewaschen. Nach dem Trocknen der Säure über P_4O_{10} im Vakuumexsikkator werden Menge, Ausbeute und Schmelzpunkt bestimmt.

Fragen und Anregungen

1. Welche der in diesem Kapitel beschriebenen Reinigungsverfahren werden bei der Gewinnung von Zucker (Saccharose) aus Zuckerrüben im technischen Maßstab angewandt? (Kennen Sie etwa keine Zuckerfabrik?)

2. Unter Druck verflüssigtes Kohlendioxid ("überkritisches CO_2") hat ein gutes Lösungsvermögen für organische Stoffe. Man kann damit beispielsweise Coffein aus Kaffeebohnen (Gehalt ca. 1,5 %) extrahieren. Welchen offensichtlichen Vorteil hat diese Entcoffeinierung gegenüber Extraktion mit Lösungsmitteln wie z.B. Dichlormethan?

3. Warum kann man auf Himalaya-Gipfeln Eier nicht hart kochen?

4. Bei welcher Temperatur sieden Benzin bzw. Dieselkraftstoff? Sind dies einheitliche chemische Substanzen?

5. In der im Labor verwendeten Wasserstrahlpumpe wird die Luft aus einem angeschlossenen Gefäß in den Wasserstrahl gesaugt und mitgerissen, so daß ein Vakuum entsteht; der niedrigste erreichbare Druck in der Anlage unterschreitet allerdings nicht etwa 15 mbar. (Zum Vergleich: Mechanische Vakuumpumpen erreichen < 0,1 mbar). Wodurch ist das Endvakuum der Wasserstrahlpumpe festgelegt, und von welcher äußeren Bedingung ist es abhängig?

6. Bei kaltem, aber sonnigem und trockenem Winterwetter wird eine Schneedecke allmählich dünner, ohne zu schmelzen. Warum verschwindet die kristalline Wasserphase, wie nennt man den Phasenübergang?

7. Betrachten Sie die Dampfdruckkurven in Abb.16. Warum siedet Methanol bei niedrigerer Temperatur als Wasser, obwohl seine Molmasse (   ) erheblich größer ist als die von Wasser (   ) ?

8. Ordnen Sie folgende Verbindungen nach steigendem Siedepunkt und erklären Sie auffällige Unterschiede aufgrund von Molmasse und intermolekularen Wechselwirkungen ($\rightarrow$ Kapitel 1.2): CH_3COOH, CH_3OH, CH_4, C_6H_{12}, $C_6H_{12}O_6$ (Glucose), CH_3COOCH_3 (Essigsäuremethylester). Zucker sind offensichtlich nicht flüchtig, weil .... Wie kann man sie dennoch einer Analyse durch Gaschromatographie (GC) zugänglich machen? ($\rightarrow$ "Derivatisierung", Instrumentelle Analytik).

9. Flüssiger Stickstoff wird für Arbeiten bei sehr tiefer Temperatur und zur Aufbewahrung biologischer Proben verwendet (Betriebsanweisungen beim Umgang damit und mit Dewar-Isoliergefäßen beachten !) Das verflüssigte Gas siedet bei 77 K =   °C. "Flüssige Luft", die auch Sauerstoff vom Siedepunkt 90 K =   °C enthält soll *nicht* verwendet werden, denn bei längerer Aufbewahrung verändert sich ihre Zusammensetzung – in welcher Richtung ? Warum können Reste flüssiger Luft sogar sehr gefährlich sein?

3.2 Reaktionskinetik und Katalyse

Reaktionen zwischen Atomen und Molekülen bedeuten Bindungswechsel und Strukturveränderungen und benötigen *Zeit*, die allerdings sehr unterschiedlich kurz oder lang sein kann. Protonenübertragungen zwischen Säuren und Basen verlaufen außerordentlich rasch (im Bereich von Nano- und Mikrosekunden, früher "unmeßbar schnell" genannt), Reaktionen zwischen einfachen anorganischen Teilchen in Lösung gehen i.a. schnell (z.B. Ausfällungen, Komplexbildung, Redoxreaktionen), aber Reaktionen zwischen organischen Stoffen und insbesondere Makromolekülen können oft lange Zeit in Anspruch nehmen (Minuten, Stunden, Tage). Die Unterschiede sind in der Struktur der individuellen Moleküle begründet; sie hängen auch stark von äußeren Bedingungen wie Lösungsmittel und Temperatur ab. Aus theoretischen wie praktischen Gründen will man Reaktions*geschwindigkeiten* messen und bei Bedarf beeinflussen können.

Man unterscheidet in Chemie und Biochemie häufig zwischen Reaktionen, die "thermodynamisch kontrolliert" und anderen, die "kinetisch kontrolliert" sind; das ist wichtig, um ihre Mechanismen zu durchschauen. Die *grundsätzliche Möglichkeit* des Eintritts einer chemischen Reaktion wird von den thermodynamischen Größen ΔG, ΔH und ΔS bestimmt (Kapitel 1.2). Die absolute Größe von ΔG bestimmt aber *nicht, daß* und *wie schnell* eine mögliche Reaktion auch tatsächlich abläuft: Sonst müßte alle organische Materie in unserer sauerstoffhaltigen Erdatmosphäre spontan verbrennen, denn ΔG für die Oxidation von Glucose zu Kohlendioxid und Wasser beträgt -2840 kJ/mol. Offenbar treten viele thermodynamisch erlaubte Umsetzungen nicht ein, solange nicht als zusätzliche Bedingung eine bestimmte *Aktivierungsenergie* verfügbar ist; wir müssen also auch die Gesetzmäßigkeiten der kinetischen Kontrolle von prinzipiell reaktionsfähigen Substanzgemischen kennen.

Reaktionskinetik

Zunächst betrachten wir den Formalismus und die Messung der Reaktionsgeschwindigkeit. Zwei Teilchen A und B reagieren miteinander, wenn sie bei ihren thermischen Bewegungen in Lösung oder in der Gasphase unmittelbar zusammenstoßen. Im einfachsten Falle (von anderen limitierenden Faktoren abgesehen) ist dann die Reaktionsgeschwindigkeit v = zeitliche Zunahme der Endprodukte oder zeitliche Abnahme der Ausgangsstoffe proportional den Konzentrationen *beider* Substanzen:

$$v = -\frac{d[A]}{dt} = k_2 \cdot [A] \cdot [B]$$

Diese Situation nennt man eine "Reaktion 2. Ordnung". Die zugehörige Geschwindigkeitskonstante k hat die Dimension $L \cdot mol^{-1} \cdot s^{-1}$. In Zersetzungs- oder Zerfallsreaktionen ist dagegen die Geschwindigkeit nur von der Konzentration des *einen*, instabilen Stoffes abhängig, so z. B. beim radioaktiven Zerfall oder in einer Gasreaktion wie $N_2O_5 \rightarrow 2\,NO_2 + \frac{1}{2}\,O_2$.

$$v = -\frac{d[A]}{dt} = k_1 \cdot [A]$$

Dies ist eine "Reaktion 1. Ordnung" mit einer Geschwindigkeitskonstanten k der Dimension s^{-1}.

Reaktionen 3. oder höherer Ordnung, in denen drei oder mehr Teilchen zugleich zusammenstoßen müssen, sind aus statistischen Gründen sehr selten.

Aus der experimentellen Bestimmung der Reaktionsgeschwindigkeitskonstanten k und der Reaktionsordnung (siehe unten) läßt sich der zugrundeliegende Mechanismus entnehmen, allerdings nicht immer eindeutig. Bimolekular ablaufende Reaktionen können eine Kinetik 1. Ordnung haben ("pseudomonomolekular" ablaufen), wenn ein Reaktionspartner in großem Überschuß vorliegt und seine Konzentration praktisch konstant bleibt. Das ist bei Hydrolysereaktionen mit Wasser der Fall, und viele enzym-katalysierte Reaktionen (z. B. Esterhydrolysen) gehorchen diesem Typ:

$$v = -\frac{d[Ester]}{dt} = k_2\,[Ester] \cdot [H_2O] = k_1' \cdot [Ester]$$

Reaktionsgeschwindigkeiten sind von der Temperatur abhängig, da die kinetische Energie der reagierenden Moleküle und die Zahl ihrer Zusammenstöße mit der Temperatur wächst. Als Faustregel gilt, daß bei 10 Grad Temperatursteigerung Reaktionen um das 2- bis 4-fache schneller werden. Quantitativ stellt die *Arrhenius-Gleichung* einen Zusammenhang zwischen k, der absoluten Temperatur T und der Aktivierungsenergie E_a her (R = Gaskonstante; A hängt mit sterischen Verhältnissen zusammen und kann hier als konstant betrachtet werden):

$$k = A \cdot e^{-E_a/RT}$$

Logarithmiert lautet der Ausdruck:

$$\log k = -\frac{E_a}{2,3\,R} \cdot \frac{1}{T} + \log A$$

Dies entspricht einer Geradengleichung. Zur Ermittlung der interessanten Größe Aktivierungsenergie mißt man daher k bei verschiedenen Temperaturen und trägt log k gegen 1/T auf; die Neigung ist $-E_a/2{,}3$ R.

Um Reaktionsgeschwindigkeiten zu messen, muß man bei konstanter Temperatur irgendeine chemische oder physikalische Eigenschaft des Systems, die für Ausgangs- oder Endstoffe charakteristisch ist (Farbe, pH, Leitfähigkeit o. dergl.) über ein größeres Zeitintervall verfolgen. Die Analysenmethode muß im Vergleich zur Reaktion viel schneller sein; wenn das nicht möglich ist, müssen zu bestimmten Zeiten Proben genommen und die Reaktion eingefroren oder chemisch gestoppt werden.

Versuch 3.2.1 :   Kinetik der alkalischen Esterhydrolyse

Ester sind die Kondensationsprodukte aus Säuren und Alkoholen. Sie werden durch Hydroxidionen wieder gespalten unter Rückbildung des Alkohols und eines Salzes der zugrundeliegenden Säure; die alkalische Hydrolyse nennt man auch "Verseifung" (Versuch 3.6.7).

$$CH_3COO\text{-}C_2H_5 + OH^- \;\rightarrow\; CH_3COO^- + C_2H_5OH$$

Essigsäureethylester   Acetat   Ethanol

Zur Messung der Reaktionsgeschwindigkeit und der Konstante k dieser Reaktion bestimmt man in gewissen Zeitabständen die abnehmende OH^--Konzentration titrimetrisch. Wegen der Stöchiometrie gibt dieser Wert auch die aktuelle Esterkonzentration wieder. Allerdings kann man Proben der Reaktionsmischung nicht direkt mit HCl titrieren, da die Titration Zeit braucht. Stattdessen zieht man Proben, unterbricht die Verseifung mit einer bekannten Menge HCl, titriert die überschüssige HCl zurück und ermittelt so die Menge der zu dem betreffenden Zeitpunkt schon verbrauchten NaOH.

Beispiel:

Zeit	NaOH-Verbrauch bei Titration	OH^- verbraucht für Reaktion	OH^- noch vorhanden
Start (0 min)	0,0 mL	0,000 mol/L	0,010 mol/L
Zeit t	4,0	0,004	0,006
Ende	10,0	0,010	0,000

Die Verseifung wird bei Raumtemperatur (messen!) und von einigen Arbeitsgruppen bei 5 °C und 10 °C in einem Eis/Wasser-Bad durchgeführt. Benötigte Lösungen: 0,1 N NaOH; 0,01 N NaOH; 0,01 N HCl; Phenolphthalein als Indikator. Der Faktor der NaOH-Lösungen muß bekannt sein oder durch Titration mit genau 0,01 N HCl bestimmt werden. Vorbereiten: Sechs markierte Erlenmeyerkolben mit je 10,0 mL HCl.

Durchführung: Man gibt in einen 100 mL-Meßkolben, der etwa 10 mL Wasser enthält, 2 mmol Ester (Dichte $\rightarrow$ Anhang), füllt mit 70 mL Wasser auf und schüttelt um. Die Reaktion wird nun durch Zugabe von 10,0 mL 0,1 N NaOH (das sind ...... mmol) gestartet. (Beachten Sie, daß $[OH^-]_{t=0} \neq [Ester]_{t=0}$ ist!) Als Nullpunkt der Reaktion (t_0) gilt der Zeitpunkt, an dem die Pipette halb ausgelaufen ist. Nach Zugabe wird sofort bis zur Eichmarke aufgefüllt und durchgeschüttelt. Unmittelbar anschließend wird eine 10 mL-Probe entnommen und in einen der vorbereiteten Erlenmeyerkolben mit HCl überführt. Der Zeitpunkt, an dem die Pipette halb ausgelaufen ist, ist t_1. Analog werden in Abständen von 5 Minuten drei (t_2, t_3, t_4) und dann in 10 Minuten-Intervallen zwei weitere Proben genommen (t_5, t_6).

In den sechs Proben wird der Überschuß an 0,01 N HCl durch Titration mit 0,01 N NaOH (Faktor!) bestimmt und die zu jedem Zeitpunkt vorhandene OH^--Konzentration wie oben tabellarisch erfaßt.

Auswertung: Die graphische Darstellung der Konzentrationen c gegen die Zeit t (Anfang: c_0, t_0) gibt eine nicht-lineare Umsatzkurve. Obwohl sich auch aus ihr k ermitteln ließe, ist es wegen der experimentellen Ungenauigkeiten günstiger, durch Integration und Umformung des Zeitgesetzes 2. Ordnung

$$v = -\frac{d[E]}{dt} = -\frac{d[OH^-]}{dt} = k_2[E] \cdot [OH^-] \qquad (E = Ester)$$

zu einer linearen Beziehung zwischen c und t zu kommen (Abb. 19). Dazu drückt man die Konzentrationen beider Reaktionspartner in nur einer aus. Da für die Spaltung eines Estermoleküls ein OH^--Ion verbraucht wird und $[OH^-]$ gemessen wurde, ist zu jeder Zeit t

$$[E]_t = [E]_{t=0} - ([OH^-]_{t=0} - [OH^-]_t)$$

und mit den Konzentrationen 0,02 bzw. 0,01 M bei t = 0 (s.o.) gilt

$$[E] = 0,01 + [OH^-] .$$

Also kann das Zeitgesetz ausgedrückt werden als

$$v = -\frac{d[OH^-]}{dt} = k_2 \cdot (0{,}01 + [OH^-]) \cdot [OH^-] = k_2 \cdot ([OH^-]^2 + 0{,}01[OH^-])$$

Integriert ergibt dies $\quad \dfrac{2{,}3}{0{,}01} \cdot \log \dfrac{0{,}01 + [OH^-]}{[OH^-]} = k_2 \cdot t + \text{const.}$

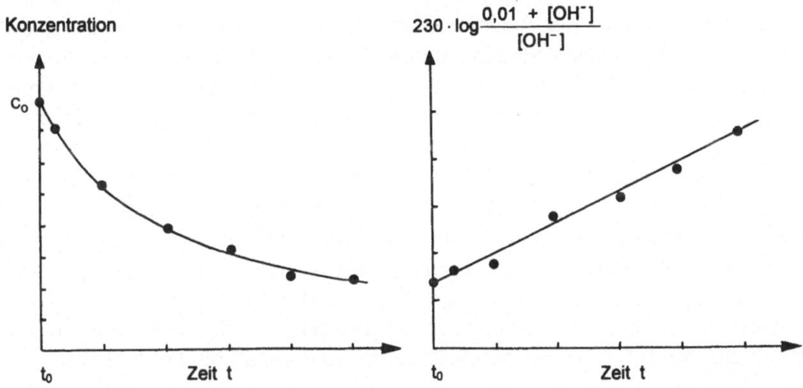

Abb. 19. Zeit-Umsatz-Kurve einer Esterhydrolyse (Reaktion 2. Ordnung). Links: Direkte Auftragung der Meßwerte. Rechts: Auswertung in Form einer linearen Beziehung (s. Text).

Man trägt für jede Zeit t (in Sekunden) den Wert des o.a. Logarithmus (linke Seite der Gleichung) graphisch auf und ermittelt aus der Steigung der durch die Punkte gelegten Geraden die Konstante k. Literaturwert: 0,11 L·mol^{-1}·s^{-1} bei 25° bzw. 0,08 L·mol^{-1}·s^{-1} bei 20 °C.

Die bei verschiedenen Temperaturen gefundenen Werte von k sollen verglichen und interpretiert werden. Aus der Arrhenius-Gleichung (s.o.) und den gemessenen Geschwindigkeitskonstanten für zwei verschiedene Temperaturen T_1, T_2 (in Kelvin) erhält man die Aktivierungsenergie E_a:

$$E_a = 2{,}3 \cdot R \cdot \frac{T_1 \cdot T_2}{T_1 - T_2} \cdot \log \frac{k \text{ bei } T_1}{k \text{ bei } T_2}$$

Anmerkung: In diesem Versuch ist bekannt, daß eine echte bimolekulare Reaktion 2. Ordnung vorliegt. Trotzdem sollten Sie prüfen, ob Ihre Meßwerte um die mathematisch abgeleitete Gerade statistisch streuen oder aber einen systematischen Gang haben. Wenn letzteres (in einem vorher nicht bekannten System) der Fall ist, müßten Sie daraus schließen, daß die Art der Auftragung unpassend ist und es sich möglicherweise *nicht* um eine Reaktion 2. Ordnung handelt.

Katalyse

Das Zustandekommen einer chemischen Reaktion ist ein statistischer, sehr komplexer Prozess, in dem es nicht genügt, daß zwei Moleküle zusammenstoßen; sie müssen zur Auslösung der Reaktion ausreichend hohe Energie besitzen und bei ausgedehnten organischen Molekülen auch an der richtigen Stelle zusammentreffen ("sterischer Faktor"). Auch wenn eine Reaktion zwischen A und B thermodynamisch möglich ist, tritt sie kinetisch nur dann ein, wenn die Aktivierungsenergie E_a zur Erreichung des *Übergangszustandes* $AB^{\ddagger}$ (Zustand höchster potentieller Energie während der Reaktion) verfügbar ist. Wird sie nur von einigen wenigen, besonders energiereichen Molekülen erreicht, so geht die betrachtete Reaktion nur langsam; führt man Energie als Wärme, Licht oder Strahlung zu, so können mehr Moleküle E_a erreichen und die Reaktionsgeschwindigkeit steigt. In einem Energiediagramm entlang der "Reaktionskoordinate" (x-Achse, symbolisiert den Ablauf der Reaktion) ist der "Energieberg" E_a für die Kinetik oft wichtiger als die verfügbare freie Energie ΔG zum "Energietal" hin (Abb. 20).

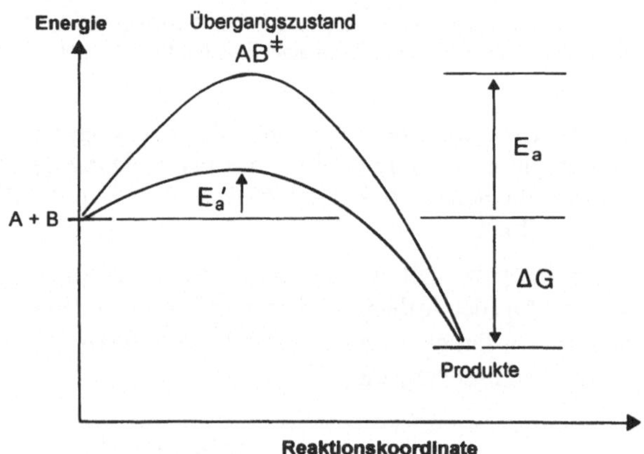

Abb.20. Vergleich der Aktivierungsenergien Ea bzw. Ea' für eine nicht-katalysierte und eine katalytisch beschleunigte Reaktion. $AB^{\ddagger}$ = Übergangszustand.

Bei gleichbleibender Temperatur kann eine Reaktionsgeschwindigkeit nur beeinflußt werden, wenn E_a kleiner wird:

> Katalysatoren beschleunigen eine chemische Reaktion, indem sie die Aktivierungsenergie erniedrigen und damit die Energie des Übergangszustandes absenken. Sie haben *keinen* Einfluß auf die durch ΔG bestimmte Gleichgewichtslage der Reaktion.

Eine Absenkung von E_a auf E_a' durch katalytisch wirksame Metalle, Enzyme oder andere Stoffe kann beispielsweise eintreten, wenn A und B gemeinsam auf der Katalysator-Oberfläche gebunden werden, wenn im Übergangszustand AB auftretende hohe Ladungen oder Bindungsspannungen kompensiert werden, oder mehrere derartige Effekte zusammentreffen. Allerdings sind Moleküle im Übergangszustand wegen dessen hoher Energie *nicht zu isolieren*. Die im Einzelfall für eine Reaktionsbeschleunigung verantwortlichen atomaren Wechselwirkungen zwischen Katalysator und Substrat sind daher schwierig zu analysieren und oft noch nicht bekannt. Die Vorstellung, daß ein Katalysator selbst unverändert bleibt, trifft meistens nicht zu.

Katalysatoren sind technisch wie physiologisch-chemisch von größter Bedeutung. Nennen Sie Beispiele! Man unterscheidet *homogene und heterogene Katalyse*, je nachdem, ob ein Katalysator homogen im Reaktionsgemisch gelöst ist (z.B. Säure, Metallionen, Enzyme), oder sich heterogen in fester Phase im System befindet (z.B. Edelmetalle, keramische Katalysatoren). Biochemisch sind die erstgenannten wichtiger, technisch oft die letzteren. Die Untersuchung von Katalyse-Effekten ist im Detail aufwendig, weil man viele Reaktionsgeschwindigkeiten messen muß. Die hier angeführten Beispiele von Säure-, Übergangsmetall- und Enzymkatalyse sind nur qualitativ und exemplarisch.

Versuch 3.2.2 : Säurekatalyse der Esterbildung

Protonen ermöglichen einfache und wirksame, wenn auch wenig spezifische Katalyse-Effekte ("allgemeine Säurekatalyse"), indem sie Moleküle protonieren, damit polarisieren und reaktiver machen. Bei der normalerweise sehr langsamen Esterbildung zwischen einer organischen Säure und einem Alkohol wirken Protonen durch Addition an die Carboxylgruppe, so daß sich das Gleichgewicht der Reaktion Säure + Alkohol $\rightleftarrows$ Ester + Wasser wesentlich schneller einstellt.

$$
\begin{array}{c}
\underset{\textstyle R\!-\!\overset{\displaystyle O}{\overset{\|}{C}}\!-\!OH + H^+}{} \;\rightleftarrows\; \left[\, R\!-\!\underset{OH}{\overset{OH}{\overset{|}{C}^+}} \;\xrightleftharpoons{+R'\!-\!OH}\; R\!-\!\underset{OH}{\overset{OH}{\overset{|}{C}}}\!-\!\overset{+}{O}\!<\!\begin{array}{l}R'\\H\end{array} \;\rightleftarrows\; R\!-\!\underset{^+OH_2}{\overset{OH}{\overset{|}{C}}}\!-\!OR' \right. \\[2em]
\left. \xrightleftharpoons{-H_2O}\; R\!-\!\underset{+}{\overset{OH}{\overset{|}{C}}}\!-\!OR' \,\right] \;\rightleftarrows\; H^+ + \; R\!-\!\overset{\displaystyle O}{\overset{\|}{C}}\!-\!OR' \qquad \text{Ester}
\end{array}
$$

Mischen Sie in Reagenzgläsern je 2 mL Ethanol, Isopropanol und *n*-Butanol mit je 1 mL Eisessig. Setzen Sie die erste Mischung doppelt an und stellen ein Glas als Kontrolle zur Seite. Geben Sie zu den anderen Mischungen je 1 Tropfen konz. Schwefelsäure. Erhitzen Sie alle Proben kurz zum Sieden (*Vorsicht*: Bei zu starkem Erhitzen brennbare Dämpfe!), lassen etwa 10 Minuten stehen und verdünnen dann mit je 5 mL Wasser. Die wasserunlöslichen, charakteristisch riechenden Ester scheiden sich als obere Phase ab. In der Kontrollprobe ohne Säure wird sich noch kein Ester gebildet haben.

Versuch 3.2.3 : Stärkeverzuckerung

Die 1,4-Glycosidbindungen zwischen den einzelnen Glucoseresten des Polysaccharids Stärke sind in Wasser stabil und nur unter sauren Bedingungen zu hydrolysieren (zum Bindungstyp und Reaktionsweise vgl. Kapitel 3.4), doch wird selbst die Säurekatalyse erst beim Erhitzen wirksam. Bereits bei Normaltemperatur katalysieren Amylasen die Glucosefreisetzung aus Stärke. (Sie kennen diese Reaktion im Speichel: Was schmecken Sie nach längerem Kauen von Brot?)

Amylasen sind weitverbreitete Enzyme; leicht zugängliche und aktive Präparationen stammen z.B. aus Pankreas, Süßkartoffel, oder Mikroorganismen. Ratsam für diesen Versuch ist partiell gereinigte bakterielle Amylase, die ca. 0,2 mg Protein/mL enthält (Aktivität ggf. in Vorversuch überprüfen).

Bereiten Sie eine 0,1 %-ige Stärkelösung (auf pH 7 eingestellt), pipettieren in vier Erlenmeyerkolben je 10 mL und setzen wenige Tropfen Iodlösung zu, so daß eine schwache, durchscheinende Blaufärbung entsteht. Ein Kolben bleibt als Kontrolle unverändert, zum zweiten und dritten fügt man 1 mL bzw. 2 mL Amylaselösung, zum vierten 1 mL Enzymlösung, die vorher einige Minuten gekocht wurde. Umschütteln! Bei Abbau der Stärke geht die Iod-Stärke-Färbung über rotviolettblaßgelb verloren. Beobachten Sie die Farbänderungen in den Kolben im Laufe der Zeit. Steht ein Wasserbad zur Verfügung, so inkubiere man auch Proben bei 40 °C; welchen Effekt erwarten Sie? Zum Vergleich der enzymkatalysierten und der nicht-enzymatischen Reaktion werden zwei weitere Proben von je 10 mL Stärkelösung mit 1 mL konz. HCl versetzt, eine über Nacht bei Raumtemperatur gehalten, die andere 5 Minuten gekocht und *anschließend* (nach Abkühlung) mit Iodlösung auf Stärkeabbau geprüft.

Versuch 3.2.4 : Wasserstoffperoxid-Zersetzung

Die Reaktionsweisen von H_2O_2 haben Sie in Kapitel 1.4 kennengelernt. Die reaktionsfähige, aber stabile Substanz entsteht in vielen sauerstoff-umsetzenden (aeroben) physiologischen Prozessen als "Nebenprodukt" und würde intrazellulär Schaden anrichten, wenn sie nicht wirkungsvoll durch Enzymkatalyse beseitigt würde; dazu enthalten alle aeroben Organismen hochaktive Katalasen und Peroxidasen. (Katalase gilt mit einer Wechselzahl von 100 000 Substratmolekülen$\cdot$ s^{-1} pro Enzymmolekül als aktivstes Enzym überhaupt.) Die Disproportionierung zu Wasser und Sauerstoff

$$2\,H_2O_2 \;\rightarrow\; 2\,H_2O + O_2 + \text{Energie}$$

wird auch durch Metallionen katalysiert, die leicht und reversibel ihre Oxidationsstufe wechseln können. Dabei sind diejenigen Metalle katalytisch wirksam, die auch in den aktiven Zentren der H_2O_2-zersetzenden Enzyme an der Katalyse beteiligt sind (Fe-Porphyrine, Mn-Komplexe).

Heterogene Katalyse: 3 %ige H_2O_2-Lösung wird mit einer Spatelspitze feingepulvertem Braunstein MnO_2 versetzt. Prüfen Sie die Temperatur!

Enzymkatalyse: Man fülle in mehrere Reagenzgläser je 5 mL 10 %ige H_2O_2-Lösung. Eines bleibt ohne Zusatz (Kontrolle). Zu den anderen gibt man je 0,5 mL hochverdünnte, reine Katalase-Lösung sowie Extrakte aus Hefe, frischer Kartoffel oder Leber, die man durch Zerreiben im Mörser mit etwas Wasser und Seesand und Abzentrifugation der Gewebs- und Zellreste frisch hergestellt hat. In welchen Fällen tritt Sauerstoffentwicklung ein? Kochen Sie die restlichen Enzymlösungen im Reagenzglas kurz auf und wiederholen Sie die Serie.

Versuch 3.2.5 : Vergiftung und Reaktivierung eines Enzyms

Ein in Mikroorganismen und Pflanzen verbreitetes, sehr aktives Enzym ist die Harnstoff spaltende Urease:

$$NH_2-CO-NH_2 + 2\,H_2O \;\rightarrow\; 2\,NH_4^+ + CO_3^{2-}$$

Unkatalysiert wird Harnstoff erst bei starkem Erhitzen gespalten. Erwärmen Sie eine Spatelspitze Harnstoff trocken im Reagenzglas und weisen Sie den entweichenden Ammoniak mit feuchtem Indikatorpapier und ggf. am Geruch nach.

Unter Enzymkatalyse verläuft die Harnstoffspaltung bei Normaltemperatur. Bereiten Sie in mehreren Reagenzgläsern je 5 mL 10 % ige Harnstoff-Lösung vor und versetzen sie mit 2 Tropfen des Indikators Bromthymolblau. Dieser Indikator schlägt während einer pH-Wert-Erhöhung bei pH 6 von gelb nach grün und bei pH 7,6 von grün nach blau um. Fügen Sie zu einem Glas 0,1 mL hochverdünnte Urease-Lösung und beobachten Sie die Farbveränderungen. Steht ein Leitfähigkeitsmeßgerät zur Verfügung, so verfolgen Sie die Harnstoffspaltung auch damit (wieso ändert sich die Leitfähigkeit der Lösung?).

Wie viele Katalysatoren wird Urease durch sehr kleine Mengen von Schwermetallen "vergiftet", die an Enzymgruppen binden, die für die Katalyse essentiell und besonders exponiert und reaktiv sind; häufig sind dies SH-Gruppen der Aminosäure Cystein. Geben Sie zu weiteren Reagenzgläsern mit Harnstoff-Lösung und Indikator ein Kriställchen Quecksilberchlorid (Gift!), ein Kriställchen Kupfersulfat, sowie Kupfersulfat zusammen mit 0,5 mL einer neutralen 0,1 M Cystein-Lösung. Dann versetzen Sie alle Gläser mit Enzym und vergleichen die Urease-Wirkung. Erklären Sie die Schutzfunktion des Cysteins gegen die Schwermetall-Inaktivierung!

Fragen und Anregungen

1. Die Verbrennung von Methan mit Sauerstoff zu CO_2 und Wasser ist stark exotherm und thermodynamisch günstig. Reaktionsgleichung:

   Jedoch sind Methan-Luft-Gemische bei Raumtemperatur in weiten Konzentrationsbereichen beständig. Warum führen Molekülstöße nicht zur Reaktion? Unter welchen Bedingungen und wo können allerdings katastrophale Umsetzungen eintreten?

2. Wie unterscheiden sich technische Katalysatoren und Biokatalysatoren (Enzymproteine) in praktischer Anwendung und Haltbarkeit?

3. Stickoxid NO reagiert schon bei geringer Konzentration mit Sauerstoff zu Stickstoffdioxid NO_2. Formulieren Sie die einfachste stöchiometrische Reaktionsgleichung und die formal zugehörige Reaktionsordnung. Äußern Sie eine Vermutung, ob dies dem tatsächlichen Ablauf der Reaktion entspricht.

4. Manche Katalysatoren bilden mit Reaktanden isolierbare, wenn auch hochreaktive Zwischenverbindungen (nicht zu verwechseln mit Übergangszuständen), aus denen heraus die Produktbildung erfolgt. Wie wird dann ein Energiediagramm analog Abb. 20 aussehen?

5. Was sind "Biosensoren"?

6. Was für Katalysatoren verwendet das Haber-Bosch-Verfahren der Ammoniak-Synthese aus Stickstoff und Wasserstoff? Obwohl ΔG der Reaktion bei Normaltemperatur negativ ist, werden Temperaturen über 400 °C angewandt - warum? Welche Organismen sind zur Fixierung von Luftstickstoff befähigt und wie wird dort die Reaktion katalysiert ?

7. Die Gleichgewichtseinstellung der Esterspaltung Ester + H_2O $\rightleftarrows$ Säure + Alkohol ist ebenso wie Esterbildung (Versuch 3.2.2) säurekatalysiert. Sie ist ein Beispiel für "Autokatalyse". Was stellen Sie sich unter dem Begriff vor?

8. Bei homogener Katalyse sind Säuren (H^+- bzw. H_3O^+-Ionen in Wasser, andere protonierte Moleküle in nichtwässrigen Medien) besonders häufige und wirksame Katalysatoren. Können Enzyme, die i.a. bei physiologischem pH-Wert aktiv sind, auch das Prinzip der Säurekatalyse nutzen (z.B. zur Spaltung von Estern oder Peptiden) und wenn ja, mit welchen funktionellen Gruppen? Kennen Sie - als Ausnahme - ein Enzym, das direkt in saurem Milieu vorliegt und wirkt?

9. Die Reaktion einer alkoholischen OH-Gruppe mit einer Carboxylgruppe im gleichen Molekül führt unter *intramolekularer* Veresterung zu sog. Lactonen. Die Lactonbildung in 4-Hydroxybuttersäure zu "Butyrolacton" ist etwa 100 mal schneller als die Reaktion zwischen Essigsäure und Ethanol in vergleichbarer Konzentration. Erklären Sie die unterschiedliche Kinetik!

10. Nur wenige chemische Reaktionen verlaufen ganz einheitlich. Neben einer Hauptreaktion A $\rightarrow$ B und deren Rückreaktion B $\rightarrow$ A treten meist Neben- oder Konkurrenzreaktionen A $\rightarrow$ C oder Folgereaktionen B $\rightarrow$ C ein, weil komplexe Moleküle auf verschiedenen Wegen zu verschiedenen Produkten werden können. Beispiele: Ethanol C_2H_5OH $\rightarrow$ C_2H_4 + H_2O *oder* $\rightarrow$ CH_3CHO + H_2; das sind .... Zerfall von Aceton: CH_3–CO–CH_3 $\rightarrow$ CH_4 + CH_2=C=O (Keten) $\rightarrow$ CO + ½ C_2H_4; das sind .... Die verschiedenen Reaktionen sind unterschiedlich schnell. Welche ist jeweils für Produktbildung "geschwindigkeitsbestimmend", die schnellste oder die langsamste? Welchen Einfluß werden Katalysatoren - insbesondere Enzyme - in derartigen Systemen zusätzlich zu ihrer beschleunigenden Wirkung haben?

3.3 Reaktionen gesättigter und ungesättigter Verbindungen

Die Strukturvielfalt und die verschiedenen funktionellen Gruppen organischer Moleküle bedingen viele unterschiedliche Reaktionsweisen. Die wichtigsten Reaktionstypen der organischen Chemie sind:

- *Substitution* = Ersatz eines Atoms oder einer funktionellen Gruppe an einem C-Atom durch eine andere Gruppe; Zahl und Art der Bindungen bleiben gleich. Ein solcher Austausch verläuft an gesättigten und aromatischen Verbindungen nach unterschiedlichen Mechanismen.

- *Eliminierung* = Abspaltung zweier Atome oder Gruppen von zwei verschiedenen C-Atomen unter Bildung einer neuen Mehrfachbindung im Molekül. *β-Eliminierung* von zwei benachbarten Atomen ist der Normalfall. *α-Eliminierung* heißt die Abspaltung von *einem* C-Atom unter Bildung eines Carbens.

- *Addition* = Anlagerung eines Moleküls an eine Doppel- oder Dreifachbindung unter Knüpfung neuer kovalenter Bindungen ("Sättigung" der Doppelbindung). Viele wiederholte Additionsvorgänge führen zu *Polymerisation*.

Einige wenige solcher Reaktionen lernen wir exemplarisch kennen. Eine weitere wichtige Kategorie, *Umlagerungsreaktionen* (Isomerisierungen) lassen sich hier nicht experimentell bearbeiten. Spezielle Reaktionsweisen funktioneller Gruppen wie Reduktion, Diazotierung, Decarboxylierung kommen in den folgenden Kapiteln vor. Fast alle dieser Mechanismen finden sich auch in Stoffwechselreaktionen wieder. Eine moderne Arbeitsrichtung der Chemie bemüht sich, die Prinzipien der unter besonders milden Bedingungen ablaufenden biochemischen Prozesse auf organische Synthesen zu übertragen ("Bioorganische Chemie", "biomimetische Synthesen").

In den Reaktionen an Kohlenstoffgerüsten können je nach Partner und der Art der Neuverteilung von Bindungselektronen Kohlenstoffzentren mit einer Elektronenlücke, mit *einem* einzelnen Elektron oder mit einem Elektronen*paar* als reaktive Zwischenstufe auftreten. Diese Species heißen:

Substitutionsreaktionen

Wenn ein Kohlenstoffatom durch benachbarte Substituenten wie Sauerstoff oder Halogen positiv polarisiert ist, so muß ein neuer Reaktionspartner *nucleophil* (ein Teilchen mit Elektronenpaar) sein, es erfolgt eine *nucleophile Substitution* S_N. Hat dagegen das reaktionsfähige Zentrum Elektronenüberschuß, so muß der Reaktionspartner *elektrophil* (Teilchen mit Elektronendefizit) sein, um eine *elektrophile Substitution* S_E einzuleiten. S_N-Reaktionen dominieren in Alkylverbindungen, S_E-Reaktionen sind typisch für aromatische Systeme; sie werden in Kapitel 3.5 gesondert beschrieben.

Nucleophil = elektronenreiches (negativ polarisiertes oder geladenes) Teilchen, das an einem elektronenarmen Reaktionszentrum (Atom"kern") angreift

Elektrophil = elektronenarmes (positiv polarisiertes oder geladenes) Teilchen, das an einem Reaktionszentrum hoher Elektronendichte angreift

---

Im Fall einer nucleophilen Substitution erkennt man aus den Reaktionsgeschwindigkeiten und anderen Beobachtungen, daß es zwei Reaktionswege gibt, die als S_N1 und S_N2 unterschieden werden.

S_N1-Reaktion:
$$- \frac{d[RX]}{dt} = k_1 \cdot [RX]$$

$$\underset{\underset{CH_3}{|}}{\overset{\overset{CH_3}{|}}{CH_3-C-X}} \quad \rightarrow \quad \underset{\underset{CH_3}{|}}{\overset{\overset{CH_3}{|}}{CH_3-C^+}} \; X^- \quad \overset{+Y^-}{\underset{-X^-}{\rightarrow}} \quad \underset{\underset{CH_3}{|}}{\overset{\overset{CH_3}{|}}{CH_3-C-Y}}$$

Eine Alkylverbindung dissoziiert langsam in ein Anion (z.B. Halogenid) und ein Carbeniumion, das sich rasch mit dem anwesenden Nucleophil vereinigt. Die Reaktion ist nur von der Konzentration *eines* Stoffes abhängig (R. 1. Ordnung).

S_N2-Reaktion:
$$- \frac{d[RX]}{dt} = k_2 \cdot [RX] \cdot [Y^-]$$

$$\underset{\underset{H}{|}}{\overset{\overset{H}{|}}{CH_3-C-X}} \quad \overset{+Y^-}{\rightarrow} \quad \left[\underset{\underset{H}{|}}{Y\cdots \overset{H \;\; CH_3}{\underset{}{C}} \cdots X^-} \right]^{\ddagger} \quad \overset{}{\underset{-X^-}{\rightarrow}} \quad \underset{\underset{H}{|}}{\overset{\overset{H}{|}}{Y-C-CH_3}}$$

Diese Reaktion verläuft nicht über ein Carbeniumion, sondern Austritt von X und Knüpfung der Bindung zu Y erfolgen *gleichzeitig an verschiedenen Seiten* des substituierten C-Atoms. Es wird ein charakteristischer *Übergangszustand* durchlaufen, der definitionsgemäß nicht isoliert werden kann. Die Reaktionsgeschwindigkeit ist von den Konzentrationen *beider* Teilnehmer abhängig (Reaktion 2. Ordnung, bimolekular).

Ob eine Alkylverbindung nach S_N1 oder S_N2 reagiert, hängt davon ab, ob das Carbeniumion oder der Übergangszustand energetisch günstiger ist; beide variieren mit der Struktur von R-X und dem Lösungsmittel. Tertiäre Alkylverbindungen, in denen das Kation durch drei Alkylreste elektronisch begünstigt ist, reagieren meist nach S_N1, ebenso räumlich fixierte cyclische Systeme. Die meisten primären Alkylverbindungen gehen S_N2-Reaktionen ein. Beide Wege haben wichtige stereochemische Konsequenzen, z.B. für chirale, optisch aktive Naturstoffe: An dem intermediär entstehenden, trigonal-planaren (dreibindigen) Kohlenstoff der S_N1-Reaktion tritt Racemisierung ein. Im Übergangszustand der S_N2-Reaktion erfolgt unter "Umklappen" der Konfiguration eine Inversion ("Waldensche Umkehr"; bildlich: Regenschirm!), so daß beispielsweise aus L-Milchsäure das Bromderivat D-Brompropionsäure entsteht, aus dem in einer zweiten S_N2-Reaktion L-Alanin erhalten werden kann. (vgl. Abb. 14). Diese Zusammenhänge haben in der Strukturaufklärung der natürlichen chiralen Zucker, Hydroxy- und Aminosäuren eine große Rolle gespielt.

Versuch 3.3.1 : S_N1-Reaktionen: *tert*-Butylchlorid

Die Umwandlungen von Alkoholen in reaktionsfreudige Halogenverbindungen und umgekehrt sind besonders häufige Beispiele nucleophiler Substitution.

$$\begin{array}{ccc}
 & CH_3 & & & CH_3 & \\
 & | & & & | & \\
CH_3\!-\!C\!-\!OH + HCl & \rightarrow & CH_3\!-\!C\!-\!Cl + H_2O \\
 & | & & & | & \\
 & CH_3 & & & CH_3 &
\end{array}$$

tert-Butanol   *tert*-Butylchlorid
Sdp. 83 °C, D. 0,79   Sdp. 51 °C, D. 0,87

0,1 mol (.... g) *tert*-Butanol werden mit 0,5 mol (.... mL) konzentrierter HCl (Vorsicht!) in einem 100 mL-Schütteltrichter durch Schwenken, zunächst ohne Aufsetzen des Stopfens, gemischt. Dann verschließt man den Schütteltrichter und schüttelt unter häufigem Belüften einige Minuten (HCl-Gas entweicht). Nach Beendigung der Reaktion läßt man die Phasen sich entmischen und trennt die organische Phase (oben) von der wässrigen. Man wäscht die organische Phase zunächst mit 25 mL gesättigter Kochsalzlösung ("Aussalzen"), dann mit 25 mL gesättigter Natriumhydrogencarbonatlösung. Heftige CO_2-Entwicklung verursacht Aufschäumen, weshalb man zunächst wieder den Schütteltrichter offen schwenkt, bevor man unter öfterem Belüften den verschlossenen Trichter schüttelt. Die trübe Flüssigkeit wird in einem Kolben über wasserfreiem $CaCl_2$ getrocknet. Nach dem Abfiltrieren kann das Produkt durch Destillation gewonnen und die Ausbeute bestimmt werden.

Zum Halogennachweis in *tert*-Butylchlorid muß eine instrumentelle Methode wie z.B. Massenspektrometrie herangezogen werden. Die sog. "Beilsteinprobe" – ein Kupferdraht mit Substanzprobe glüht in der Bunsenbrennerflamme grün bis blaugrün durch Bildung flüchtiger Kupferhalogenide - sollte nicht mehr routinemäßig ausgeführt werden, weil dabei unbeabsichtigt polychlorierte Dibenzodioxine entstehen und die Toleranzwerte für PCDDs (70–700 pg täglich) übersteigen können (H. Hopf et al., Angewandte Chemie **104**, 477 (1992)).

Versuch 3.3.2 : S_N1-Reaktionen: Tri-*p*-tolylmethanol

Derivate des Triphenylmethans reagieren besonders leicht nach S_N1, weil die Ladung des Triphenylmethylkations über die aromatischen Ringe delokalisiert wird. Sie gehen leicht Solvolyse-Reaktionen mit dem jeweiligen Lösungsmittel ein und werden daher bei komplizierten Synthesen als Schutzgruppe für OH-Funktionen verwendet, die zum Schluß solvolytisch abzuspalten sind, z. B. zum "Schützen" von Nucleotiden bei der chemischen DNA-Synthese.

Tri-*p*-tolylchlormethan   Tri-*p*-tolylmethanol
Schmp. 171 °C   Schmp. 94 °C

In einem Rundkolben werden 3 g (.... mmol) des Chlormethans in 100 mL Wasser suspendiert, etwas Natronlauge zur Neutralisation des HCl zugegeben und die Mischung unter Rühren 30 min am Rückfluß erhitzt. Nach Abkühlen wird abgesaugt und das Produkt aus Ethanol umkristallisiert. Ausbeute?

Geben Sie in einem Reagenzglas zu einer Spatelspitze des farblosen Produktes einige Tropfen konzentrierte Schwefelsäure: Sie erzwingen Dissoziation der Verbindung in OH^- und das gelbe Tritolylmethylkation. Die Färbung des planaren, am Kohlenstoff sp^2-hybridisierten Kations geht auf π-Elektronendelokalisation (Mesomerie) im Molekül zurück, die im tetraedrisch gebauten Tritolylmethanol nicht möglich ist ($\rightarrow$ Kapitel 3.7, Farbstoffe):

Verdünnen Sie die Probe vorsichtig mit Wasser (tropfenweise am Rand hinunterlaufen lassen). Was beobachten Sie jetzt?

Versuch 3.3.3 : S_N2-Bromid-Alkohol-Austauschreaktionen

Bildung von Ethanol aus Ethylbromid

Reaktionsgleichung bitte selbst formulieren:

Man gibt in einem Reagenzglas 2 mL Ethylbromid (Bromethan, leicht flüchtig, Sdp. 38 °C, früher als Anästhetikum und Narkotikum verwendet, R20/21/22; S28) mit 10 mL Methanol, in dem festes KOH gelöst wurde. Es scheidet sich ein Salz ab (welches?). Man verdünnt mit etwas Wasser bis zur Lösung des Salzes und prüft mit salpetersaurer $AgNO_3$-Lösung auf Halogenidionen. Der entstandene Alkohol ist aus diesem kleinen Versuchsansatz durch einfache Destillation nicht zu isolieren.

Überprüfen Sie, ob ein analoger Versuch mit Brombenzol (C_6H_5Br, hochsiedende Flüssigkeit, R10-38) ebenfalls zur Umsetzung und anorganischem Bromid führt. Warum sollte das Ergebnis hier negativ ausfallen?

n-Butylbromid aus n-Butanol

$$CH_3{-}(CH_2)_3{-}OH + HBr \rightarrow CH_3{-}(CH_2)_3{-}Br + H_2O$$

n-Butanol   n-Butylbromid
Sdp. 118 °C, D. 0,81   Sdp. 100–104 °C, D. 1,27

In einem kleinen Rundkolben werden 0,15 mol (.... g) NaBr, 15 mL Wasser und 0,12 mol (.... g) n-Butanol gemischt und in Eiswasser gekühlt. Zur Freisetzung von HBr fügt man langsam unter Rühren oder Schütteln 10 mL konz.

Schwefelsäure zu (Vorsicht!) und erwärmt 30 min am Rückfluß. Anschließend wird der Rückflußkühler durch eine Destillationsbrücke ersetzt und solange bei bis zu 115 °C destilliert, wie in Wasser unlösliche Tropfen (Produkt) übergehen. Das Destillat wird im Scheidetrichter mehrfach mit Wasser gewaschen (organische Phase *unten* - warum?), das Produkt über wasserfreiem $CaCl_2$ getrocknet und dann falls gewünscht zur Endreinigung und Ausbeutebestimmung destilliert. Die Reinheit kann z.B. IR-spektroskopisch an der Abwesenheit einer OH-Schwingungsbande erkannt werden.

Versuch 3.3.4 : Alkylierung von Ammoniak und Aminen

Kombiniert man Alkylhalogenide in S_N-Reaktionen statt mit Hydroxid- oder mit anderen Halogenidionen mit nucleophilen RO– (Alkoholat-), RS– (Thiol-) oder NH_2– (Amino-)Funktionen, so entstehen Ether R–O–R, Thioether R–S–R und Alkylamine R–NH_2, R_2NH bzw. R_3N. Weil die Substitution mit organischen Resten die Reaktivität, die Ladung und den hydrophoben Charakter von Molekülen stark verändert, sind dies häufig genutzte Modifizierungsreaktionen, insbesondere auch in der Naturstoffanalytik. Gängige Alkylierungsmittel sind Methyliodid (Iodmethan) CH_3I und Iodessigsäure ICH_2COOH und ihre Derivate; im letzteren Fall spricht man von Carboxymethylierung. Im Stoffwechsel übernehmen Coenzyme und Aminosäuren (Methyltetrahydrofolsäure, Methionin) die Rolle eines Methylierungsmittels.

Darstellung von α-Aminosäuren aus α-Halogencarbonsäuren

$$3\ NH_3 + X\text{–}CH(R)\text{–}COOH \quad \rightarrow \quad NH_2\text{–}CH(R)\text{–}COO^- NH_4^+ + NH_4X$$

X = Cl oder Br R = H oder CH_3

Die Halogencarbonsäuren müssen mit einem *großen* Überschuß an Ammoniak umgesetzt werden, in der einfachsten Variante durch längeres Stehenlassen bei Normaltemperatur im Abzug (planen Sie rechtzeitig!). In einem 500 mL-Rundkolben löst man 0,2 mol Chloressigsäure (zerfließliche Kristalle vom Schmp. 53-63 °C, D. 1,40. *Vorsicht*: Ätzend, giftig. R23/24/25-35) oder α-Brompropionsäure (Schmp. 25 °C, Sdp. 203 °C, D. 1,48. Ätzend, gesundheitsschädlich, R22-35) in 200 mL konzentriertem wässrigen Ammoniak (25 %, D. 0,91, ca. 13 M. *Vorsicht*: Ätzend, reizend, R34-37). Man läßt den locker verschlossenen Kolben 3-4 Tage bei Raumtemperatur stehen. Die Lösung wird dann am Rotationsverdampfer bis auf ca. 20 mL konzentriert und der Rückstand in Eis gekühlt. Ausgefallenes Produkt wird abgesaugt, mit wenig kaltem Methanol gewaschen und im Vakuum getrocknet. Fällt die Aminosäure nicht aus, so wird noch stärker eingeengt, etwas Methanol zugesetzt und erneut gekühlt. Man bestimme die Ausbeute (typischerweise um 60 %) und den Schmelzpunkt (Glycin: 232 °C; Alanin: 295 °C) und bewahre die Präparate für Versuche in Kapitel 3.8 auf.

Eliminierung

Eliminierungsreaktionen (E) treten - oft in Konkurrenz zur Substitution - ein, wenn ein Nucleophil auch als Protonenakzeptor wirkt und vom β-C-Atom ein Proton übernimmt, während X das Molekül verläßt, oder wenn eine fremde Base zugesetzt wird.

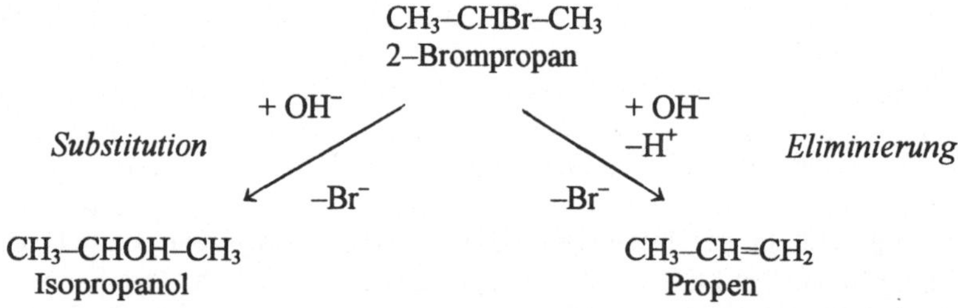

Da sich Nucleophilie und Basizität verschiedener Teilchen Y i.a. *nicht gleichsinnig* ändern und von den Reaktionsbedingungen (Lösungsmittel, pH-Wert) abhängen, ist man in der Lage, S_N- oder E-Reaktionen selektiv zu begünstigen. Wichtige Methoden zur Einführung von Doppelbindungen in Moleküle durch Eliminierung sind z.B. die Dehydratisierung von Alkoholen durch Säure oder die Halogenwasserstoffabspaltung aus Alkylhalogeniden durch Basen. Biochemisch bildet die Eliminierung von Ammoniak aus der Aminosäure Phenylalanin unter Bildung der ungesättigten Zimtsäure einen Ausgangspunkt für viele weitere aromatische Naturstoffe:

$$C_6H_5–CH_2–CHNH_2–COOH \rightarrow C_6H_5–CH=CH–COOH + NH_3$$

Versuch 3.3.5 : Cyclohexen durch Dehydratisierung von Cyclohexanol

Die Einführung von Doppelbindungen in organische Moleküle durch Abspaltung von Wasser (Dehydratisierung) wird durch Säuren erleichtert, die die nicht sehr reaktive OH-Funktion protonieren und so ihren Austritt als HOH einleiten. Jedoch muß auch eine Base zur Übernahme des H vom benachbarten C-Atom vorhanden sein. In diesem Versuch übernimmt Kaliumhydrogensulfat $KHSO_4$ beide Funktionen. (Was ist die Säure, was die Base?).

Cyclohexanol
Sdp. 160-161 °C, D. 0,96

Cyclohexen
Sdp. 83 °C, D. 0,81

In einem kleinen Rundkolben mischt man 10 g (mmol) Cyclohexanol mit 10 g fein gemörsertem $KHSO_4$ und setzt einen kleinen Destillationsaufsatz auf, dessen *Vorlage* gut *mit Eis* gekühlt wird. Man erhitzt vorsichtig im Heizbad auf über 100 °C, bis das gebildete Cyclohexen und Wasser (aber nicht Cyclohexanol) überdestillieren. Die Phasen werden vorsichtig getrennt, das Produkt ggf. über $CaCl_2$ getrocknet und für den folgenden Versuch aufbewahrt.

Additionsreaktionen

Doppel- und Dreifachbindungen sind elektronenreiche Bereiche eines Moleküls, da neben der σ-(Einfach)Bindung π-Bindungen vorhanden sind. Daher werden Doppelbindungen bevorzugt von Elektrophilen (Lewis-Säuren) angegriffen. Die Auflösung einer π-Bindung unter Anlagerung zweier neuer Substituenten heißt elektrophile Addition A_E. Häufige Reaktionen von Olefinen (Alkenen) sind die Hydrierung (H_2-Addition zu gesättigten Verbindungen), Hydratisierung zu Alkoholen, HCl-Addition zu Alkylhalogeniden, Säureanlagerung zu Estern oder Bromierung zu Dibromiden. Der Mechanismus ist zweistufig, beispielsweise bei einer Bromierung:

Alken

Bromonium-Ion

1,2-Dibromalkan

Das unpolare, aber polarisierbare Brommolekül richtet sich so aus, daß sich das positive Ende des induzierten Dipols zur elektronenreichen Doppelbindung orientiert. In dieser Situation kann das Brom heterolytisch ionisieren unter Bildung des Bromid-Ions Br^-; das formal übrigbleibende, aber nicht frei auftreende Kation Br^+ lagert sich an die Doppelbindung zu einem "Bromonium-Ion" an. Aus dem Olefin (elektronenreich, Nucleophil) ist jetzt ein Kation mit Elektronenmangel (Elektrophil) geworden, das von dem in Lösung befindlichen Bromid-Ion von der Rückseite, in *trans*-Stellung, angegriffen wird.

Versuch 3.3.6 :   Additionen an Cyclohexen

Bromierung:

Vorbemerkung: Elementares flüssiges Brom (Sdp. 59 °C, D. 3,2, die braunen Dämpfe sind schwerer als Luft) ist ein stark ätzender Gefahrstoff und mit größter Vorsicht zu handhaben (Handschuhe tragen, nicht einatmen, R26-35, S7/9-26). Das gilt auch für Lösungen in organischen Lösungsmitteln oder in Wasser ("Bromwasser" mit 3,5 % Bromgehalt). Die Verwendung von Brom ist für analytische und präparative Zwecke wegen seiner hohen Reaktivität gegenüber Doppelbindungen, insbesondere auch im Bereich von ungesättigten Naturstoffen nicht vollkommen zu vermeiden.

Cyclohexen $\xrightarrow{\ Br_2\ }$ *trans*-1.2-Dibromcyclohexan

Cyclohexen   *trans*-1.2-Dibromcyclohexan
Sdp. 83 °C, D. 0,81   Sdp. 99 °C/16 mbar

1-2 mL des oben hergestellten Cyclohexens werden in einem Reagenzglas unter Umschütteln mit kleinen Portionen einer 10 %igen Lösung von Brom in Eisessig versetzt (zum Schluß tropfenweise), bis die Bromlösung nicht mehr entfärbt wird. Dann versetzt man die Mischung mit 2 N NaOH, bis sich das ölige, terpentinähnlich riechende Dibromid abzuscheiden beginnt (Welche Phase? Welche Dichte erwarten Sie für das Produkt?). Man trennt die wässrige Phase ab und verwirft sie; das Produkt wird mit NaOH fertig neutralisiert. Zum Halogennachweis vgl. Versuch 3.3.1. Zur Reinigung ist eine Vakuumdestillation erforderlich.

Zum Vergleich versetze man je einige mL von Toluol und Petrolether (= Gemisch niedrig siedender Kohlenwasserstoffe) mit einigen Tropfen Bromlösung. Die Farbe bleibt schon nach der ersten Zugabe bestehen. Erst nach längerem Stehen *am Licht* zeigt sich etwas Bromverbrauch. Ist dies auch eine Additionsreaktion?

Baeyer-Probe:

Eine in der Analytik organischer Stoffe nützliche Reaktion ist die *Baeyer-Probe auf Alkene*. Doppelbindungen (außer in Aromaten) entfärben Permanganat-Lösung, wobei über cyclische Mangansäureester 1,2-Dialkohole (Glykole) und andere Produkte entstehen. Diese Addition verläuft *cis*-ständig.

In Reagenzgläser mit je 1 mL Toluol, Cyclohexen und Petrolether tropft man $KMnO_4$-Lösung (1 % in 2 N Schwefelsäure) und schüttelt. Entfärbung?

Radikalische Prozesse

Verbindungen mit einem einzelnen, ungepaarten Elektron im Molekül heißen
Radikale; das einzelne Elektron und ein Radikal werden i.a. • mit symbolisiert.
Derartige Spezies können durch Homolyse einer Elektronenpaarbindung spontan
oder unter dem Einfluß energiereicher Strahlung entstehen; auch Reaktionen mit
Sauerstoff führen wegen dessen Bindungsnatur ($\bullet$O–O$\bullet$) oft zu radikalischen
Strukturen. Radikale sind sehr reaktiv - weil sie zu normalen Bindungen zu re-
kombinieren streben - und in langlebiger Form selten ("freie organische Radikale"). In Reaktionsmechanismen macht man sich aber die hohe Reaktivität zunutze, wenn es gelingt, Radikale intermediär zu erzeugen und eine Kettenreaktion
in Gang zu setzen. Der Start kann z.B. durch Erwärmung oder Belichtung mit
homolytisch spaltbaren Verbindungen wie organischen Peroxiden (R–O–O–R
$\rightarrow$ 2 R–O$\bullet$) oder Peroxodisulfat ($S_2O_8^{2-}$ $\rightarrow$ 2 $SO_4^-\bullet$) erfolgen.

Eine besonders typische Reaktion ist die Addition von Radikalen an Alkene
(Olefine, Vinylverbindungen R–CH=CH$_2$), die zur Polymerisation ("Vinyl-
Polymerisation") führt. Dabei entstehen bekannte Kunststoffe wie Polystyrol,
Polypropylen oder Polyacrylate. Im Labor stellt man sich Polyacrylamid-Gele als
Elektrophorese-Matrix aus Acrylamid CH_2=CH–$CONH_2$ durch radikalische
Polymerisation selbst her. Bei der Kettenreaktion addiert sich ein Radikal an das
ungesättigte Monomeren-Molekül zu einem neuen Radikal, dieses an ein weiteres
Monomer usw. bis ein Kettenabbruch durch Rekombination o. dergl. eintritt:

$$R\bullet + \text{>C=C<} \rightarrow R\text{–C–C}\bullet + \text{>C=C<} \rightarrow R\text{–C–C–C–C}\bullet \rightarrow \ldots$$

Radikalreaktionen gibt es auch im physiologischen Bereich, so bei der oxidativen
Schädigung von ungesättigten Fettsäuren in Lipidmembranen, in der Photosynthese, bei Strangbrüchen in DNA u.a.m. ($\rightarrow$ Biochemie).

Versuch 3.3.7 : Radikalische Polymerisation von Styrol

Diese Polymerisation wird durch Benzoylperoxid C_6H_5–$\overset{\overset{O}{\|}}{C}$–O–O–$\overset{\overset{O}{\|}}{C}$–$C_6H_5$ (zer-
fällt in zwei Benzoyloxyradikale C_6H_5–COO$\bullet$) induziert.

Styrol (Vinylbenzol), Sdp. 145–156 °C   Polystyrol

Das als Handelsprodukt angefeuchtet gelieferte Peroxid wird im Vakuum-exsikkator getrocknet; die reine Substanz darf wegen Explosionsgefahr *nicht erhitzt* werden. In einem Reagenzglas oder kleinen Kolben mit Kühlfinger werden 2 g Styrol (möglichst frisch destilliert) in 10 mL Xylol (Dimethylbenzol, Sdp. 137–140 °C) gelöst, mit 50 mg Benzoylperoxid versetzt und 2 Stunden im Wasserbad auf 80 °C erwärmt. Man gießt die Lösung unter Rühren in 100 mL Methanol, das sich in einem großen Mörser befindet und zerreibt das ausgefallene Produkt, um eingeschlossenes Monomer und Xylol zu entfernen. Das unlösliche Polystyrol wird abfiltriert, mit Methanol gewaschen und im Vakuum getrocknet. Für Verpackungszwecke wird die Probe nicht ausreichen; kennen sie weitere alltägliche Verwendungen für das beständige und weitverbreitete (aber brennbare!) Polymer ?

Fragen und Anregungen

1. Was würde in Versuch 3.3.4 entstehen, wenn Ammoniak nicht in großem Überschuß über Chloressigsäure angewandt wird? Ammoniak ist in dieser Reaktion nicht nur Nucleophil, sondern auch ....

2. Phosphoglycerat $HOCH_2-CH(OPO_3^{2-})-COO^-$, ein Zwischenprodukt der Glykolyse, spaltet Wasser ab. Formulieren Sie das Produkt und bringen Sie seinen Namen in Erfahrung ("PEP", → Biochemie-Buch).

3. Warum ist *tert*-Butylchlorid im Gegensatz zu *tert*-Butanol nicht mit Wasser mischbar?

4. Bei der Synthese eines Ethylesters aus Ethanol und einer höheren Carbonsäure in Gegenwart von viel konzentrierter Schwefelsäure als wasserentziehendem Mittel entsteht ein gasförmiges, brennbares Neben-produkt. Welches?

5. Im Citratcyclus entsteht Äpfelsäure (Malat) aus Fumarsäure (Fumarat). Beides sind C_4-Dicarbonsäuren; eine ist ungesättigt (welche?) und kann daher Wasser anlagern. Formulieren Sie die Reaktion. Ist die zentrale Doppelbindung im Fumarat elektronenreicher oder -ärmer als die Doppel-bindungen in Ethylen oder Cyclohexen?

6. Welcher der folgenden Alkohole reagiert mit Nucleophilen nach dem S_N2-, welcher nach einem S_N1-Mechanismus?

$(CH_3)_2C(OH)C_2H_5$ $C_6H_5-CH_2OH$ $(CH_3)_2CHOH$ C_6H_5-OH

$(C_6H_5)_3COH$ $(CH_3)_2CHCH_2OH$

7. Welche zwei Isomere des Produktes *trans*-1,2-Dibromcyclohexan (Versuch
   3.3.6) gibt es? Aufzeichnen!

8. SH-Gruppen in Proteinen reagieren glatt mit Iodessigsäure und lassen sich so
   identifizieren. Formulieren Sie das Produkt der Reaktion von Cystein ($\rightarrow$ S.
   127) mit diesem Alkylierungsmittel. Anmerkung: Die Carboxylgruppen beider
   Ausgangsstoffe nehmen an der Reaktion nicht teil.

9. Durch Addition von Sauerstoff (z. B. aus Peroxiden) an C=C-Doppel-
   bindungen entstehen reaktionsfähige Epoxide mit Dreiringstruktur. Gasförmiges Ethylenoxid C_2H_4O (Sdp. 11 °C) kann wegen seiner Toxizität als
   Schädlingsbekämpfungsmittel und zum Sterilisieren dienen. Epoxide reagieren unter Addition von H–X (X = OH, OR, Cl, NH_2 u.a.) und Ringöffnung:

$$\overset{\displaystyle O}{CH_2 - CH_2} + HX \;\rightarrow\; HO-CH_2CH_2-X.$$

   Welche Substanzklassen entstehen bei Addition von Wasser, Alkoholen und
   Ammoniak? 1,2-Diole heißen Glykole. Aus höheren Epoxiden und bis-
   funktionellen Reaktionspartnern lassen sich wertvolle Polymere herstellen
   ("Epoxyharze"). Welche Struktur entsteht durch - ggf. unbeabsichtigte -
   Polymerisation von flüssigem Ethylenoxid selbst? Wie unterscheiden sich
   diese Reaktionen von dem zu Polystyrol führenden Polymerisationstyp
   (Versuch 3.3.7)?

10. Die wichtige Aminosäure Asparaginsäure kann aus Maleinsäure und
    Ammoniak leicht synthetisiert werden. Formulieren Sie die Reaktion.
    Vergleichen Sie den Mechanismus mit dem der Aminosäuresynthesen in
    Versuch 3.3.4.

3.4 Aldehyde und Ketone

Die Carbonylgruppe >C=O ist eines der vielseitigsten Strukturelemente in organischen Verbindungen, vor allem auch in Biomolekülen. Sie ist Bestandteil von Aldehyden, Ketonen, Carbonsäuren und deren Estern und Amiden, von Chinonen, Harnstoffen und vielen anderen Substanzklassen. Das besondere ist ihre *Polarität*: Aufgrund der Stellung im Periodensystem ist der elektronegative Sauerstoff negativ ($\delta-$), der Kohlenstoff positiv ($\delta+$) polarisiert.

$$\underset{\overset{\|}{O}}{R-C-H} \qquad \underset{\overset{\|}{O}}{R-C-R'} \qquad \underset{\overset{\|}{O}}{R-C-X} \qquad \underset{\overset{\|}{O}}{NH_2-C-NH_2}$$

Aldehyd   Keton   Carbonsäurederivate   Harnstoff

R = Alkyl-, Aryl-   X = OH, OR, NH_2 Chinon

Die starke Polarität wirkt sich oft über mehrere Bindungen aus und kann zur "Acidifizierung" von H-Atomen in C–H–Bindungen führen, die in Kohlenwasserstoffen *nicht* sauer sind.

$$\underset{\overset{\|}{\underset{\delta-}{O}}}{\overset{\delta+}{-C}}\!-\!\underset{H}{\overset{H}{C}}-\quad \rightleftarrows\quad \underset{\overset{\|}{O}}{-C}\!-\!\underset{H}{\overset{\ominus}{C}}-\quad \leftrightarrow\quad \underset{\overset{\ominus}{O}\ H}{-C=C-}\ +\ H^+$$

Die so entstehenden Carbanionen können mit einem anderen Molekül am $\delta+$-Kohlenstoff reagieren: Carbonylverbindungen mit benachbarten Methylen- oder Methylgruppen sind ideale Bausteine für *Kondensationsreaktionen* zum Aufbau größerer C-Gerüste ("Claisen-Kondensation").

Schließlich handelt es sich bei der gegenseitigen Umwandlung zwischen Carbonyl- und Hydroxyl (Alkohol-)funktion

$$>C=O\ +\ 2\,H\ \rightleftarrows\ >CH-OH$$

um ein leicht reversibles und verbreitetes Redoxsystem, das unter Enzymkatalyse durch Dehydrogenasen und andere "Oxidoreduktasen" weite Teile des Intermediärstoffwechsels und der biologischen Energiegewinnung mitbestimmt.

Derivate und Identifizierung von Aldehyden und Ketonen

Wichtigster Reaktionstyp an einer Carbonylgruppe ist die *nucleophile Addition*: Ein Teilchen mit Elektronenpaar bildet eine Bindung zum positiv polarisierten C, der Sauerstoff übernimmt das Elektronenpaar der Doppelbindung und zum Ausgleich der nun dort vorhandenen negativen Ladung ein Proton. Aus dem Addukt kann - aber muß nicht - durch Austritt der entstandenen OH-Gruppe und eines anderen Wasserstoffs ein Molekül Wasser abgespalten werden; dann entsteht eine neue Doppelbindung (z.B. >C=N).

$$
\begin{array}{c}
R \\
\searrow\!\!{}^{\delta^+}\,{}^{\delta^-} \\
C{=}O \\
\nearrow \\
R
\end{array}
\;+\;X^-\;\rightleftarrows\;
\begin{array}{c}
ROH \\
\searrow\;\nearrow \\
C \\
\nearrow\;\searrow \\
RX
\end{array}
\;\xrightarrow{-H_2O}\;
\begin{array}{c}
R \\
\searrow \\
C{=}X \\
\nearrow \\
R
\end{array}
$$

Typische nucleophile Reaktionspartner von Carbonylverbindungen und die entsprechenden Reaktionsprodukte sind:

Wasser	Alkohole	Amine	Hydrazin	Blausäure
Hydrate	Acetale, Ketale	Azomethine (Schiff-Basen)	Hydrazone	Cyanhydrine

$$
\begin{array}{c}
R\;\;OH \\
\;\searrow\nearrow \\
C \\
\;\nearrow\searrow \\
R\;\;OH
\end{array}
\qquad
\begin{array}{c}
R\;\;OH \\
\;\searrow\nearrow \\
C \\
\;\nearrow\searrow \\
R\;\;O{-}R'
\end{array}
\qquad
\begin{array}{c}
R \\
\;\searrow \\
C{=}N{-}R' \\
\;\nearrow \\
R
\end{array}
\qquad
\begin{array}{c}
R \\
\;\searrow \\
C{=}N{-}NH_2 \\
\;\nearrow \\
R
\end{array}
\qquad
\begin{array}{c}
R\;\;OH \\
\;\searrow\nearrow \\
C \\
\;\nearrow\searrow \\
R\;\;CN
\end{array}
$$

Zur Gruppe der Acetale gehören auch die durch intramolekulare Reaktion zwischen >C=O und −OH entstandenen Ringformen der Zucker (vgl. Abb. 15) und deren Verknüpfung zu Di- und Polysacchariden (*Glycoside*). Hydrazone und ähnliche Derivate kristallisieren gut und sind zur Identifizierung von Carbonylverbindungen allgemein gebräuchlich (s.u.).

Die meisten Reaktionen verlaufen leichter, wenn die Polarisierung von >C=O durch Addition eines Protons zu >C$^+$−OH zusätzlich verstärkt wird. Merke:

Bildung und Zerfall von Carbonyladdukten (Acetalen, Glycosiden, Schiff-Basen u.a.) sind *säure*katalysiert; mit Basen erfolgt in wässriger Lösung keine Reaktion.

Versuch 3.4.1:   Dinitrophenylhydrazone und Semicarbazone

Mit 2,4-Dinitrophenylhydrazin und Semicarbazidhydrochlorid entstehen die schwerlöslichen Dinitrophenylhydrazone (A) bzw. Semicarbazone (B) von Carbonylverbindungen:

A: $>C=N-NH-C_6H_3(NO_2)_2$ B: $>C=N-NH-CO-NH_2$

Eine unbekannte flüssige Carbonylverbindung ist in eines der Derivate zu überführen und anhand des Schmelzpunktes im Vergleich mit Tabellenwerten zu identifizieren.

Darstellung von 2,4-Dinitrophenylhydrazonen:

Als Reagenz wird 1 g Dinitrophenylhydrazin in 10 mL konz. Phosphorsäure (85%) unter Erwärmen gelöst und mit 10 mL Ethanol verdünnt.

Man verdünnt 0,5 mL der unbekannten Substanz mit Ethanol auf das Doppelte und tropft Reagenz bis zur vollständigen Fällung des Hydrazons zu. Der Niederschlag wird abfiltriert, mit Wasser gewaschen, aus Ethanol oder Essigester umkristallisiert und auf Filterpapier getrocknet (nicht im Trockenschrank). Oft muß zweimal umkristallisiert werden, um konstanten Schmelzpunkt zu erreichen.

Carbonylverbindung	Siedepunkt [°C]	Schmelzpunkte [°C]	
		DN-phenyl-hydrazon	Semi-carbazon
Aceton	56	128	190
2-Butanon (Methylethylketon)	80	115	143
3-Methyl-2-butanon	95	120	114
3-Pentanon (Diethylketon)	102	156	139
3,3-Dimethyl-2-butanon (Pinakolon)	106	125	157
4-Methyl-2-pentanon	116	95	135
Heptanal-1 (Önanthaldehyd)	155	108	109
Cyclohexanon	156	162	167
2,6-Dimethyl-4-heptanon (Diisobutylketon)	166	66	122
Benzaldehyd	179	235	222

Darstellung von Semicarbazonen:

Die Reagenzlösung enthält 10 g Semicarbazid·HCl   ($NH_2-NH-CO-NH_2$·HCl) und 15 g Natriumacetat in 100 mL Wasser.

1 mL des Aldehyds oder Ketons werden mit 10 mL Reagenzlösung versetzt und die Mischung mit einem Glasstab gerieben. Fällt das Semicarbazon nicht gleich aus, weil sich Carbonylverbindung und wässriges Reagenz nicht mischen, wird etwas Ethanol zur Lösungsvermittlung zugegeben. Der Niederschlag wird abfiltriert, aus Ethanol, Wasser oder Ethanol-Wasser-Gemisch umkristallisiert und getrocknet. Ggf. muß zur Schmelzpunktsverbesserung ein zweites Mal umkristallisiert werden.

Versuch 3.4.2 : Azomethin- (Schiff-Basen-) und Oximbildung

Benzalanilin aus Benzaldehyd und Anilin:

Benzaldehyd   Anilin   Benzalanilin
Sdp.178–179 °C, D.1,04   Sdp.184 °C, D.1,02   Schmp. 54 °C

In einem Reagenzglas werden 3,5 g Benzaldehyd und 3 g Anilin (vorteilhaft frisch destilliert; R 23/24/25, 33; S 28, 36/37, 44; Hautkontakt vermeiden) vermischt und in einem Wasserbad vorsichtig erwärmt. Beobachten Sie, wie sich das während der Reaktion gebildete Wasser in kleinen Tropfen abscheidet. Man läßt das Reaktionsgemisch 15 Minuten stehen und gießt es dann in 5 mL Ethanol. Die Kristallisation des Benzalanilins beginnt nach wenigen Minuten und wird durch Kühlung in Eiswasser vervollständigt. Die Kristalle werden abgesaugt und die Ausbeute, bezogen auf Benzaldehyd, bestimmt.

Die Azomethin-Bildung ist unter Säurekatalyse reversibel; prüfen Sie, ob aus Benzalanilin mit saurem Dinitrophenylhydrazin-Reagenz das Hydrazon des Benzaldehyds entsteht.

Schiffsche Basen sind an wichtigen biochemischen Prozessen beteiligt, z.B. bei der Reaktion zwischen dem Coenzym Pyridoxalphosphat (Vitamin B_6) und Aminosäuren oder dem Zucker Fructose und dem Enzym Aldolase.

Acetophenonoxim aus Acetophenon und Hydroxylamin:

Acetophenon (Methylphenylketon)   Acetophenonoxim
Schmp. 19–20 °C, Sdp. 202 °C   Schmp. 58–59 °C

In einem kleinen Dreihalskolben mit Rührer, Tropftrichter und Rückflußkühler wird zu einer Lösung von 3 g (mol) Acetophenon in 25 mL Wasser die Lösung von 2,1 g Hydroxylamin-Hydrochlorid ($NH_2OH \cdot HCl$) in 30 mL Wasser zugetropft und die Mischung unter Rühren 1 h am Rückfluß erhitzt. Die nach dem Abkühlen in Eis/Kochsalz-Mischung ausfallenden Kristalle werden abgesaugt und aus Wasser umkristallisiert. Ausbeute und Schmelzpunkt sind zu bestimmen.

Die sich leicht bildenden Oxime existieren als *Z*- und *E*-Isomere - wieso? Sie haben synthetische Bedeutung zur Einführung von Stickstofffunktionen, können als organische Komplexliganden fungieren und wirken als Gegenmittel bei Insektizid- und Nervengas-Vergiftung des Enzyms Acetylcholinesterase.

Versuch 3.4.3 : Bisulfitaddukt-Bildung

Einige Tropfen Benzaldehyd werden im Reagenzglas mit der dreifachen Menge konzentrierter $NaHSO_3$-Lösung kräftig geschüttelt. Das "Bisulfitaddukt" des Aldehyds scheidet sich kristallin ab.

$$R\text{--}CHO + HSO_3^- \; \rightleftarrows \; \begin{array}{c} R \quad OH \\ \diagdown C \diagup \\ \diagup \quad \diagdown \\ H \quad SO_3^- \end{array}$$

Die Reaktion von Aldehyden und Ketonen mit "Bisulfitlauge" wird zur Reinigung und Abtrennung von Carbonylverbindungen benutzt. Sie ist auch das Prinzip der Feulgenschen Kernfärbung mit "fuchsinschwefliger Säure". Welche Komponenten reagieren dabei miteinander? Versuchen Sie, die Chemie der Feulgen-Färbung zu erklären.

Kondensationsreaktionen

In $-CH_2-$ oder $>CH-$ neben Carbonylgruppen stehende Wasserstoffe sind wegen des elektronenziehenden Charakters von $>C=O$ acidifiziert; solche "aktiven Methylengruppen" werden in Gegenwart von Basen deprotoniert zum Carbanion bzw. Enolatanion. (Keto-Enol-Tautomerie ist in Kapitel 3.6 bei den Ursachen von Acidität beschrieben.) Die Reaktion von C^- mit $>C=O$ heißt Aldol-Addition oder Aldol-Kondensation, weil im einfachsten Fall (z.B. aus 2 mol Acetaldehyd) ein **Aldehyd-Alkohol** entsteht. Merke:

Kondensationsreaktionen zwischen Carbonylverbindungen und aktiven Methylengruppen unter Knüpfung neuer C-C-Bindungen sind *basen*katalysiert.

Falls nicht eine irreversible Wasserabspaltung folgt, sind Aldolreaktionen reversibel; beispielsweise wird in der Glykolyse der Zucker Fructose durch das Enzym Aldolase zu Glycerinaldehyd und Dihydroxyaceton *gespalten* oder zur Gluconeogenese aus den beiden Triosen wieder *aufgebaut* ($\rightarrow$ Biochemie).

$$\underset{\overset{|}{\text{C}}-\text{H}}{\overset{\text{H}}{|}} \;\overset{-\text{H}^+}{\rightleftarrows}\; \underset{\overset{|}{\text{C}}^-}{\overset{\text{H}}{|}} \; ; \quad \underset{\overset{|}{\text{C}}^-}{\overset{\text{H}}{|}} + \overset{\overset{\text{O}}{||}}{\underset{/\backslash}{\text{C}}} \;\overset{\text{H}^+}{\rightleftarrows}\; \underset{\overset{|}{\text{C}}-\overset{|}{\text{C}}-}{\overset{\text{H OH}}{|}} \;\overset{-\text{H}_2\text{O}}{\rightarrow}\; >\text{C}=\text{C}<$$

Zur Knüpfung von C–C-Bindungen durch Aldolkondensation gibt es viele synthetische Möglichkeiten, denn es können fast alle $-CH_2$-Gruppen in Ketonen, Estern, Säureanhydriden und Dicarbonsäuren mit den $>C=O$-Gruppen in allen Aldehyden und Ketonen sowie auch in Estern reagieren. Die folgenden Varianten - auch zur Synthese von Naturstoffen häufig angewandt - können alternativ ausgeführt werden.

Versuch 3.4.4 : Darstellung von Sorbinsäure aus Crotonaldehyd und Malonsäure

Sorbinsäure = 2,4-Hexadiensäure, die natürlich in Vogelbeeren enthalten ist, wirkt antimikrobiell und ist in Mengen von $0,05 - 0,2$ % zur Lebensmittelkonservierung zugelassen. Die Synthese geht vom leicht verfügbaren ungesättigten Crotonaldehyd aus, als Base dienen Pyridin (Sdp. 115 °C) und Piperidin (Sdp. 106 °C). Bei Verwendung von Malonsäure als Methylenkomponente heißt die Umsetzung "Knoevenagel-Reaktion".

$$CH_3-CH=CH-CH=O \; + \; CH_2(COOH)_2 \; \underset{-CO_2}{\overset{-H_2O}{\longrightarrow}} \; CH_3-CH=CH-CH=CH-COOH$$

Crotonaldehyd	Malonsäure	Sorbinsäure
Sdp. 104 °C, D. 0,85	Schmp. 135–137 °C	Schmp. 134 °C

In einem Rundkolben mit Rückflußkühler wird eine Mischung von 12 mL Crotonaldehyd (.... mol) mit 25 mL Pyridin (beide zuvor destilliert und wasserfrei) und 15 g Malonsäure sowie 1 mL Piperidin 3 h am Rückfluß gekocht. Es entweicht CO_2. Nach dem Abkühlen werden unter Eiskühlung 6 mL konz. Schwefelsäure (zuvor mit 10 mL Eiswasser verdünnt) zugegeben. Die ausfallenden farblosen Kristalle werden abgesaugt und aus Ethanol/Wasser (1:2) umkristallisiert. Ausbeute und Schmelzpunkt bestimmen.

Versuch 3.4.5 : Darstellung von Acetessigsäureethylester
("Acetessigester", Ethylacetoacetat)

Acetessigsäure (3-Oxobutansäure) ist erste Zwischenstufe beim Fettsäureaufbau aus zwei Molekülen Essigsäure sowie ein pathologisches Ausscheidungsprodukt ("Ketonkörper"). Der Ester entsteht, wenn zwei Moleküle Essigsäureethylester miteinander kondensieren, eines als Carbonyl- und das andere als Methylen-komponente ("Claisen-Kondensation"). Der basische Katalysator ist Natrium-alkoholat, das sich im Reaktionsgemisch aus Ethanol und metallischem Natrium bildet. Die Reinheit des Ausgangsmaterials ist wichtig und muß ggf. zuvor überprüft werden.

$$2\ CH_3{-}\overset{O}{\overset{\|}{C}}{-}OC_2H_5 \quad \xrightarrow{\ -\ C_2H_5OH\ } \quad CH_3{-}\overset{O}{\overset{\|}{C}}{-}CH_2{-}\overset{O}{\overset{\|}{C}}{-}OC_2H_5$$

Essigsäureethylester (Ethylacetat)   Acetessigester
Sdp. 77 °C, D. 0,90   Sdp. 180 °C, D. 1,03

Ein Rundkolben wird in gewisser Höhe befestigt, so daß man ihn mit heißem Wasser bzw. Eiswasser in einem Topf von außen erwärmen bzw. kühlen kann. In den Kolben werden zu 20 mL Ethylacetat 2 g sauberer Natriumdraht gegeben (wird vom Assistenten vorbereitet; *nicht mit Wasser in Berührung bringen* - vgl. Kap. 2.2!) und ein Rückflußkühler aufgesetzt. Der Kolben wird zum Start der Reaktion ggf. erwärmt, bei heftiger Reaktion anfänglich gekühlt. Nachdem mäßiges Sieden erreicht ist, wird in einem Heizpilz 1-2 Stunden am Rückfluß gekocht. Dann wird gut gekühlt und die Mischung mit etwa 10 mL 50 %iger Essigsäure auf sehr schwach sauren pH gebracht. Man gibt etwas Kochsalz zum "Aussalzen" hinzu, trennt den Ester im Scheidetrichter ab (obere Phase) und trocknet ihn über $CaCl_2$. Die angenehm riechende Flüssigkeit kann nur im Va-kuum destilliert werden.

Heben Sie das Präparat für Kapitel 3.6 auf. Prüfen Sie schon vorab mit $FeCl_3$-Lö-sung, ob die Verbindung Enolgehalt hat (Versuch 3.6.4). Freie Acetessigsäure ist nicht existenzfähig, weil sie decarboxyliert (Versuch 3.4.8).

Versuch 3.4.6 : Zimtsäure-Synthesen

Zimtsäure sowie *p*-Cumarsäure = *p*-Hydroxyzimtsäure, durch NH_3-Eliminierung aus Phenylalanin bzw. Tyrosin entstehend, sind Vorläufer einer großen Zahl aromatischer Naturstoffe, vor allem im Pflanzenreich. Zur Synthese kondensiert man Benzaldehyd entweder mit Malonsäure ("nach Knoevenagel") oder mit Acetanhydrid als Methylenkomponente ("Perkin-Reaktion").

Benzaldehyd	Malonsäure	Zimtsäure
Sdp. 179 °C, D. 1,04	Schmp. 135-137 °C	Schmp. 136 °C
	bzw. Acetanhydrid	
	Sdp. 138-140 °C, D. 1,82	

Nach Knoevenagel:

In einem kleinen Rundkolben vereinigt man 10 mL trockenes Pyridin, 4,5 mL (.... mol) Benzaldehyd und 5 g (.... mol) Malonsäure mit 2 mL Piperidin (Sdp. 106 °C) als basischem Katalysator und hält die Mischung 15 min im siedenden Wasserbad. Dabei entweicht Kohlendioxid. Nach dem Abkühlen auf Raumtemperatur wird das Reaktionsgemisch mit 10 mL Natronlauge geschüttelt, so daß eine Emulsion entsteht, die mit Ether ausgeschüttelt wird. Die Etherphase wird im Scheidetrichter abgetrennt und verworfen. Die alkalische wässrige Lösung wird mit konz. Salzsäure angesäuert. Beim Abkühlen fallen glänzende Blättchen aus, die aus Wasser/Ethanol (3:1) umkristallisiert werden. Ausbeute und Schmelzpunkt sind zu ermitteln.

Perkin-Synthese:

Da eine Methylgruppe in Acetanhydrid weniger reaktiv ist als die Methylengruppe in Malonsäure (warum?), müssen die Reaktionsbedingungen der Kondensation wesentlich verschärft werden.

In einem kleinen Rundkolben mit Rückflußkühler wird eine Mischung aus je 30 mmol (.... g) Benzaldehyd, Essigsäureanhydrid und wasserfreiem Natriumacetat mehrere (mindestens 5) Stunden im Ölbad auf 150 °C erhitzt. Nach dem Abkühlen verdünnt man mit 30 mL Wasser und 10 mL Ethanol und kocht kurz auf (was passiert dabei?) Beim Abkühlen fällt Zimtsäure aus und wird wie oben isoliert. Falls kein Niederschlag auftritt, muß die Lösung ggf. mit HCl angesäuert werden.

Redoxreaktionen

Die Atome organischer Moleküle behalten i.a. auch bei Redoxreaktionen ihre Bindigkeit (C=4, N=3, O=2, H=1) bei, so daß Reduktionen und Oxidationen nicht allein als Elektronenübergang formuliert werden können (wie bei Metallen), sondern mit Veränderung des H- und O-Gehaltes oder der Zahl an Doppel- und Einfachbindungen einhergehen.

Oxidation: Elektronenabgabe, Entzug von Wasserstoff (Dehydrierung); ggf. (aber nicht notwendigerweise) Aufnahme von Sauerstoff, Einführung von Doppelbindungen im Molekül

Reduktion: Elektronenaufnahme, Addition von Wasserstoff (Hydrierung); ggf. Sättigung von Doppelbindungen

---

Typische Beispiele sind die Übergänge zwischen Alkohol, Aldehyd und Carbonsäure:

$$
\underset{\text{Ethanol}}{\overset{\displaystyle H}{\underset{\displaystyle H}{CH_3-\overset{|}{\underset{|}{C}}-OH}}}
\quad\underset{+2e^-,\,2\,H^+}{\overset{-2e^-,\,2\,H^+}{\rightleftarrows}}\quad
\underset{\text{Acetaldehyd (-hydrat)}}{\overset{\displaystyle H}{CH_3-\overset{|}{C}=O}}
\quad\overset{\pm\,H_2O}{\rightleftarrows}\quad
\underset{\displaystyle OH}{\overset{\displaystyle H}{CH_3-\overset{|}{\underset{|}{C}}-OH}}
\quad\underset{-2\,H^+}{\overset{-2e^-}{\rightarrow}}\quad
\underset{\text{Essigsäure}}{\underset{\displaystyle OH}{\overset{\displaystyle H}{CH_3-\overset{|}{C}=O}}}
$$

Wie hier werden häufig bei organischen und biochemischen Redoxprozessen brutto *2 Elektronen und 2 Protonen* zugleich umgesetzt. An polaren Molekülen ist es oft übersichtlich und zur Aufstellung einer stöchiometrisch richtigen Redoxgleichung nützlich, dies *formal* als gemeinsame Addition oder Abstraktion von Proton H^+ plus Hydrid H^- (Wasserstoff mit Elektronenpaar) zu beschreiben. Das muß nicht mit dem Reaktionsmechanismus übereinstimmen; bei Reduktionen mit komplexen Hydriden (s.u.) kommt das Teilchen H^- jedoch direkt als Reduktionsmittel vor. Wasserstoffmoleküle H–H treten als Reaktionspartner bei der Hydrierung an Metallkatalysatoren wie Nickel oder Platin auf.

Die an einer Reaktionsgleichung aus Stöchiometriegründen beteiligten Protonen entstammen i.a. dissoziierbaren (sauren) Funktionen, aus dem Lösungsmittel oder von zugesetzten Säuren, bzw. sie werden von anwesenden Basen übernommen.

Elektronenakzeptoren und -donatoren sind auch für organische Verbindungen die bekannten anorganischen Redoxpaare wie CrO_4^{2-}/Cr^{3+}, MnO_4^-/Mn^{2+}, Fe^{3+}/Fe^{2+}, Cu^{2+}/Cu^+, H_2O_2, $S_2O_4^{2-}$ (Dithionit)/SO_2, I_2/I^- u.a. Durch Vergleich mit diesen Systemen kann man auch organischen Redoxreaktionen Redoxpotentiale $E°$ zuordnen, selbst wenn sich die Komponenten experimentell nicht als Halbelemente anordnen lassen (s.u.). Neben den Redoxpaaren Alkohol/Aldehyd oder Keton sowie Aldehyd/Carbonsäure betrachten wir das häufig vorkommende Paar Chinon/Hydrochinon. Wo haben Sie die Reaktion Aldehyd $\to$ Carbonsäure mit Kupferionen schon ausgeführt?

Da sich bei einem Redoxprozess oft π-Elektronensysteme ändern, treten zugleich Farbänderungen auf, die analytisch nutzbar sind. Diese Systeme liegen wichtigen Coenzymen zugrunde ($\to$ Versuch 3.5.4 und Biochemisches Praktikum). Bekanntlich werden im aeroben Stoffwechsel organische Moleküle wie Glucose oder Acetat ($E^{\circ\prime}$ ca. $-0{,}3$ V) unter Energieproduktion zu CO_2 und Wasser verbrannt; dabei läuft die Übertragung der Elektronen auf den Sauerstoff O_2 ($E^{\circ\prime} = +0{,}8$ V) stets über mehrere Redoxkatalysatoren abgestuften Potentials ab ("Elektronentransportkette"), um die verfügbare Energie nicht allein als Wärme, sondern zur Synthese energiereicher Verbindungen zu gewinnen.

Versuch 3.4.7 : Dehydrierung und Hydrierung

Die Oxidation (Dehydrierung) von Alkoholen führt je nach Oxidationsmittel zum Aldehyd oder gleich weiter zur Säure. Man versetzt eine *kalte* Lösung aus 0,5 g Kaliumdichromat, 2 mL Wasser und 0,5 mL konz. H_2SO_4 tropfenweise mit Ethanol. Stechender Geruch des flüchtigen Acetaldehyds (Sdp. 21 °C). Oxidiert man dagegen Ethanol mit $KMnO_4$, trennt Braunstein MnO_2 ab und säuert an, so ist Essigsäure am Geruch festzustellen, die mittlere Oxidationsstufe Acetaldehyd ist nicht zu isolieren. Formulieren Sie die Gleichung dieser Umsetzungen.

Ethanol Acetaldehyd Essigsäure

Reduktion durch Hydridtransfer (H^-) ermöglichen die komplexen Hydride Lithiumaluminiumhydrid und Natriumborhydrid (Li-alanat, Na-boranat):

$$Li^+ \left[\begin{array}{ccc} H & & H \\ & Al & \\ H & & H \end{array} \right]^- \qquad Na^+ \left[\begin{array}{ccc} H & & H \\ & B & \\ H & & H \end{array} \right]^-$$

In den Anionen dieser Salze ist H negativ polarisiert. Mit Protonen entwickelt sich Wasserstoff ($H^+ + H^- \to H_2$), dafür tritt OH oder OR ein (zu Al-Hydroxid bzw. Borsäure). Das besonders reaktive $LiAlH_4$ darf daher nicht in Wasser- oder Alkoholgegenwart verwendet werden. $NaBH_4$ reduziert auch in Wasser oder Alkoholen (neben langsamer Selbstzersetzung) >C=O oder >C=N zum Alkohol bzw. Amin und ist so für wasserlösliche Carbonylverbindungen einschließlich Zucker geeignet. Wieviel mol C=O kann durch 1 mol $NaBH_4$ reduziert werden?

Reduktion von Benzaldehyd zu Benzylalkohol:

2 mL (20 mmol) Benzaldehyd werden unter Zugabe eines Tropfens NaOH in 5 mL Methanol gelöst und im Eisbad gekühlt. Unter kräftigem Rühren gibt man 50 mmol (.... g) in kleinen Portionen hinzu und rührt 15 min. Man spült die Reaktionsmischung mit 25 mL Wasser in einen kleinen Scheidetrichter, extrahiert dreimal mit je 10 mL Ether und wäscht die vereinigten Etherextrakte mit 10 mL Wasser. Lassen Sie den Ether unter dem Abzug verdunsten. Prüfen Sie, ob das zurückbleibende Produkt noch nach Benzaldehyd riecht und ein Dinitrophenylhydrazon oder Semicarbazon bildet. Benzylalkohol (Sdp. 205 °C) kommt in Blütenölen vor und wird u.a. in Aromen verwendet.

Reduktion von Glucose zu Sorbit:

Schütteln oder rühren Sie eine Spatelspitze Glucose (Struktur ?) mit der gleichen Menge $NaBH_4$ in 2 mL Wasser. Beobachten Sie die Mischung und prüfen Sie den pH-Wert (Interpretation?). Nach 15 min zerstören Sie den Hydrid-Überschuß mit wenigen Tropfen Essigsäure und stellen mit der Lösung sowie mit Glucose (Kontrolle) mit Fehlingscher Lösung wie in Versuch 2.3.1 einen Test auf reduzierende Zucker an. Zu welcher Substanzklasse gehört das Reduktionsprodukt, wo kommt es dem Namen nach in der Natur vor?

Versuch 3.4.8 :   Redoxdisproportionierung durch Cannizzaro-Reaktion

Aldehyde, die *keine* C–H-Nachbargruppe haben, können in alkalischer Lösung durch Elektronenverschiebung zu Säure und Alkohol disproportionieren. (Was passiert dagegen in Molekülen mit >CH–CHO unter basischen Bedingungen?)

5 mL frisch destillierter Benzaldehyd werden mit 10 mL kalter 10 M KOH (Vorsicht, stark ätzend!) in einer kleinen Stopfenflasche bis zur Bildung einer bleibenden Emulsion geschüttelt und die Mischung über Nacht bei Raumtempera-

tur aufbewahrt. Es scheidet sich Kaliumbenzoat aus. Man gibt 10 mL Wasser hinzu und schüttelt den Benzylalkohol wie oben mit Ether aus. Die stark alkalische wässrige Phase wird mit konz. Salzsäure angesäuert: Benzoesäure (vgl. Versuch 3.1.5). Den Etherextrakt schüttelt man zweimal mit konzentrierter NaHSO$_3$-Lösung (vgl. Versuch 3.4.3) und dann mit einigen mL Na$_2$CO$_3$-Lösung. Nach Abdampfen des Ethers bleibt Benzylalkohol zurück (s.o.). Wo ist nicht umgesetzter Benzaldehyd geblieben?

Versuch 3.4.9 :　Chinon und Hydrochinon

Hydrochinone sind farblose, zweiwertige Phenole (1,4-Dihydroxybenzole), die durch Dehydrierung in gelbe Chinone übergehen. Der Übergang zwischen voll aromatischem und konjugiert-"chinoidem" π-Bindungssystem ist reversibel. E° wird durch Substituenten variiert wie im Redox-Coenzym Ubichinon (+0,54 V).

$$+ 2\,e^- + 2\,H^+$$

Hydrochinon　　　　　　　　1,4-Benzochinon (E°　+ 0,70 V)
Schmp. 170 °C　　　　　　　Gelbe Kristalle, Schmp. 116 °C

Eine Lösung von 0,5 g Hydrochinon in 5 mL Wasser wird mit 1 mL konz. Schwefelsäure versetzt. Man kühlt und versetzt mit 1 Spatelspitze Natriumdichromat. Es tritt der charakteristische, schleimhautreizende Geruch des 1,4-Benzochinon auf; die Farbänderung wird hier durch Chromionen überdeckt.

Eine wässrige Lösung von 1,4-Benzochinon wird mit einigen Tropfen KI-Lösung (10 % in Wasser) versetzt und mit 1 Tropfen verd. H$_2$SO$_4$ angesäuert. Das Chinon wird reduziert, das entstandene Iod ist durch Ausschütteln mit 1 mL Chloroform nachzuweisen.

Formulieren Sie eine komplette Reaktionsgleichung.

Die *Keton*eigenschaft von C=O (z.B. Adduktbildung) ist in Chinonen wenig ausgeprägt, da das konjugierte chinoide System aufgehoben, aber auch kein aromatisches π-Elektronensystem gebildet würde.

Fragen und Anregungen

1. Welche Produkte entstehen bei der Cannizzaro-Reaktion von Formaldehyd $H_2C=O$?

2. Schreiben Sie die Moleküle von Glucose und Fructose (die häufigste Aldo- bzw. Ketohexose $C_6H_{12}O_6$) als lineare Kohlenstoffkette und formulieren Sie die Bildung der tatsächlich vorliegenden Pyranose-(Sechsring-) bzw. Furanose-(Fünfring-)Formen ($\rightarrow$ Biochemie-Buch). Um welche Art Reaktion handelt es sich?

3. Nennen Sie die in der Atmungskette und in der Photophosphorylierung (beides sind "Elektronentransportketten") beteiligten Chinone und vergleichen Sie Ihre Strukturen mit dem unsubstituierten p-Benzochinon. Wozu dienen die langen Kohlenwasserstoffseitenketten?

4. Bei der Energieproduktion in Mitochondrien erfolgt zum Start des Citronensäurecyclus eine Aldol-Addition zwischen Essigsäure (in Form des Coenzyms AcetylCoA, aber das ist hier nicht entscheidend) und der Carbonylgruppe der Oxalessigsäure $HOOC-CH_2-CO-COOH$. Formulieren sie die Reaktion und das Produkt mit Namen ....

5. Bei der Oxidation von *n*-Propylalkohol (1-Propanol) mit $KMnO_4$ läßt sich kein Propionaldehyd (Propanal) erhalten, sondern es entsteht .... (vgl. Versuch 3.4.7). Warum kann dagegen Aceton (Propanon) sogar als Lösungsmittel für Oxidationsreaktionen mit $KMnO_4$ und anderen anorganischen Oxidationsmitteln dienen?

6. Warum reagieren Amine bei zu niedrigem pH-Wert nicht mehr mit Carbonylverbindungen unter Azomethin-Bildung? (Betrachten Sie das Nucleophil!)

7. Bei der chemischen Synthese von Oligonucleotiden ($\rightarrow$ molekularbiologische Arbeiten) müssen jeweils einzelne funktionelle Gruppen der Ausgangssubstanzen vor Reaktion "geschützt" werden, während andere kondensieren sollen. Die 2',3'-*cis*-Diolstruktur der Ribose in Ribonucleosiden läßt sich durch Aceton in Säuregegenwart schützen:

$$\text{Adenosin} + \text{Aceton} \xrightarrow{-H_2O} \text{2',3'-Isopropylidenadenosin}$$

Beschreiben Sie die Umsetzung, den Reaktionstyp und das Reaktionsprodukt.

8. Amygdalin ist ein "cyanogenes Glycosid" der bitteren Mandeln und anderer Steinobstkerne. Struktur:

$$\text{C}_6\text{H}_5\text{-}\underset{\underset{H}{|}}{\overset{\overset{O-R}{|}}{C}}\text{-C}{\equiv}\text{N} \qquad (R = \text{Zucker})$$

Denken Sie sich die Zuckerreste durch R = H ersetzt: Woraus ist die Substanz entstanden ? Warum wirkt sie in größerer Menge toxisch ?

9. Der oben in Versuch 3.4.4 als Synthesebaustein verwendete Crotonaldehyd wird selbst durch Aldol-Addition von zwei Molekülen Acetaldehyd und eine Folgereaktion erhalten. Formulieren Sie die Bildung von Crotonaldehyd.

10. Chloral = Trichloracetaldehyd bildet mit Wasser ohne Katalysator ein stabiles, kristallines Hydrat (Chloralhydrat, früher als Schlafmittel benutzt), während in Lösungen der meisten anderen Carbonylverbindungen Hydrate nur in geringer Menge im Gleichgewicht vorliegen. Wieso ist die Hydratbildung bei Choral begünstigt?

11. Was entsteht bei der Oxidation von 1,2-Dihydroxybenzol (Brenzcatechin) unter Bedingungen analog Versuch 3.4.9 ?

12. Formalin ist ein konzentrierte (35–40 %) wässrige Lösung von Formaldehyd. Wozu wird sie gebraucht? Bei längerem Stehen scheidet sich wasserunlöslicher, polymerer sog. Paraformaldehyd aus. Formulieren Sie dieses Polykondensationsprodukt. Unter welchen Bedingungen wird es sich wieder zu monomerem Formaldehyd depolymerisieren lassen?

3.5 Aromatische Verbindungen

Verbindungen des Benzols C_6H_6 und anderer aromatischer Kohlenwasserstoffe nehmen in Struktur, Stabilität und Reaktivität eine Sonderstellung in der organischen Chemie ein, und zwar durch die besondere Art ihres cyclischen π-Elektronensystems. Aromatischer Charakter herrscht nach E. Hückel bei einer Zahl von

$$4\,n\ +\ 2\ \ \text{π-Elektronen}\quad (n = 0, 1, 2\ \ldots ..;\ \text{Benzol: } n = 1)$$

Die Mesomerie in einem ebenen Ring bedeutet völlige Gleichheit der Elektronendichte und der Länge aller C–C–Bindungen im Molekül und eine hohe energetische Stabilisierung (Mesomerieenergie des Benzols = 151 kJ/mol). Der "aromatische" Bindungszustand wird durch zwei gleichwertige mesomere Grenzstrukturen mit je 3 Doppel- und Einfachbindungen nur ungenügend wiedergegeben. Gebräuchlich ist daher auch die Schreibweise mit völlig delokalisierten Bindungen in einem Kreis. Auf keinen Fall ist Benzol als ungesättigtes "Cyclohexatrien" mit drei normalen Doppelbindungen anzusehen. *Merke*: Der Mesomeriepfeil ↔ bedeutet Identität, *nicht ein Gleichgewicht*, und darf mit der Gleichgewichtsbeschreibung ⇄ nicht verwechselt werden!

| mesomere | delokalisierte | mesomere |
| Grenzstruktur | Bindungen | Grenzstruktur |

Räumlich gesehen stellt ein aromatisches Molekül ein ebenes, scheibchenförmiges Gebilde dar, in dem Wasserstoffatome und Substituenten *in* der Ringebene nach außen stehen, während die π-Elektronenwolke sich *über und unter* der Ringebene erstreckt.

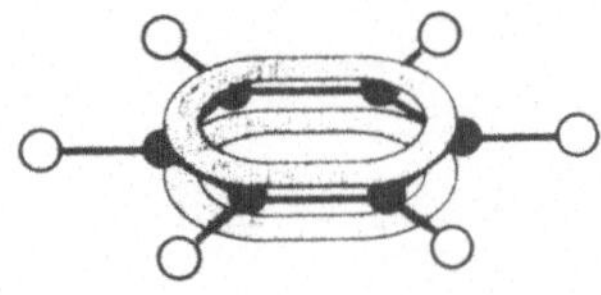

Diese typische Asymmetrie macht aromatische Wasserstoffe spektroskopisch leicht erkennbar (NMR, Protonenresonanzspektren), und sie führt zu charakteristischen π-Elektronenwechselwirkungen, wenn mehrere Moleküle senkrecht übereinandergestapelt sind (→ DNA-Struktur).

In das delokalisierte Bindungssystem können Heteroatome mit π-Elektronen sowie freie Elektronenpaare integriert sein, insbesondere von Stickstoff und Schwefel; solange 6 π-Elektronen vorhanden sind, haben Sechsring- oder Fünfring-Heterocyclen aromatischen, benzolähnlichen Charakter. Beispiele:

Pyridin	Pyrimidin	Pyrrol	Thiazol

Neben aromatischen Kohlenwasserstoffen (Benzol, Toluol, Xylol, Naphthalin) sind substituierte Aromaten wie Phenol C_6H_5-OH oder Anilin C_6H_5-NH_2 wichtige und häufige Verbindungen. In ihnen verhalten sich die funktionellen Gruppen anders als in aliphatischen Verbindungen, weil die freien Elektronenpaare von O oder N in zusätzlichen Grenzstrukturen in das aromatische π-System einbezogen werden:

Phenolat-Anion	Anilin

Ein Phenol ist also in Eigenschaften und Reaktivität kein normaler Alkohol, Anilin ist kein typisches organisches Amin. Aber auch umgekehrt wird die Reaktionsweise des aromatischen Ringes von vorhandenen Substituenten durch Mesomerie- und induktive Effekte mitbestimmt:

- $-NH_2$, $-OH$, $-OR$, $-CH_3$ *erleichtern* die Zweitsubstitution und "dirigieren" (siehe Pfeile) neue Substituenten in die *ortho*- und *para*-Positionen (2-, 4- und 6-Stellung), weil sie dort die Elektronendichte erhöhen,

- $-NO_2$, $-CN$, $-CHO$, $-COOH$, $-SO_3H$ *desaktivieren* den aromatischen Kern in 2-, 4- und 6-Position durch Abzug von Elektronendichte und dirigieren daher neue Substituenten in die weniger beeinträchtigten *meta*-Positionen (3- und 5-Stellung).

Phenol,
reaktionsfreudig

Nitrobenzol,
wenig reaktiv

Elektrophile Substitution

Weil Aromaten elektronenreich sind, werden sie bevorzugt mit Elektrophilen (Teilchen mit Elektronendefizit) reagieren. Jedoch kann *nicht* wie bei Olefinen die Addition eines Nucleophils folgen (A_E, Kapitel 3.3), weil dies den Verlust des mesomeriestabilisierten 6 π-Systems bedeuten würde. Vielmehr spaltet das System ein Proton ab, so daß auch nach Eintritt des Elektrophils der aromatische Charakter beibehalten wird: Es erfolgt elektrophile *Substitution* S_E.

π-Komplex σ-Komplex

Typische elektrophile Substitutionsreaktionen an aromatischen Verbindungen sind Halogenierung ($\to$ Chloraromaten), Nitrierung ($\to$ Nitroaromaten), Sulfonierung ($\to$ Sulfonsäuren), Alkylierung und Arylierung ($\to$ aromatische Ketone). In vielen Fällen muß dabei die Polarisierung des elektrophilen Reaktionspartners durch Katalysatoren verstärkt werden; üblich sind Lewis-Säuren wie wasserfreies $AlCl_3$ oder $FeCl_3$, die entstehende Halogenidanionen X^- komplexieren (als $AlCl_4^-$ bzw. $FeCl_4^-$) und aus dem Gleichgewicht entfernen ("Friedel-Crafts-Reaktionen").

Offensichtlich lassen sich manche aromatische Substanzklassen wie Phenole, Aniline und Carbonsäuren *nicht* durch elektrophile Reaktionen erhalten (wieso?) . Zu ihrer Herstellung muß man andere, bereits vorhandene Substituenten umwandeln, z.B. Nitro- zu Aminogruppen hydrieren (Nitrobenzol $\to$ Anilin) oder Seitenketten oxidieren (Toluol C_6H_5-CH_3 $\to$ Benzaldehyd C_6H_5-CHO und Benzoesäure C_6H_5-COOH). Auf sehr einfache Weise bildet sich Salicylsäure = 2-Hydroxybenzoesäure aus Natriumphenolat und Kohlendioxid (Kolbe-Synthese).

Gesundheitsgefährdende aromatische Substanzen

Manche aromatischen Verbindungen sind gefährliche Carcinogene und/oder Teratogene, insbesondere polycyclische Kohlenwasserstoffe mit 3-7 gewinkelt aneinanderkondensierten Ringen sowie bestimmte aromatische Amine und Nitroverbindungen. Oft ruft erst eine Aktivierung im Stoffwechsel (z.B. Epoxidierung oder Hydroxylierung an bestimmten Positionen, s. Pfeile) die krebserzeugende Wirkung hervor. Beispiele:

Chrysen   Benzpyren   Benzidin   β-Naphthylamin
                                        und Derivate   (2-Aminonaphthalin)

2,3,7,8-Tetrachlordibenzo-   Aflatoxin B$_1$ (ein Toxin aus
1,4-dioxin (TCDD)   *Aspergillus flavus*)

Unsubstituiertes Benzol (Sdp. 80 °C, flüchtig) wird durch Inhalation oder Haut-
resorption leicht in den Organismus aufgenommen. Bei chronischer Einwirkung
kann es zu Knochenmarksschädigungen, Chromosomenaberrationen und Leukä-
mie führen. Seine Verwendung als Lösungsmittel oder in Chromatographie-
fließmittelgemischen hat daher möglichst zu unterbleiben. Toluol = Methylbenzol
ist ein ungefährlicher Ersatz.

Aromatische Verbindungen sind nicht grundsätzlich gesundheitsschädlich, doch
ist ihr Gefahrenpotential aus der Struktur meist nicht abzulesen. Da schwer meta-
bolisierbar, werden sie oft in der Leber mit Zuckern oder Aminosäuren "konjugiert" (kovalent verknüpft) und dann ausgeschieden, oder es erfolgt oxidative
Öffnung und Abbau des stabilen Phenylringes zu Derivaten der Muconsäure
HOOC–CH=CH–CH=CH–COOH und deren Verstoffwechslung (→ Biochemie,
Oxygenasen, Cytochrom P450).

Obwohl Aromatenchemie sehr vielfältig ist und zu unzähligen interessanten
Produkten und Naturstoffen führt (z.B. Lignin: 25 % der Masse von Holz) be-
schränken wir uns auf wenige Versuche. Viele Umsetzungen erfordern spezielle
Bedingungen, völligen Ausschluß von Feuchtigkeit und aggressive Gefahrstoffe
als Reaktionspartner (z.B. Nitriersäure: Gemische aus konz. Salpetersäure und
konz. Schwefelsäure) und sind dem chemischen Forschungslabor oder Produk-
tionsbetrieb vorbehalten.

Versuch 3.5.1 :   Bromierung und Nitrierung von Toluol

Bromierung:

Im Gegensatz zur Bromierung von Cyclohexen war in Versuch 3.3.6 keine Reaktion zwischen Toluol und Brom festgestellt worden. Geben Sie jetzt zu 5 mL Toluol etwa 0,5 mL Brom (Vorsicht, siehe Bemerkungen unter Versuch 3.3.6) sowie einige Eisenspäne und schütteln Sie die Mischung häufig, bis Gasentwicklung einsetzt. Die Färbung hellt sich auf und es entweicht HBr, nachzuweisen mit feuchtem pH-Papier über dem Reaktionsgefäß.

Das Elektrophil Br^+ entsteht nach

$$3\,Br_2 + 2\,Fe \rightarrow 2\,FeBr_3 ; \quad Br_2 + FeBr_3 \rightarrow Br^+[FeBr_4]^- .$$

Nitrierung:

Toluol
Sdp. 111 °C, D. 0,87

Nitrotoluol, D. 1,16
(*o*-, *p*-Isomerengemisch)

Das Elektrophil NO_2^+ (Nitronium-Ion) entsteht aus der Nitriersäure nach

$$HNO_3 + 2\,H_2SO_4 \rightarrow NO_2^+ + H_3O^+ + 2\,HSO_4^-$$

Verwenden Sie vorbereitete eiskalte Nitriersäure, die 10 mL konz. Salpetersäure und 20 mL konz. Schwefelsäure enthält. Man füllt sie in einen Erlenmeyerkolben, der mit Eis gekühlt wird, und läßt aus einem darüber befestigten kleinen Tropftrichter oder Schütteltrichter 10 mL Toluol langsam zutropfen. Die Reaktionslösung im Kolben wird öfters geschüttelt. Nach Beendigung der Zugabe prüft man die Vollständigkeit des Reaktionsumsatzes, indem man eine kleine Probe aus dem Erlenmeyerkolben entnimmt und in einem Reagenzglas mit Wasser versetzt. Nitrotoluol bildet wegen seiner größeren Dichte die untere Phase, Toluol eine obere Phase. Falls Toluol noch nicht vollständig umgesetzt ist, erwärmt man die Reaktionsmischung auf dem Wasserbad bis höchstens 50 °C. Anschließend wird das Reaktionsgemisch vorsichtig und portionsweise (!) in 100 mL Eiswasser gegossen. Man trennt Nitrotoluol im Schütteltrichter von Wasser ab, wäscht je einmal mit 10 mL gesättigter $NaHCO_3$-Lösung (Vorsicht, Schäumen) und 10 mL Wasser.

Das ölige, gelbliche Produkt ist ein Isomerengemisch, in dem das 1,2-substituierte (*o*-)Isomere überwiegt. Zur Trennung müßte es einer fraktionierten Vakuumdestillation unterworfen werden; gelegentlich kristallisiert das 1,4-(*p*-)Isomere in der Kälte aus (Schmp. 51 °C). Beachten Sie den charakteristischen Geruch der Nitroaromaten.

Anmerkung: Was wissen Sie über Trinitrotoluol? Überlegen Sie sich dessen Herstellung und beabsichtigte Zersetzung, *aber führen Sie sie bitte nicht aus - es gibt stellenweise ohnehin zuviel davon !*

Versuch 3.5.2 : Friedel-Crafts-Acylierung von Anisol

Alkylierung und Acylierung aromatischer Ringe mit Alkyl- bzw. Säurechloriden zu Alkylbenzolderivaten und aromatischen Ketonen gelingen nach Friedel und Crafts am besten in Gegenwart von wasserfreiem Aluminiumchlorid, das die Bildung der erforderlichen elektrophilen Species R^+ bzw. $R-C^+=O$ (mit dem komplexen Anion $[AlCl_3X]^-$) ermöglicht. Die Reaktionsgefäße und Lösungsmittel müssen dabei *trocken* sein, $AlCl_3$ muß *rasch* abgewogen werden (an der Luft HCl-Entwicklung).

Anisol	Benzoylchlorid	4-Methoxybenzophenon
Sdp. 154 °C, D. 0,99	Sdp. 198 °C, D. 1,21	Schmp. 61-62 °C

Ist Anisol (= Methoxybenzol oder Methylphenylether) in S_E-Reaktionen reaktiver oder weniger reaktiv als Benzol ?

In einem 100 mL-Dreihalsrundkolben mit 0,2 mol Anisol fügt man unter Rühren 0,05 mol wasserfreies Aluminiumchlorid zu. Danach werden 0,04 mol Benzoylchlorid so zugetropft, daß die Reaktionsmischung nicht überschäumt (starke Gasentwicklung, Rotbraunfärbung). Anschließend versieht man den Rückflußkühler mit einer Gasableitung, die in den Abzug führt, und kocht die tiefbraune Lösung 2 h unter Rückfluß; die anfangs starke HCl-Entwicklung ist dann beendet. Das erkaltete Gemisch gibt man auf etwa 40 mL Eis, trennt die organische Phase ab und extrahiert die wässrige dreimal mit je ca. 10 mL Diethylether. Die vereinigten Etherauszüge wäscht man zweimal mit je 50 mL 2 N Natronlauge und einmal mit 50 mL Wasser. Nach dem Trocknen über wasserfreiem Natriumsulfat destilliert man den Ether bei Normaldruck und das überschüssige Anisol im Wasserstrahlvakuum ab. Der Rückstand wird in siedendem Methanol gelöst. Das Produkt fällt bei Wasser-Zugabe aus. Nach dem Trocknen im Vakuum werden

Schmelzpunkt und Ausbeute bestimmt und die Ketonnatur mit einem Nachweis aus Versuch 3.4.1 verifiziert.

Versuch 3.5.3 :   Darstellung von Tri-*p*-tolylchlormethan

Anmerkung: Tetrachlorkohlenstoff (Tetrachlormethan) CCl_4 wird über Atemwege und Haut leicht aufgenommen und ist giftig (R 26/27, S 2,38,45). In diesem Versuch wird er in kleiner Menge stöchiometrisch *umgesetzt* und ist daher bei sachgerechter Handhabung ohne Risiko zu verwenden. Als Lösungsmittel soll Tetrachlorkohlenstoff nicht mehr gebraucht werden, als Fleckenentferner - früher gebräuchlich - ist er verboten.

Toluol	Tetrachlorkohlenstoff	Tri-*p*-tolylchlormethan
Sdp. 111 °C, D. 0,87	Sdp. 77 °C, D. 1,59	Schmp. 171 °C

In einem trockenen 100 mL-Dreihalskolben mit Thermometer, Tropftrichter und Rückflußkühler mit aufgesetztem Trockenrohr werden unter Feuchtigkeitsausschluß 0,03 mol wasserfreies Aluminiumchlorid in 0,3 mol Toluol suspendiert. Dann läßt man 0,02 mol (.... mL) Tetrachlorkohlenstoff so zutropfen, daß die Innentemperatur 40 °C nicht überschreitet (ggf. den Kolben mit Wasser kühlen). An der Braunfärbung erkennt man das Einsetzen der Reaktion. Anschließend wird 15 min am Rückfluß erhitzt. Nach dem Erkalten gießt man auf eine Mischung von 100 g Eis und 100 mL konz. Salzsäure; evtl. abgeschiedene ölige Tropfen bringt man mit Toluol in Lösung. Die Phasen werden getrennt und die organische Phase mit $CaCl_2$ getrocknet. Das Lösungsmittel wird am Rotationsverdampfer abdestilliert und das Produkt aus Petrolether umkristallisiert. Man bestimmt die Ausbeute. Die Substanz muß die aus Versuch 3.3.2 bekannte Bildung eines farbigen Kations zeigen.

Versuch 3.5.4 : Pyridin/Dihydropyridin - ein Coenzymmodell

Pyridin ist eine vergleichbar stabile aromatische Verbindung wie Benzol. Es kann jedoch am basischen Stickstoff zu kationischen Pyridiniumsalzen substituiert und dann - leichter als Benzol - nucleophil durch H^- zur Dihydropyridinstruktur reduziert werden. Das ist die Grundlage der Nicotinamid-Redoxcoenzyme NAD^+ und $NADP^+$ ($\rightarrow$ Biochemie-Buch), auf die im Stoffwechsel der Wasserstoff vieler Metabolite wie Lactat, Malat, Glutamat u.a. übertragen wird. Eine strukturell und spektroskopisch dem Coenzym NAD^+ ähnelnde Modellverbindung läßt sich leicht synthetisieren.

Nicotinamid (= Niacin des Vitamin B-Komplexes) ist Pyridin-3-carbonsäureamid. Mit dem nicht ganz unbekannten Inhaltsstoff aus *Nicotiana tabacum* besteht außer dem Pyridinring nur entfernte Verwandtschaft; die Namensgebung hat historische Zusammenhänge.

Nicotinamid
Schmp.129–131 °C   Benzylchlorid Sdp. 179 °C   **1**   **2**

1-Benzyl-3-carbamoylpyridiniumchlorid (**1**):

2 g Nicotinsäureamid werden in einem kleinen Kölbchen mit 3 g Benzylchlorid (Tränenreizend! R 36/37/38; S 39) und 5 mL Ethanol übergossen und 3 Stunden am Rückfluß erwärmt. Man läßt abkühlen, saugt den ausfallenden Kristallbrei ab, wäscht mit wenig Alkohol und trocknet das Salz an der Luft (Schmp. 233–236 °C).

Das Präparat kann in dieser Form aufgehoben werden, bis in Kapitel 3.7 (Farbstoffe) oder 4.1 (Photometrie) Spektren aufgenommen werden. Das wie folgt reduzierte Produkt ist zur Aufbewahrung weniger geeignet.

Reduktion zu 1-Benzyl-1,4-dihydronicotinsäureamid (**2**):

Man gibt 2 g des Pyridiniumchlorids **1** zu einer Lösung von 8 g $NaHCO_3$ in 100 mL Wasser in einem Rundkolben. Das Salz muß sich klar lösen, sonst wird rasch filtriert. Dann gibt man unter Umschwenken 7 g Natriumdithionit $Na_2S_2O_4$ zu und schüttelt mit aufgesetztem Stopfen 10 min. Es wird zweimal mit je 20 mL Chloroform extrahiert, die $CHCl_3$-Phase mit wasserfreiem Na_2SO_4 getrocknet, filtriert und im Vakuum eingedampft. (Mehrere Ansätze können an dieser Stelle vereinigt werden.) Zum öligen Rückstand gibt man etwas Ethanol und dampft erneut ab. Der Rückstand wird mit 2 mL Ethanol übergossen und beginnt nach einiger Zeit zu kristallisieren (evtl. mit Glasstab reiben). Das Produkt (Schmp. 121–123 °C) gut trocknen und verschlossen aufbewahren; es ist empfindlich gegenüber Säuren.

Man stellt 10^{-4} M Lösungen der oxidierten und reduzierten Substanz in 95 % Methanol her und bestimmt im Wellenlängenbereich 240–400 nm das Absorptionsmaximum. *Vorsicht mit Quarzküvetten!* Man präge sich ein, welche der beiden Verbindungen eine Absorptionsbande besitzt.

Fragen und Anregungen

1. Welche der folgenden Verbindungen sind aromatisch:

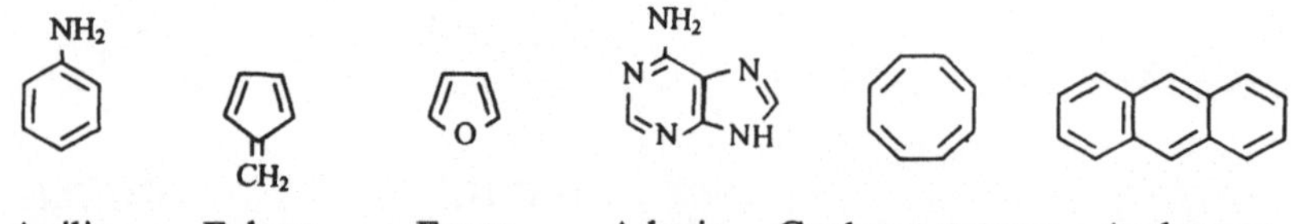

2. Formulieren Sie die auf S. 192 erwähnte technische Salicylsäure-Synthese. Welches Nebenprodukt kann auftreten, wie reinigt man die Substanz ? Wozu wird Salicylsäure verwendet?

3. 3,5-Dinitrobenzoesäure bzw. ihr Säurechlorid ist ein Reagenz zur Überführung von Alkoholen in schwerlösliche, gut identifizierbare Ester. Wie wird sie hergestellt?

4. 2,4-Dichlorphenoxyessigsäure (2,4D) ist ein bekanntes Herbizid. Welche einfache aromatische Verbindung dient als Ausgangsmaterial zur Herstellung ?

5. Zentrale Struktureinheit des polymeren Lignins ist Coniferylalkohol. Durch welche verschiedenen Reaktionen entsteht er aus Zimtsäure bzw. *p*-Cumarsäure und woher stammen wiederum diese beiden ?

6. Cyclopentadien C_5H_6 ist eine typisch ungesättigte Verbindung mit zwei Doppelbindungen. Wieso wird daraus durch Deprotonierung ein aromatisches System mit völliger Elektronendelokalisierung?

7. Im Schilddrüsenhormon ist die Aminosäure Tetraiodthyronin (= Thyroxin) enthalten, die biosynthetisch durch Iodierung des Thyronins entsteht:

Thyronin

Bezeichnen Sie in der Formel die Stellen, an denen die vierfache Substitution der aromatischen Ringe erfolgen wird. Kontrollieren Sie Ihren Vorschlag mit der Strukturformel im Biochemie-Buch.

8. Thema Altlasten: Bei der Sprengstoffherstellung werden Toluol, N-Methylanilin und andere Aromaten mit Nitriersäure umgesetzt. Da die Nitrierung stufenweise erfolgt, sind in Produktionsrückständen stets verschiedene Substanzen nebeneinander enthalten, die unterschiedliche chemische und toxikologische Eigenschaften haben und die Analytik sowie ggf. die Dekontaminierung belasteter Böden sehr erschweren. Wieviele isomere Mono-, Di- und Trinitrotoluole gibt es, wieviel nitrierte N-Methylaniline (Anmerkung: Hier ist das Endprodukt N,2,4,6-*Tetra*nitro-N-methylanilin) ?

3.6 Organische Säuren und Basen

Viele organische Stoffe sind Säuren oder Basen; manche vereinigen sogar beide Funktionen in einem Molekül wie die Aminosäuren. Säureeigenschaften werden am häufigsten durch die Carboxylgruppe -COOH hervorgerufen, die durch Deprotonierung zum Carboxylatanion $-COO^-$ wird:

$$R\text{-}COOH \;\; \rightleftarrows \;\; R\text{-}COO^- + H^+$$

Baseeigenschaften findet man in organischen Molekülen mit Stickstoff-Funktionen, die sich von Ammoniak ableiten (Amine) und protoniert werden:

$$R\text{-}NH_2 + H^+ \;\; \rightleftarrows \;\; R\text{-}NH_3{}^+$$

Aber auch andere wichtige Strukturen (siehe unten) können in Protonierungsgleichgewichten existieren und sauer oder basisch sein.

Bereits die Namen vieler einfacher Carbonsäuren, Amine und komplexerer Moleküle beweisen, daß es sich um weitverbreitete Stoffwechselprodukte handelt. Prägen Sie sich einige dieser Strukturen ein - Sie brauchen sie wieder in Biochemie, Physiologie, Mikrobiologie und anderswo!

Natürlich vorkommende organische Säuren und Basen
(in Klammern die Namen der Salze; n = Anzahl der C-Atome)

Fettsäuren	**Hydroxycarbonsäuren**	**Ketocarbonsäuren**
n=1: Ameisensäure (Formiat)		
n=2: Essigsäure (Acetat)	Glykolsäure (Glykolat)	Glyoxylsäure (Glyoxylat)
n=3: Propionsäure (Propionat)	Milchsäure (Lactat)	Brenztraubensäure (Pyruvat)
n=4: Buttersäure (Butyrat)	Hydroxybuttersäure	Acetessigsäure

Dicarbonsäuren	**Hydroxydicarbonsäuren**	**Ketodicarbonsäuren**
n=2: Oxalsäure (Oxalat)		
n=3: Malonsäure (Malonat)		
n=4: Bernsteinsäure (Succinat)	Äpfelsäure (Malat) Weinsäure (Tartrat)	Oxalessigsäure
n=5: Glutarsäure (Glutarat)		Ketoglutarsäure

Tricarbonsäure   n= 6: Citronensäure (Citrat)

Aromatische Carbonsäuren

Benzoesäure (Benzoat)   Zimtsäure C_6H_5–CH=CH–COOH (Cinnamat)

Amine und Basen mit verschiedenen Stickstoff-Funktionen

$(CH_3)_3N$ NH_2-$(CH_2)_3$-NH-$(CH_2)_4$-NH-$(CH_2)_3$-NH_2 $(NH_2)_2C$=NH

Trimethylamin   Spermin   Guanidin

Histamin   Nicotin   Coffein   Adenin

Die auffallende Häufigkeit saurer und basischer Metabolite und anderer Zellsubstanzen hat physiologisch-chemisch Vorteile:

• Die unter Deprotonierung bzw. Protonierung ionisierbaren Moleküle sind als Salze *wasserlöslich*,

• durch *ionische Wechselwirkung* zwischen entgegengesetzt geladenen Substituenten können spezifische nicht-kovalente Bindungen erfolgen, z.B. zwischen Substraten und Enzymen oder zwischen Nucleinsäuren (hier sind es Phosphorsäure-, nicht Carbonsäure-Derivate) und Basen,

• Moleküle mit Carboxylatgruppen können CO_2 abspalten ("*Decarboxylierung*") und sind damit ideale Zwischenstufen in der biologischen Energiegewinnung, bei der organische Substanz letztlich zu Kohlendioxid verbrannt wird.

Acidität

Organische Moleküle können Wasserstoff auf Basen übertragen (einfacher ausgedrückt: Protonen abgeben), wenn

• als Anion ein energetisch günstiges, mesomeriestabilisiertes Teilchen entsteht; Voraussetzung zur Existenz eines delokalisierten π-Elektronensystems ist wie bei den Aromaten ein planares Bindungsgerüst:

Carbonsäure, nicht mesomer   Carboxylat-Ion, mesomer

• und/oder wenn die Bindung zum Wasserstoff durch benachbarte elektronenziehende Substituenten gelockert wird (induktiver Effekt, "*Acidifizierung*" des H durch Halogen-, Nitro-, NH_3^+-Gruppen und benachbarte Doppelbindungen):

$$\delta^- X-C-C-O-H \quad \rightarrow \quad X-C-C-O^- \quad H^+$$

Beide Effekte können (aber müssen nicht) kombiniert auftreten. *Wichtiger ist die Mesomeriestabilisierung im Anion.* Diese Strukturabhängigkeit gilt nicht nur für -O-H in Carbonsäuren, Phenolen und Enolen, sondern auch für -N-H in Amiden und Imiden sowie für bestimmte -C-H-Bindungen ("C-H-Acidität").

Wegen dieser verschiedenen Struktureinflüsse sind organische Säuren unterschiedlich stark oder schwach sauer. Typische pK_a-Werte sind (s. auch Anhang):

Säure	pK_a	Säure	pK_a
Essigsäure CH_3-COOH	4,8	Salicylsäure $C_6H_4(OH)COOH$	3
Glykolsäure $HOCH_2$-COOH	3,8	Harnsäure (Struktur S. 214)	6
Chloressigsäure $ClCH_2$-COOH	2,8	Acetylaceton (Struktur S. 205)	8
Trichloressigsäure Cl_3C-COOH	0	Phenol C_6H_5-OH	10
Benzoesäure C_6H_5-COOH	4,2	Nitromethan NO_2-CH_3	10

Alkohole ohne acidifizierende Substituenten, OH-Gruppen in Zuckern u. dergl. erfüllen *nicht* die Kriterien für Acidität und sind nicht sauer ($pK_a > 15$). Anionbildung zum "Alkoholat" ist hier allerdings zu erzwingen, wenn man die Protonen aus -O-H zu Wasserstoff *reduziert*; auf diese Weise lösen sich Alkalimetalle in Alkoholen. Dagegen haben Thiole (Thioalkohole oder Mercaptane) schon in wässriger Lösung deutliche Acidität (pK_a ca. 9), weil die Bildung eines Thiolat-Anions -S$^-$ an dem größeren, polarisierbaren Schwefelatom erleichtert ist; dies hat Bedeutung für die Dissoziation von SH-Gruppen in Proteinen.

Versuch 3.6.1 :   Löslichkeit organischer Säuren und Basen

Zur Handhabung, Isolierung und Identifizierung saurer und basischer organischer Verbindungen kann man sich ihre charakteristischen Löslichkeitsunterschiede im undissoziierten und im ionisierten (Salz-)Zustand zunutze machen. Abgesehen von den einfachsten wasserlöslichen Vertretern (z.B. Essigsäure, Methylamin) sind die Neutralmoleküle i.a. in Wasser schwer- oder unlöslich und in Ether löslich. Unter Salzbildung gehen dagegen Säuren in alkalischer Lösung (NaOH oder

$NaHCO_3$) bzw. Amine in verdünnten Mineralsäuren (HCl) in die wässrige Phase und können so von anderen etherlöslichen Substanzen abgetrennt werden. Beobachten Sie das Verhalten folgender Systeme:

Eine Spatelspitze Benzoesäure C_6H_5-COOH wird im Reagenzglas mit Wasser übergossen, dann wird Ether zugesetzt und geschüttelt. (Sind keine offenen Flammen in der Nähe?)

Lösen Sie Benzoesäure in wenig $NaHCO_3$-Lösung, überführen die Lösung in einen kleinen Scheidetrichter, schütteln mit Ether und einigen Tropfen HCl (Vorsicht: CO_2-Entwicklung, Stopfen lüften!), verwerfen die Wasserphase und lassen die Etherphase unter dem Abzug verdampfen. Was bleibt zurück?

Phenole stehen als schwache Säuren in ihrer Löslichkeit den Carbonsäuren näher als den Alkoholen. Lösen Sie je eine Spatelspitze Phenol C_6H_5-OH (zerfließliche Kristalle vom Schmp. 41°C; *Vorsicht*: Ätzend! R 24, 34) in Ether, in Wasser und in verdünnter NaOH und erklären Sie die Beobachtungen.

Harnsäure (Salze: Urate) ist wegen ihrer Struktur (S. 214) mit polaren, aber auch hydrophoben heterocyclischen Bereichen in Wasser *und* Ether unlöslich. Wie verhält sich eine kleine Probe in verdünnter Natronlauge? Wo wird die Unlöslichkeit von Harnsäure zum pathologischen Problem?

Prüfen Sie in analoger Weise die Löslichkeit von Diethylamin oder Triethylamin (Abzug!) in Wasser, Wasser mit HCl-Zusatz, und beim Schütteln der sauren wässrigen Lösung mit Ether und NaOH.

Versuch 3.6.2 : Säurestärke organischer Verbindungen

Man prüft folgende Verbindungen auf ihre Säurenatur:

C_2H_5OH

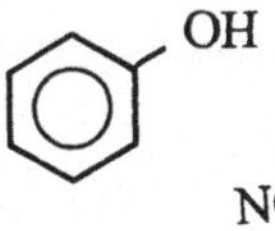

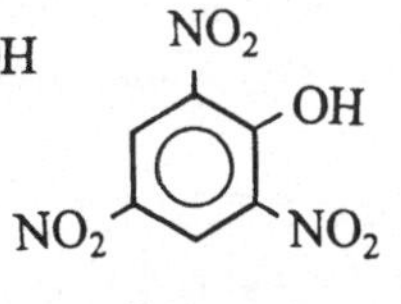

$CH_3COCH_2COCH_3$ CH_3COOH

Ethanol Phenol Pikrinsäure Acetylaceton Essigsäure

Versuchen Sie, den pH-Wert der Substanz in Wasser direkt zu ermitteln (Indikatorpapier oder pH-Meter); dann machen Sie Wasser + 1 Tropfen Phenolphthalein mit der kleinstmöglichen Menge sehr verdünnter NaOH alkalisch, geben die Substanz zu und prüfen auf Entfärbung. Schlußfolgerungen?

Im Fall des Ethanols versetzen Sie nun 2 - 3 mL wasserfreien Alkohol mit einem kleinen Stück (einige mm^3) Natrium-Metall: Wasserstoffentwicklung und

Auflösung zu Na-Alkoholat. Das ist allerdings *keine* Säure-Basen-Reaktion, sondern eine .... Reaktionsgleichung:

Geben Sie nach Auflösung einige mL Wasser und einen Tropfen Phenolphthalein zu. Welche Teilchen liegen nun in der Mischung als Base vor?

Trichloressigsäure ("TCA") ist eine nicht-oxidierende, starke organische Säure und für biochemische Zwecke vorteilhaft. Bereiten Sie äquimolare Mischungen von Essigsäure/Na-acetat und Trichloressigsäure/Na-trichloracetat, indem Sie ausgehend von 0,5 M Lösungen je 5 mmol Säure mit je 2,5 mmol NaOH halb neutralisieren. Messen Sie den pH-Wert; unter diesen Bedingungen gilt bekanntlich pH = ... Warum ist TCA *viel* stärker als Essigsäure?

Extrahieren Sie die TCA/Trichloracetat-Mischung zweimal im Scheidetrichter mit Ether und messen in der wässrigen Phase erneut den pH. Was ist geschehen?

Vorsicht: Freie Trichloressigsäure ist ätzend (R 35; S 24, 25, 26).

Versuch 3.6.3 :   Bestimmung der Dissoziationskonstante von *p*-Nitrophenol

Kenntnis der Dissoziationskonstanten K bzw. des pK_a-Wertes ist Voraussetzung zur Beschreibung einer sauren oder basischen Substanz. Man kann sie bekanntlich durch Titration und pH-Messung bestimmen (vgl. Kapitel 1.3). In organischen Substanzen sind Protonierung bzw. Deprotonierung eines Moleküls nicht selten mit *Farb*änderungen verbunden; die Ursachen werden in Kap. 3.7 erklärt. Wenn die eine Form (fast) farblos und die andere intensiv gefärbt ist, läßt sich der pK_a-Wert besonders einfach durch photometrische Messungen in Abhängigkeit vom pH-Wert der Lösung bestimmen. Nach dem Lambert-Beerschen Gesetz ($\rightarrow$ Kapitel 3.7 und 4.1) sind Lichtabsorption und Konzentration einer Substanz einander direkt proportional.

Stellen Sie im Meßkolben 100 mL einer 10^{-4} M Lösung von *p*-Nitrophenol in Wasser her (NO_2-C_6H_4-OH. Gesundheitsschädlich: R 20, 21, 22; S 28.1). Bereiten Sie in zwölf Reagenzgläsern je 5,0 mL folgender Lösungen vor:

1.   0,02 N Essigsäure
2.-11. Pufferlösungen (am günstigsten Citronensäure/Phosphat-Puffer,
        fertig angesetzt) vom pH 4 / 5 / 5,5 / 6 / 6,5 / 7 / 7,5 / 8 / 9 / 10
12.   0,02 N NaOH

und pipettieren Sie je 5,0 mL der Nitrophenol-Lösung zu; berechnen Sie den pH-Wert in Mischung 1. und 12. Messen Sie die Extinktion der Lösungen bei 400 nm (oder einer benachbarten Wellenlänge) in 1 cm-Glasküvetten. Stellen Sie graphisch die Abhängigkeit der Extinktion vom pH-Wert dar und ermitteln Sie den pK_a-Wert am Wendepunkt der Kurve.

Welchen pK_a-Wert hat unsubstituiertes Phenol (s. oben) und warum ist Nitrophenol viel saurer? Die Freisetzung und gute Meßbarkeit des gefärbten Nitrophenolat-Anions bei physiologischen pH-Werten macht man sich zur Bestimmung hydrolytischer Enzyme mit Nitrophenylestern als Substrat zunutze; woher kennen Sie diese Reaktion? (Versuch ......).

Keto-Enol-Tautomerie

Eine weitverbreitete und wichtige Form der C-H-Acidität herrscht in Ketonen mit einer benachbarten CH_2- oder CH-Gruppe (Kapitel 3.4). Durch den induktiven Effekt der Carbonylgruppe acidifiziert, kann von hier ein Proton auf den elektronegativen Sauerstoff übergehen, so daß als isomere Struktur ein ebenfalls saures *Enol* entsteht; die Wasserstoffübertragung nennt man "Tautomerie"-Gleichgewicht.

Ketoform   R–C–CH₂–R   ⇄   R–C=CH–R   Enolform
                     ‖ |
                     O   OH

In einfachen Ketonen sind nur geringe Mengen Enol vorhanden (z.B. in Aceton: < 0,01 %). Verbindungen mit deutlichem Enolgehalt im Gleichgewicht sind dagegen alle 1,3-Dicarbonylverbindungen (β-Diketone, β-Ketosäurederivate, < 10 bis > 90 % Enol), denn in ihnen entsteht ein energetisch günstiges konjugiertes Doppelbindungssystem, ggf. noch durch eine intramolekulare H-Brücke stabilisiert.

Acetessigester ($R=OC_2H_5$), Acetylaceton ($R=CH_3$)   Cyclohexandion-1,3

Zu unterscheiden vom Keto-Enol-Gleichgewicht ist das unter O-H- *und* C-H-Ionisation in Gegenwart von Basen existierende *gemeinsame, mesomeriestabilisierte Anion* (nur *eine* Species, kein Gleichgewicht!). Ursache für dessen Bildung ist der Energiegewinn durch Elektronendelokalisierung:

Versuch 3.6.4 :   Enol- und Komplexbildung bei 1,3-Diketonen

Das Diketon-Enolatanion ist prädestiniert zur Bildung stabiler, kovalenter Metall-komplexe mit "quasiaromatischem" Bindungscharakter in einem Sechsring. Einen solchen Komplex haben Sie in Versuch 2.3.5 hergestellt. Falls nicht, geben Sie zu 5 mL 5 %iger $CuSO_4$-Lösung 0,5 mL Acetessigester und als Base eine Spatelspitze Na-acetat: Der ausfallende blaugrüne Komplex ist in Chloroform löslich.

An der Komplexbildung kann man die Einstellung eines Keto-Enol-Gleich-gewichts verfolgen. Versetzen Sie 1 mL Acetylaceton in wässriger Lösung mit *einem* Tropfen $FeCl_3$-Lösung: roter Komplex. Nun kühlen Sie in Eis und tropfen rasch solange Bromwasser zu, bis die Mischung entfärbt ist: Brom hat unter Addition an die Doppelbindung mit der Enolform reagiert und sie verbraucht. (Zur Verwendung von Brom vgl. Versuch 3.3.6!) Nach kurzer Zeit tritt die rote Komplexfärbung wieder auf, kann mit Bromwasser zum Verschwinden gebracht werden usw. Welche zeitabhängige Reaktion beobachten Sie?

Reaktionen der Carbonsäuren: Ester, Anhydride, Decarboxylierung

Carbonsäuren können viele verschiedene Derivate bilden, in denen die OH-Grup-pe durch einen anderen Substituenten ersetzt ist:

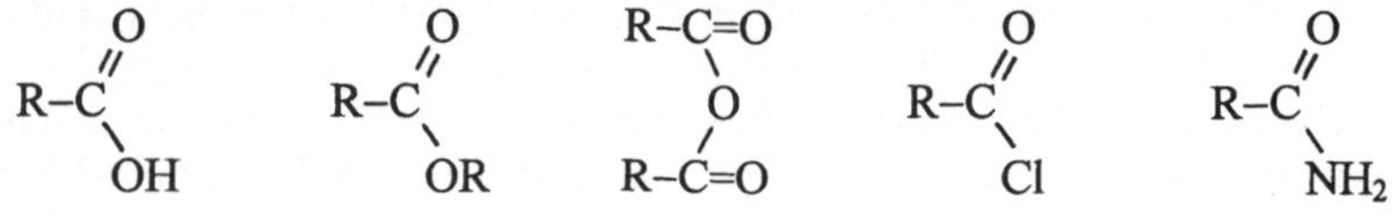

Säure	Ester	Anhydrid	Säurechlorid	Säureamid

Versuch 3.6.5 :   Acetylchlorid, Essigsäure- und Phthalsäureanhydrid

Die Bildung eines Säureanhydrids aus zwei Molekülen Säure unter Wasseraustritt erfordert Energieaufwand. Verhältnismäßig leicht erfolgt sie, wenn zwei benachbarte COOH-Gruppen eines Moleküls unter Ringbildung miteinander reagieren. Erwärmen Sie eine Probe Phthalsäure (Benzol-1,2-dicarbonsäure) über kleiner Flamme im Reagenzglas: Phthalsäureanhydrid sublimiert in Nadeln nach oben.

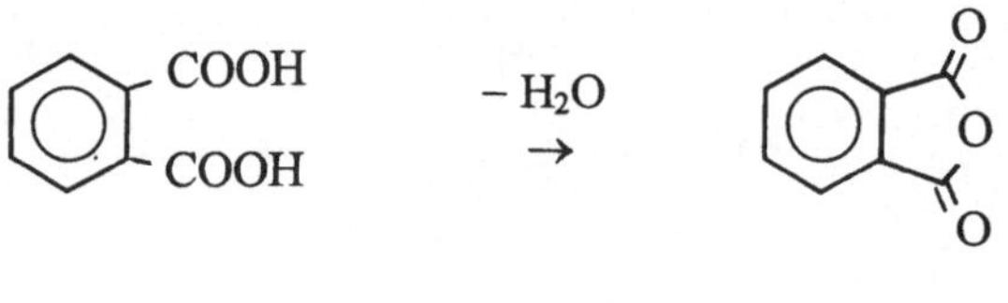

Säurehalogenide und -anhydride sind viel reaktiver als die freien Säuren oder Salze, weil in Substitutionsreaktionen ein stabiler Rest (Cl^- oder $R\text{-}COO^-$) austritt. Beobachten Sie folgende Reaktionen: In zwei Reagenzgläsern legt man je 3 mL eiskaltes Wasser und in zwei weiteren je 1,5 mL eiskaltes Ethanol vor. Dazu tropft man aus trockener (!) Pipette je 1 mL Acetylchlorid (R 14, 34) bzw. Acetanhydrid; nach einiger Zeit werden die alkoholhaltigen Reaktionsgemische mit etwas Wasser und einigen Tropfen NaOH verdünnt. Verfolgen Sie die Geschwindigkeit der Mischung der Flüssigkeiten in den beiden ersten und den Geruch in den beiden letzten Gläsern. Formulieren Sie Reaktionsgleichungen.

Versuch 3.6.6 : Darstellung von Estern

Ester entstehen durch Kondensation von Säuren und Alkoholen unter Wasseraustritt. Ihre Namen werden direkt aus den Komponenten oder in Anlehnung an die Salzform der Säure gebildet (z.B. Essigsäureethylester = Ethylacetat). Die Eigenschaften der in Wasser unlöslichen, lipophilen Flüssigkeiten oder Feststoffe unterscheiden sich stark von denen der Ausgangsstoffe. In "etherischen Ölen", Fetten und Wachsen (s.u.) sind Ester häufige Naturstoffe; viele natürliche oder synthetische dienen als Duft- und Aromastoffe. Ester sind auch technisch viel gebrauchte Lösungs- und Extraktionsmittel. Probieren Sie einen Tropfen Essigester auf Nagellack, einer Kugelschreibermine oder Filzstiftschrift auf Glas!

Die sauer katalysierte Esterbildung aus Alkohol und Säure, die zu einem *Gleichgewicht* führt, haben Sie in Versuch 3.2.2 beobachtet. Um präparativ eine hohe Ausbeute an Ester zu erreichen, muß man das Gleichgewicht nach rechts verschieben, indem man z.B. den Alkohol im Überschuß einsetzt und/oder das entstehende Wasser durch wasserentziehende Mittel (konz. Schwefelsäure) oder apparative Maßnahmen (Abdestillieren, Wasserabscheider) aus dem Reaktionsgemisch entfernt. Günstiger ist die Umsetzung eines Säure*anhydrids* mit Alkohol, weil dann kein Wasser entsteht und die Rückreaktion nicht eintritt; auch hier wirkt Säurekatalyse beschleunigend.

Die folgenden Vorschriften führen zu Estern mit praktisch genutzten Eigenschaften. Bearbeiten Sie eine der Vorschriften, aber betrachten Sie bei Ihren Nachbarn auch die anderen Ester ! Auf eine Endreinigung der i.a. hochsiedenden Produkte durch Destillation verzichten wir. Die Ausbeuten betragen 80−90 %. Ob die synthetischen Duftstoffe für eine neue Parfümserie taugen, bleibt Ihrer Innovationskraft überlassen.

Es stehen zur Wahl

Essigsäureisopentylester:	Birnen-, Bananenaroma
Phenylessigsäuremethylester:	Honigduft
Phenylessigsäureisobutylester:	Rosenduft
Salicylsäuremethylester:	"Wintergrünöl"
Acetylsalicylsäure:	Aspirin®, ASS

Essigsäureisopentylester aus Essigsäure und Isopentanol

$$CH_3COOH \; + \; HOCH_2CH_2\underset{\underset{CH_3}{|}}{C}HCH_3 \;\rightarrow\; CH_3\overset{\overset{O}{\|}}{C}-OCH_2CH_2\underset{\underset{CH_3}{|}}{C}HCH_3$$

Essigsäure   3-Methyl-1-butanol   Essigsäureisopentylester
Sdp.118 °C, D.1,05   Sdp.131 °C, D.0,81   Schmp.25 °C, Sdp.142 °C, D.0,87

Eine Lösung von 10 mL (.... mmol) Eisessig, 5 mL (.... mmol) Isopentanol
(Isoamylalkohol, 3-Methyl-1-butanol) und 0,3 g p-Toluolsulfonsäure-monohydrat
in 30 mL Toluol wird in einem Rundkolben mit Wasserabscheider 1 h unter
Rückfluß gekocht. Nach dem Abkühlen wird die organische Phase mit 20 mL
Wasser, 2 x 20 mL gesättigter Natriumhydrogencarbonatlösung (Vorsicht: CO_2-
Entwicklung!) und erneut 2 x 20 mL Wasser gewaschen. Nach Trocknung mit
wasserfreiem Magnesiumsulfat und Abdestillieren des Lösungsmittels am
Rotationsverdampfer erhält man den Ester als farbloses Öl. Ausbeute bestimmen.

Phenylessigsäuremethylester aus Phenylessigsäure und Methanol

$$C_6H_5CH_2COOH + CH_3OH \;\rightarrow\; C_6H_5CH_2-\overset{\overset{O}{\|}}{C}-OCH_3$$

Phenylessigsäure   Methanol   Phenylessigsäuremethylester
Schmp.76 °C   Sdp. 65 °C, D.0,79   Sdp.218 °C, D.1,06

In einem Rundkolben mit Rückflußkühler und Wasserabscheider wird eine
Lösung von 6,8 g (... mmol) Phenylessigsäure, 6 mL (... mmol) Methanol und 0,3
g p-Toluolsulfonsäure-monohydrat in 30 mL Toluol ca. 6 h gekocht. Nach dem
Abkühlen wird die Reaktionslösung mit 20 mL Wasser, 10 mL 10% Natrium-
hydrogencarbonatlösung und erneut mit 20 mL Wasser gewaschen. Die
organische Phase wird mit wasserfreiem Magnesiumsulfat getrocknet und das
Lösungsmittel am Rotationsverdampfer abdestilliert. Der Ester bleibt als farblose
Flüssigkeit zurück. Ausbeute bestimmen.

Phenylessigsäureisobutylester aus Phenylessigsäure und Isobutanol

$$C_6H_5CH_2COOH \ + \ \underset{CH_3}{HOCH_2\overset{|}{C}HCH_3} \qquad \rightarrow \qquad \underset{CH_3}{C_6H_5CH_2\overset{\overset{\displaystyle O}{\|}}{C}-OCH_2\overset{|}{C}HCH_3}$$

Phenylessigsäure   2-Methyl-1-propanol   Phenylessigsäureisobutylester
Schmp. 76 °C   Sdp. 108 °C, D. 0,81   Sdp. 247 °C, D. 1,0

In einem kleinen Rundkolben werden 6,8 g (... mol) Phenylessigsäure, 5,5 mL
(... mmol) Isobutanol (2-Methyl-1-propanol) und 1 mL konz. Salzsäure 5 h auf
ca. 130 °C erhitzt (Ölbad). Nach dem Abkühlen wird die Reaktionslösung in 40
mL Diethylether aufgenommen und die organische Phase mit 10 mL Wasser, 10
mL gesättigter Natriumhydrogencarbonatlösung und zweimal mit je 10 mL
Wasser gewaschen. Nach Trocknung mit wasserfreiem Magnesiumsulfat und
Abdestillieren des Lösungsmittels am Rotationsverdampfer verbleibt der Ester als
farbloses Öl. Ausbeute bestimmen.

Salicylsäuremethylester („Wintergrünöl") aus Salicylsäure und Methanol

Salicylsäure   Methanol   Salicylsäuremethylester
Schmp. 157-159 °C   Sdp. 65 °C, D. 0,79   Sdp. 223 °C, D. 1,85

Eine Lösung von 6,9 g (... mmol) Salicylsäure, 20 mL (... mol) Methanol und 2
mL konz. Schwefelsäure wird in einem Rundkolben 5 h unter Rückfluß gekocht.
Anschließend wird das überschüssige Methanol unter Normaldruck abdestilliert.
Der Rückstand wird mit 30 mL Diethylether versetzt und die organische Phase
mit 2 x 10 mL Wasser, 2 x 10 mL gesättigter Natriumhydrogencarbonatlösung
(*Vorsicht*: CO_2-Entwicklung!) und erneut mit 2 x 10 mL Wasser gewaschen. Die
organische Phase wird mit wasserfreiem Magnesiumsulfat getrocknet und das
Lösungsmittel am Rotationsverdampfer entfernt. Man bestimmt die Ausbeute an
farblosem, charakteristisch riechendem Öl.

Die Substanz heißt nach ihrem Vorkommen - als Glycosid - im Pflanzenreich,
insbesondere in Heidegewächsen (*Pyrola sp.* = Wintergrün, *Gaultheria sp.*=
wintergreen) und wird als preiswerter Duftstoff auch technisch hergestellt.

Acetylsalicylsäure (Aspirin) aus Salicylsäure und Essigsäureanhydrid

$$\text{Salicylsäure} \quad + \quad (CH_3CO)_2O \quad \rightarrow \quad \text{Acetylsalicylsäure}$$

Salicylsäure	Essigsäureanhydrid	Acetylsalicylsäure
Schmp. 157-159 °C	Sdp. 136 °C, D. 1,08	Schmp. 135 °C (Zersetzung)

In einen kleinen Rundkolben gibt man 5 mL Essigsäureanhydrid (... mmol), 3,5 g wasserfreie Salicylsäure (... mmol) und anschließend 5 Tropfen konzentrierte Schwefelsäure. Man setzt ein Trockenrohr auf, mischt den Inhalt des Kolbens und erwärmt 30 min auf 50-60 °C. Die auf Raumtemperatur abgekühlte Reaktionsmischung gießt man auf ca. 75 mL Wasser, schüttelt zur Hydrolyse des überschüssigen Säureanhydrids, kühlt dann in Eis und isoliert das ausgefallene Produkt. Es kann aus 50 %iger Essigsäure umkristallisiert werden. Bestimmen Sie Ausbeute und Schmelzpunkt.

Auch wenn Sie gerade Kopfschmerzen haben, testen Sie Ihr Produkt nicht im Selbstversuch - Verunreinigungen können allergen wirken. Wiegen Sie eine handelsübliche Tablette Aspirin® bzw. ASS und vergleichen die Löslichkeit mit derselben Menge selbst hergestellter Substanz in $NaHCO_3$-Lösung. Welche harmlose Substanz vermuten Sie als Bindemittel in der Tablette? Acetylsalicylsäure ist ein Ester, aber auch eine Säure; ist das bei oraler Aufnahme von Bedeutung? Welche langsame Abbaureaktion wird im Körper stattfinden? Obwohl sich die Verbindung seit 100 Jahren als Analgetikum, Antipyretikum, Antirheumatikum und Thrombocytenaggegationshemmer bewährt hat, lassen sich nicht alle therapeutischen Wirkungen und der Beitrag der Acetylgruppe völlig beschreiben.

Versuch 3.6.7 :   Fettverseifung

Die Kinetik der Hydrolyse von Essigsäureethylester durch OH^--Ionen haben Sie in Versuch 3.2.1 verfolgt. Alkalische Spaltung von Estern führt *nicht* zu einem Gleichgewichtsgemisch von Säure und Alkohol, sondern zu Alkohol und dem unreaktiven Alkalisalz der Säure; daher verläuft die Esterspaltung unter diesen Bedingungen vollständig. Alkalische Esterspaltung heißt *Verseifung*, weil so aus Fetten Seife gewonnen wird.

Fette: Ester des "dreiwertigen" Alkohols Glycerin CH_2OH-$CHOH$-CH_2OH
             mit 3 Molekülen langkettiger Fettsäuren ("Triglycerid")
Seifen: Alkalisalze der langkettigen Fettsäuren
Wachse: Ester langkettiger Fettsäuren mit langkettigen "Fettalkoholen", z.B.
             Bienenwachs = Palmitinsäure-myricylester $C_{15}H_{31}CO$-O-$C_{30}H_{61}$

Fettverseifung:

$$
\begin{array}{lcl}
\text{CH}_2\text{--O--CO--R}_1 & & \text{CH}_2\text{OH} \qquad \text{R}_1\text{--COO}^-\text{Na}^+ \\
\;\mid & & \;\mid \\
\text{CH--O--CO--R}_2 \quad + \; 3 \; \text{NaOH} \;\rightarrow & & \text{CHOH} \quad + \; \text{R}_2\text{--COO}^-\text{Na}^+ \\
\;\mid & & \;\mid \\
\text{CH}_2\text{--O--CO--R}_3 & & \text{CH}_2\text{OH} \qquad \text{R}_3\text{--COO}^-\text{Na}^+
\end{array}
$$

R_1, R_2, R_3 sind in natürlichen Fetten i.a. unterschiedlich, z.B. Palmitinsäure (C_{16}), Stearinsäure (C_{18}) und Ölsäure (C_{18}, ungesättigt). Trimyristin (3 x C_{14}) ist ein Ausnahmefall - woraus haben Sie dieses Triglycerid isoliert?

Man mischt in einem 250 mL-Erlenmeyerkolben 5 g Speiseöl mit einer Lösung von 5 g NaOH in 20 mL Wasser/Ethanol 1:1 (Vorsicht beim Lösen! Ätzend!) und erwärmt die Mischung 15 Minuten zu schwachem Sieden; verdampfender Alkohol wird gelegentlich ergänzt. Was beobachten Sie? Die erkaltete, halbfeste Mischung mit Kernseifen-Geruch besteht aus Na-Salzen der Fettsäuren und Glycerin. Waschen Sie die Masse mit wenig eiskaltem Wasser auf einem Filter annähernd alkalifrei und trocknen sie. (Das wasserlösliche, hochsiedende Glycerin kann in diesem Versuch nicht gewonnen werden). Eine kleine Probe der Seife löst sich in Wasser unter heftigem Schäumen; Zusatz von etwas $CaCl_2$-Lösung fällt flockige Kalkseife aus und die Schaumbildung geht zurück.

Zur Charakterisierung der Zusammensetzung von Fetten dient die *Verseifungszahl* (VZ). Sie gibt an, wieviele Milligramm KOH gebraucht werden, um 1 g Fett zu verseifen. Man erkennt daran z.B., ob eine Probe mehr kurzkettige oder mehr langkettige Fettsäuren enthält (wieso?) und ob neben Triglyceriden sog. "Unverseifbares" (Sterine, Ether, Fettalkohole) in einem Lipidgemisch vorhanden ist.

Bestimmen Sie - alternativ - die Verseifungszahlen in Proben von Butter, Talg, Speiseöl und dem in Versuch 3.1. isolierten Trimyristin; im letzten Fall berechnen Sie auch die theoretische VZ und vergleichen sie mit dem experimentellen Wert.

Durchführung:

3 g KOH werden in 15 mL Diethylenglykol ($HOCH_2CH_2\text{--O--}CH_2CH_2OH$) heiß gelöst. Die auf Raumtemperatur abgekühlte Lösung wird mit 35 mL Diethylenglykol verdünnt und ist dann ca. 1 M. Zur Gehaltsbestimmung werden 5 mL abpipettiert, 10 mL dest. Wasser hinzugefügt und mit 0,1 N HCl gegen Phenolphthalein titriert.

Man pipettiert genau 10 mL der eingestellten Lauge in einen 50 mL Rundkolben, fügt eine abgewogene Menge von 0,4 − 0,6 g Fett und einen Rührkern hinzu und setzt einen Rückflußkühler mit Trockenrohr auf. Unter Rühren erhitzt man ca. 15 min auf 120–130 °C. Dann läßt man abkühlen, spült mit etwas dest. Wasser durch den Kühler und verdünnt mit weiteren 15 mL Wasser. Die unverbrauchte Lauge wird mit 0,1 N HCl zurücktitriert.

In gleicher Weise wird eine Blindbestimmung durchgeführt, bei der kein Fett zugegeben wird. Der Blindverbrauch an Lauge wird von dem oben ermittelten Wert abgezogen.

Berechnung der Verseifungszahl: $\mathrm{VZ} = \dfrac{56{,}1 \cdot c(\mathrm{KOH}) \cdot \mathrm{mL} \text{ verbrauchte KOH}}{\mathrm{g \ Fetteinwage}}$

Versuch 3.6.8 : Decarboxylierung und oxidative Decarboxylierung

Die Decarboxylierung normaler Fettsäuren ($\to CO_2$ + Kohlenwasserstoff) erfordert hohe Temperatur. Bereits unter milden Bedingungen decarboxylieren β-Ketocarbonsäuren, da hier die Reaktion in einem energetisch günstigen cyclischen Übergangszustand verlaufen kann:

Acetessigsäure → Aceton (Enolform)

Wegen der spontan eintretenden Decarboxylierung sind freie β-Ketocarbonsäuren i.a. nicht in reiner Form isolierbar. Man muß sie bei Bedarf aus ihren Estern oder Salzen in Freiheit setzen.

Mischen Sie in einem kleinen Erlenmeyerkolben 1 mL Acetessigsäureethylester aus Versuch 3.4.5 mit 3 mL 1 N NaOH und hydrolysieren den Ester unter Erwärmen, bis der charakteristische Geruch verschwunden ist. Mit 5 mL 2 N Schwefelsäure wird die freie Acetessigsäure gebildet. Man setzt auf den Kolben ein mit $Ba(OH)_2$-Lösung beschicktes Gärröhrchen und beobachtet die nach kurzem Erhitzen einsetzende CO_2-Entwicklung. Das herausdestillierende Aceton (Sdp. 56 °C) kann am Geruch erkannt werden.

Da β-Ketosäuren mit den entsprechenden β-Hydroxycarbonsäuren ein Redoxpaar bilden, können unter oxidierenden Bedingungen auch Hydroxysäuren decarboxylieren. Auch die folgende Reaktion hat ein physiologisches Gegenstück:

Äpfelsäure → Oxalessigsäure → Brenztraubensäure + CO_2

Man löst 0,2 g Äpfelsäure und 0,1 g $FeSO_4$ in 5 mL Wasser und entnimmt 1 mL als Vergleichsprobe. Zur Mischung fügt man 1 mL 5 %ige H_2O_2-Lösung zu und verbindet Kolben oder Reagenzglas wie oben mit einem $Ba(OH)_2$-beschickten Gärröhrchen. In der durch Eisenkomplexe rot gefärbten Lösung setzt Gasentwicklung ein; falls sie sich verzögert, ist weiteres H_2O_2 zuzugeben. Nach Abklingen der CO_2-Entwicklung zersetzt man überschüssiges H_2O_2 durch Erwärmen auf 60 °C und weist die entstandene Brenztraubensäure mit 1 mL Dinitrophenylhydrazin-Lösung als gelben Niederschlag nach (Versuch 3.4.1), in der nicht mit H_2O_2 behandelten Vergleichsprobe wird kein Dinitrophenylhydrazon-Niederschlag entstehen.

Frage: Warum reagiert die gebildete Brenztraubensäure, die selbst eine Ketosäure ist, nicht weiter?

Basizität

In organischen Basen wird ähnlich wie bei den Säuren durch induktive und durch mesomere Effekte im Neutralmolekül bzw. im entstehenden Kation bestimmt, welche Protonenaffinität die freien Elektronenpaare von N-Atomen in unterschiedlichen Strukturen besitzen. "Normale" pK_a-Werte (ähnlich Ammoniak) von $9-11$ haben primäre, sekundäre und tertiäre Amine. (Rekapitulieren Sie, daß ein *großer* Zahlenwert der Säuredissoziationskonstante pK_a für eine Base *starke* Base bedeutet, ein kleiner Zahlenwert eine schwächere Base; Kap. 1.3). Besonders stark basisch ist Guanidin, da bei Protonierung ein symmetrisches, mesomerie-stabilisiertes Kation entsteht. Guanidin ist eine biochemisch wichtige Substanz: Sie stellt die Seitenkette der Aminosäure Arginin dar und ist ein Abbauprodukt der Purinbase Guanin.

$CH_3CH_2-NH_2$	Piperidin-NH	Trimethylamin	Guanidin
Ethylamin	Piperidin	Trimethylamin	Guanidin
pK_a 10,5	pK_a 11,2	pK_a 9,8	pK_a 13,6

Schwache Basen (pK_a 4-7) liegen vor, wenn N-Atome bzw. ihre freien Elektronenpaare in Doppelbindungssysteme (vor allem aromatische und heterocyclische) einbezogen sind:

Anilin (pK_a 4,6)	Pyridin (pK_a 5,2)	Imidazol (pK_a 7,0)

Nicht mehr basisch sind durch den induktiven Effekt von Carbonyl- oder Sulfo-nylgruppen die Stickstoff-Funktionen in Carbonsäure- und Sulfonsäureamiden, Harnstoffen und sauerstoffsubstituierten Heterocyclen einschließlich einiger Pyrimidin- und Purinbasen der Nucleinsäuren. Durch mehrere C=O-Gruppen werden N–H-Funktionen schließlich zu *Säuren* acidifiziert. Beispiele:

–CO–NH–, –SO$_2$–NH–   NH$_2$–CO–NH$_2$

Carbonamide, Sulfonamide   Harnstoff   Barbitur*säure*   Harn*säure*

Versuch 3.6.9 : Unterscheidung von Aminen als Benzamide

Die starke Strukturabhängigkeit der Basizität von N-Atomen läßt sich analytisch nutzen: Primäre und sekundäre Amine werden durch Benzoylchlorid am Stickstoff acyliert und verlieren dann ihre basischen Eigenschaften, tertiäre Amine reagieren nicht und bleiben unverändert basisch. Die häufig flüssigen organischen Amine werden außerdem als kristalline Benzamide leicht identifizierbar.

Versetzen Sie 0,5 g bzw. mL des zu untersuchenden Amins mit 10-15 mL 2 M KOH, geben 0,5 mL Benzoylchlorid (R 34; ggf. durch Destillation frisch gereinigt) zu und schütteln kräftig im verschlossenen Reagenzglas oder Kolben; der Benzoylchlorid-Zusatz wird 1-2 mal wiederholt, bis der Amin-Geruch verschwunden ist. Das schwerlösliche Benzamid wird abgesaugt und mit Wasser gewaschen. Prüfen Sie die Löslichkeit des Produkts in wässriger Säure und Ether und vergleichen Sie die Eigenschaften mit denen des Ausgangsmaterials (Versuch 3.6.1). Die individuelle Substanz wird nach Umkristallisation aus Ethanol/Wasser (1:1) am Schmelzpunkt des Benzamids identifiziert.

Amin	Schmp. [°C]	Amin	Schmp. [°C]
Benzylamin	105	Morpholin	75
Diethylamin	42	Piperidin	48
Isobutylamin	57	Propylamin	82
N-Methylanilin	63	Glycin	187

Fragen und Anregungen

1. Wie heißen die niederen Fettsäuren mit 1 bis 6 C-Atomen, wie die langkettigen gesättigten mit 16 und 18 C-Atomen, wie die physiologisch wichtigen ungesättigten mit 18 und 20 C-Atomen ($\rightarrow$ Biochemie-Buch) ?

2. Warum kann die Identifizierung von Aminen mit Benzoylchlorid bei gleichzeitiger Gegenwart von Alkoholen nicht durchgeführt werden?

3. Fettanalytik: Vergleichen Sie die Verseifungszahlen für das Triglycerid Tripalmitin und das Diglycerid (= Glycerin verestert mit zwei Fettsäuren) Diolein.

4. Formulieren Sie die mesomeriestabilisierten Anionen, die bei der Säuredissoziation von Harnsäure, Phenol, Nitromethan (NO_2–CH_3) und Phthalsäureimid (s. Formel) entstehen.

$$\text{(Strukturformel Phthalimid)}$$

5. Betrachten Sie im Lehrbuch die bekannten vier heterocyclischen Basen am Rückgrat der RNA. Bezeichnen Sie die Strukturen, die protoniert werden können und damit den Namen Base rechtfertigen. Eine der vier ist allerdings *nicht* basisch, sie heißt nur historisch so - welche?

6. Phosgen $COCl_2$, ein farbloses, schweres sehr giftiges Gas (Sdp. 7,6 °C) wird trotz seiner Toxizität als chemisches Zwischenprodukt benötigt. Was für ein Säurederivat ist Phosgen, was entsteht bei Umsetzung mit Ammoniak bzw. Aminen? Was würde bei Inhalation in der Lunge (neben anderen toxischen Wirkungen) passieren? Unrühmliche Verwendung fand Phosgen im 1. Weltkrieg als einer der ersten chemischen Kampfstoffe.

7. Trichlorethanol Cl_3C-CH_2OH, ein Lösungsmittel und Synthesebaustein, reagiert im Gegensatz zu Ethanol in wässriger Lösung schwach sauer (pK_a 12). Warum? Wieso ist die Flüssigkeit viel höher siedend (Sdp. 151 °C) und spezifisch schwerer (D. 1,55) als Ethanol?

8. Was entsteht bei Reaktion von Acetanhydrid mit Cholin (Trimethylaminoethanol, $(CH_3)_3N^+CH_2CH_2OH(OH^-)$) ? Welche physiologische Bedeutung hat das Produkt?

9. Im Gegensatz zu Cyclohexandion (S. 205) hat die ansonsten vergleichbare bicyclische Verbindung Bicyclo(2.2.2)octadion-2,6 überhaupt keinen Enolgehalt und keinen aciden Charakter. Wieso? Räumlich denken!

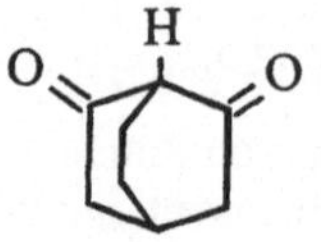

10. Betrachten Sie die Struktur der starken organischen Base Guanidin (S. 213) und formulieren Sie alle mesomeren Grenzstrukturen des Guanidinium-Kations. Wie ist das Kation räumlich gebaut, was unterscheidet es von einem Ammonium-Kation? In welcher Partialstruktur der Base Guanin ($\rightarrow$ Frage 5) ist Guanidin enthalten? Erklären Sie auch die Beziehung zum Naturprodukt Guano ($\rightarrow$ Chemie-Lexikon).

11. In kurzkettigen Dicarbonsäuren ist i.a. die erste Dissoziationsstufe stärker sauer ($pK_{a1} \approx 3\text{--}4$) und die zweite weniger stark sauer ($pK_{a2} \approx 5{,}5\text{--}6$) als im Normalfall einer Monocarbonsäure ($pK_a \approx 5$). Warum? Betrachten Sie Maleinsäure (S. 136) mit den pK_a-Werten $pK_{a1} = 1{,}9$ und $pK_{a2} = 6{,}5$ und erklären Sie, warum hier das Monoanion offenbar eine besonders günstige Struktur besitzt. Welche pK_a-Werte erwarten Sie bei Fumarsäure?

12. Was entsteht, wenn Dicarbonsäuren $HOOC\text{--}(CH_2)_n\text{--}COOH$ mit Diolen $HO\text{--}(CH_2)_n\text{--}OH$ reagieren, und was haben die Produkte mit Ihrer Bekleidung zu tun?

3.7 Synthetische und natürliche Farbstoffe

"The rays (of light) are, to speak properly, not coloured. In them is nothing else than a power to stir up a sensation of this or that colour." Isaac Newton in "Opticks" (1704)

Bei der Wahrnehmung unserer belebten und unbelebten Umwelt ist die Farbe von herausragender Bedeutung. Farbe ist ein Sinneseindruck. An der Entstehung von Farbigkeit sind beteiligt

- eine *Lichtquelle* wie zum Beispiel die Sonne,

- ein farbiger und von der Lichtquelle beleuchteter *Gegenstand* und

- *Auge* und *Gehirn*, in denen das Licht in elektrische Signale umgewandelt wird und aus dem physiologischen Reiz eine Farbempfindung entsteht.

Als Licht einer bestimmten Farbe wird von der Netzhaut des Auges elektromagnetische Strahlung mit Wellenlängen zwischen 400 und 750 nm wahrgenommen, wobei bestimmten Wellenlängen bestimmte Farben entsprechen. Dieser sichtbare ("Vis") Bereich von Wellenlängen ist nur ein kleiner Ausschnitt aus dem gesamten Spektrum elektromagnetischer Wellen; unsichtbar schließen sich nach kürzeren Wellen ultraviolette (UV) und Röntgenstrahlen, nach längeren Wellen Infrarot- (IR) und Mikrowellenstrahlung an ($\rightarrow$ Physikbuch).

Wellenlänge des absorbierten Lichts (nm)	Spektralfarbe	Komplementärfarbe (Farbeindruck)
< 400	ultraviolett (UV)	(unsichtbar)
400-440	violett	gelbgrün
440-480	blau	gelb
480-490	grünblau	orange
490-500	blaugrün	rot
500-560	grün	purpur
560-580	gelbgrün	violett
580-595	gelb	blau
595-605	orange	grünblau
605-750	rot	grün
> 750	infrarot (IR)	(unsichtbar)

Merke: Die physiologisch wahrnehmbare Änderung von Farbeindrücken verschiebt sich *nicht linear* mit den Wellenlängenänderungen von Licht.

Weißes Licht kann bekanntlich als Mischung aller Spektralfarben betrachtet werden (erkennbar bei Dispersion in einem Prisma oder im Regenbogen). Das Auge hat keine Rezeptoren für die einzelnen Farben, sondern drei Reizzentren (Zapfen) für Blau, Grün und Gelb bis Rot. Für die Farbempfindung entscheidend ist der Anregungsgrad der drei Reizzentren: Werden sie gleichzeitig und gleich intensiv angeregt, dann wird in Abhängigkeit von der Intensität des Reizes die Empfindung Grau bis Weiß hervorgerufen. Nähert sich die Intensität dem Wert Null, d.h. der beleuchtete Körper absorbiert (nahezu) das gesamte Licht, dann resultiert der Eindruck Schwarz. Bei unterschiedlicher Reizung der Zäpfchen entsteht als Farbeindruck die Komplementärfarbe des absorbierten Lichtes (trichromatische Theorie des Farbensehens → Physiologie-Buch).

Wir beschäftigen uns hier mit den Wechselwirkungen zwischen der elektromagnetischen Strahlung Licht und organischen Molekülen, die die Mehrzahl aller synthetischen und natürlichen Farbstoffe bilden; auf einem von ihnen, dem das Sonnenlicht absorbierenden Chlorophyll, beruht Leben schlechthin, auf dem lichtempfindlichen Retinal der Netzhaut unser Sehvermögen. Anorganische lichtabsorbierende Substanzen kennen Sie unter den farbigen Ionen der Übergangsmetalle (Kapitel 2.3).

Wechselwirkungen von Licht mit Molekülen

Elektromagnetische Strahlung ist durch ihre Energie E sowie - als Welle - durch Wellenlänge λ, Frequenz ν und die Lichtgeschwindigkeit c charakterisiert. Mit dem Planckschen Wirkungsquantum h als Proportionalitätsfaktor lautet der Zusammenhang

$$E = h \cdot \nu = h \cdot \frac{c}{\lambda}$$

$$h = 6{,}626 \cdot 10^{-34} \ J \cdot s^{-1} \qquad\qquad c = 2{,}998 \cdot 10^{8} \ m \cdot s^{-1}$$

Die Energie von Lichtquanten (Photonen) ist proportional der Frequenz ν der Strahlung und umgekehrt proportional ihrer Wellenlänge λ.

Lichtabsorption ist gleichbedeutend mit Energieabsorption. In Abhängigkeit von ihrer Energie bzw. Frequenz wirkt sich aber elektromagnetische Strahlung sehr unterschiedlich auf bestrahlte Stoffe aus. Durch sichtbares Licht (400-750 nm) und die benachbarten Bereiche der ultravioletten und infraroten Strahlung werden vorrangig elektronische Zustände der Moleküle angeregt. Energiereiche Strahlung (ultraviolette und Röntgenstrahlen) kann zum Entfernen von Elektronen aus dem Molekül führen (Photoionisation) und Bindungen spalten. Langwellige Strahlung (IR- und Mikrowellen) regt nur Schwingungen und Rotationen der Moleküle an.

Anregung elektronischer Zustände heißt: Die Photonen (Quanten) sichtbaren und ultravioletten Lichts besitzen Energien einer Größenordnung, die in Molekülen mit Doppelbindungen und π-Elektronen in bestimmten Strukturen (s.u.) gerade zur Anhebung eines Elektrons aus dem obersten mit Elektronen besetzten Niveau des Moleküls (Grundzustand, S_0) in ein normalerweise nicht besetztes höheres Energieniveau, einen Anregungszustand ausreichen. Elektronen der σ-Bindungen lassen sich mit diesen Energien *nicht* anregen.

Die Absorption eines Lichtquants bestimmter Energie kann vielfältige Folgen haben, da bei der Anregung von Elektronen auch Molekülschwingungen und -rotationen angeregt werden, und weil die *Desaktivierung* des angeregten Moleküls auf unterschiedliche Weise zustandekommen kann. Die möglichen Anregungs- und Desaktivierungsvorgänge eines organischen Moleküls werden durch ein sog. Jablonski-Diagramm oder Termschema dargestellt (Abb. 21). Durch Lichtabsorption erfolgt z. B. ein Übergang vom elektronischen Grundzustand S_0 in einen angeregten Zustand wie S_{13}. Sehr schnell gelangt das Molekül durch Schwingungsrelaxation unter Wärmeabgabe in den schwingungsfreien S_1-Zustand (S_{10}), dessen Lebensdauer um Größenordnungen länger ist als die Anregung. Von S_1 kann das angeregte Molekül im Normalfall unter Wärmeabgabe oder in bestimmten Fällen unter Lichtemission (*Fluoreszenz*) in den Grundzustand S_0 zurückgelangen. Andererseits besteht für angeregte Moleküle auch die Möglichkeit, unter Spininversion und Schwingungsrelaxation in einen schwingungsfreien, langlebigen Triplettzustand T_1 überzugehen ("intersystem crossing"). Von hier kann unter Lichtemission (*Phosphoreszenz*) und erneuter Spinumkehr der Grundzustand S_0 erreicht werden. Wird die aufgenommene Energie auf andere Moleküle übertragen oder in chemische Energie umgewandelt, so sind *Photoreaktionen* und Farbstoffzerstörung die Folgen. Wird ein Molekül nicht durch Licht in einen höheren Zustand gehoben, sondern durch die bei einer chemischen Reaktion freiwerdende Energie angeregt und relaxiert es durch Fluoreszenz, dann spricht man von *Chemilumineszenz* bzw. *Biolumineszenz*.

Im Praktikum beschäftigen wir uns nur mit der Erzeugung und den Eigenschaften lichtabsorbierender Strukturen sowie einem Fall von Chemilumineszenz, denn die *Desaktivierung* des Anregungszustands ist experimentell aufwendiger zu untersuchen. Die *Fluoreszenz* von Molekülen (Lichtemission nach vorhergehender Lichtanregung) ist eine in Chemie und Biochemie wichtige analytische Methode, die hier ebenfalls nicht bearbeitet wird.

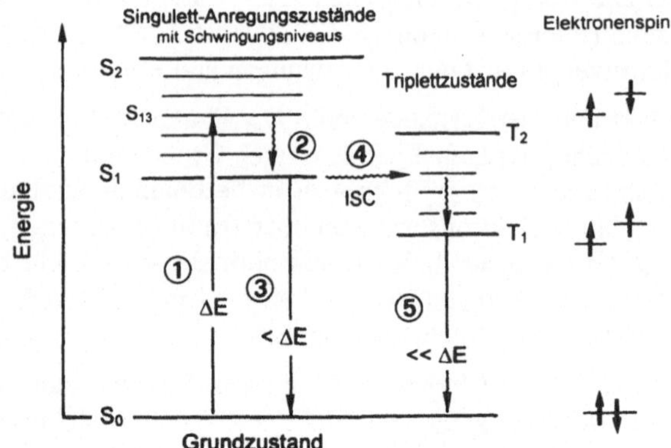

Abb. 21. Termschema (Jablonski-Diagramm) für die Anregung von Bindungselektronen durch Licht. Rechts: Die Spin-Zustände des energiehöchsten Elektronenpaares in den sog. Singulettzuständen S_0 und S_1 (Spins antiparallel) und im Triplettzustand T (Spins parallel).

1:    Lichtabsorption: Grundzustand → Anregungszustand mit höherem
      Schwingungszustand
2:    Strahlungslose Relaxationsvorgänge unter Wärmeabgabe → unterster
      Anregungszustand S_1
3:    Rückkehr aus S_1 unter Wärmeabgabe oder Fluoreszenz → Grundzustand
4:    Intersystem crossing → niedrig liegender Triplettzustand T
5:    Rückkehr (zeitlich verzögert) aus T_1 in Grundzustand unter Phosphoreszenz

Farbe und Molekülstruktur

Farbgebende "chromophore" Gruppen organischer Moleküle müssen π-Elektronen besitzen:

$$>C=C< \qquad -C\equiv C- \qquad -N=N- \qquad >C=N- \qquad >C=O \qquad -N=O$$

Während die Energie sichtbaren Lichts zur Anregung eines Elektrons in isolierten Doppelbindungen nicht ausreicht (Ethylen $CH_2=CH_2$: $\lambda = 170$ nm, d.h. im UV, farblos), ist die Anregungsenergie für ein Elektron in einem System *konjugierter Doppelbindungen* niedriger und durch sichtbares Licht aufzubringen.

Isolierte C=C-Bindungen: Konjugierte C=C-Bindungen:
Linolsäure (farblos)   Vitamin A (gelb)

Typische Farbstoffe entstehen dann, wenn das chromophore π-Elektronensystem nicht nur konjugiert, sondern auch zur Elektronen*delokalisierung* befähigt und das Molekül *eben* gebaut ist; in solchen Molekülen sind die π-Elektronen-Anregungsenergien so erniedrigt, daß mit sichtbarem Licht intensive Farben entstehen. Stabile Verbindungen dieser Art tragen an beiden Enden einer Doppelbindungskette *auxochrome Gruppen*, d.h. Reste mit Elektronenpaaren oder -lücken, die in die π-Elektronendelokalisation einbezogen werden. Beispiele sind Indophenole oder Indamine (Farbfotografiekomponenten, blau bis grün):

$$-O-\langle\;\rangle-N=\langle\;\rangle=O \qquad\qquad >\overline{N}-\langle\;\rangle-N=\langle\;\rangle=\overset{+}{N}<$$

Die wichtigsten auxochromen Gruppen sind

$=O$ und $-O^-$ (sog. saure Farbstoffe) sowie
$=NR_2^+$ und $-NR_2$ (sog. basische Farbstoffe).

Als Faustregel gilt:

> Je größer die Zahl konjugierter Doppelbindungen eines Moleküls ist und
> je idealer die π-Elektronendelokalisation, desto längerwellig
> ist die Lichtabsorption und desto stärker die Farbvertiefung.

Ladungen (Anion, Kation, neutral) und weitere Substituenten am Molekül spielen für die Farbe eine untergeordnete Rolle, bestimmen aber das chemische Verhalten, die Löslichkeit und andere Eigenschaften der Farbstoffe.

Die Mehrzahl lichtabsorbierender organischer Substanzen läßt sich drei charakteristischen Strukturtypen zuordnen (Abb. 22):

Polyene haben konjugierte Doppelbindungen, aber keine auxochromen Gruppen und daher keine vollständige Delokalisation der π-Elektronen. Die Verschiebung der Lichtabsorption nach längeren Wellen wird mit zunehmender Zahl Doppelbindungen immer kleiner. Bekanntes Beispiel sind die Carotinoide, die auch bei hoher Zahl Doppelbindungen (11 oder mehr) "nur" orange bis rot erscheinen.

Symmetrische Cyanine oder Polymethinfarbstoffe besitzen eine ungerade Zahl Methingruppen ($-CH=$) zwischen zwei identischen oder ähnlichen Stickstofffunktionen als auxochromen Gruppen, die (fast) völlige π-Elektronendelokalisation erlauben. Mit jeder zusätzlichen Doppelbindung verschiebt sich λ_{max} um etwa 100 nm; mit wenigen Doppelbindungen deckt diese Farbstoffklasse das gesamte sichtbare Spektrum ab. Chlorophyll mit formal 9 konjugierten Doppelbindungen kann als Spezialfall eines Cyaninfarbstoffes angesehen werden.

Merocyanine haben unsymmetrische Struktur mit zwei verschiedenen auxochromen Gruppen ($>N-$ und $>C=O$), deren mesomere Grenzstrukturen ($>N^+=$ und $>C-O^-$) chemisch nicht gleichwertig sind. Ihre Farbigkeit liegt daher zwischen derjenigen der symmetrischen Cyanine und der Polyene.

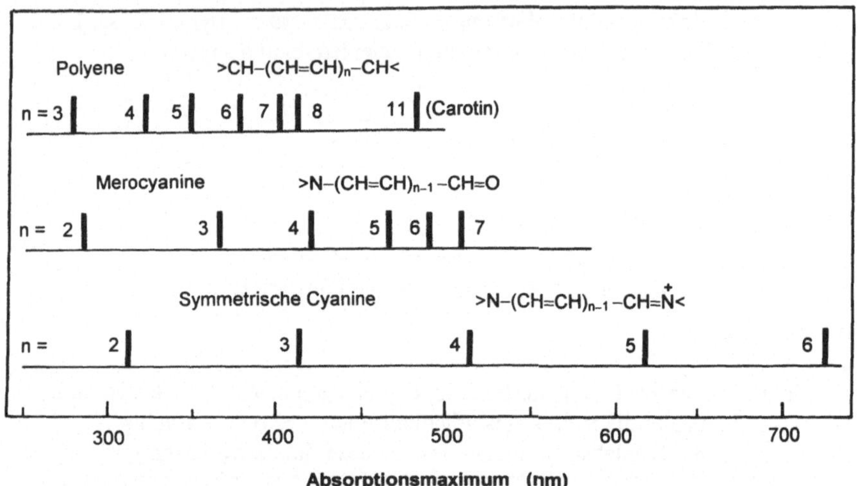

Abb. 22. Zahl der Doppelbindungen n und Lichtabsorption von Polyenen, Merocyaninen und symmetrischen Cyaninen

Lichtabsorption und Spektren als Informationsquelle

Aus der Farbe von Verbindungen kann man Rückschlüsse auf ihre Struktur ziehen, und umgekehrt durch definierte Strukturänderungen Substanzen mit voraussagbaren neuen Farbtönen erzeugen. Die Absorption von sichtbarem und ultraviolettem Licht durch gelöste Stoffe läßt sich in Spektralphotometern sehr einfach messen. Daher sind spektrale Daten lichtabsorbierender organischer Moleküle - einschließlich der von Naturstoffen - in Forschung und Praxis eine der häufigsten und wichtigsten Informationsquellen.

Ein *Absorptionsspektrum* (Abb. 23) stellt den Verlauf der Lichtabsorption in Abhängigkeit von der Wellenlänge λ dar. Das Absorptionsmaximum λ_{max} kennzeichnet die Energie des Elektronenübergangs (Energie: proportional Lichtfrequenz, umgekehrt proportional Lichtwellenlänge). Da ein Elektronenübergang i.a. von Änderungen der Schwingungszustände des Moleküls begleitet ist, beobachtet man bei λ_{max} keine scharfe Absorptionslinie, sondern eine mehr oder weniger breite Absorptionsbande. Wenn mehrere unabhängige π-Elektronensysteme oder ein "verzweigtes" System konjugierter Doppelbindungen in einem Molekül vorhanden ist, sind mehrere energetisch verschiedene Elektronenübergänge möglich; das Spektrum weist mehrere separate Absorptionsmaxima oder "Schultern" auf.

Die Intensität (Extinktion E oder Absorption A) eines Spektrums hängt ab von der Konzentration c des gelösten Stoffes und von seinem Extinktionskoeffizienten ε. Das Lambert-Beersche Gesetz

$$E = \varepsilon \cdot c \cdot d$$

(E ist dimensionslos; c in $mol \cdot L^{-1}$; d = Schichtdicke in cm; ε = molarer dekadischer Extinktionskoeffizient, $L \cdot mol^{-1} \cdot cm^{-1}$) ist Grundlage aller spektralphotometrischen Konzentrationsbestimmungen (siehe Kapitel 4.1). Die Stoffkonstante ε ist ein Maß der "Übergangswahrscheinlichkeit" der Elektronenübergänge, die - bei passender Energie ΔE - von quantenmechanischen Auswahlregeln und speziellen Moleküleigenschaften bestimmt werden.

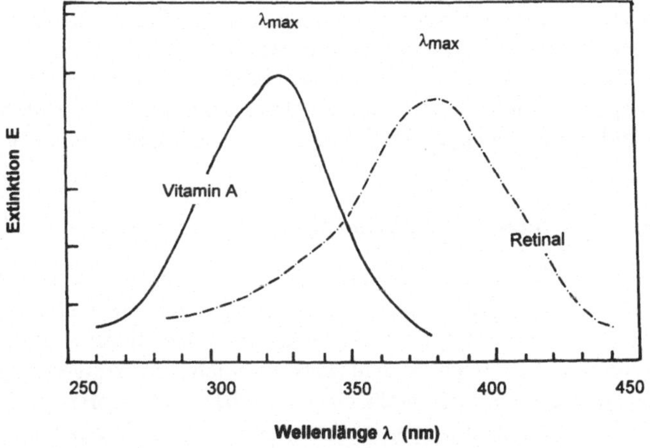

Abb. 23. Absorptionsspektren von Vitamin A (Struktur S. 220) und Retinal (*all-trans*) in Ethanol. *Cis*-Isomere absorbieren i.a. bei kürzeren Wellenlängen.

Abbildung 23 veranschaulicht eine einfache Strukturaussage für zwei nahe verwandte Verbindungen. Ein im Sehpurpur (Rhodopsin) als Pigment vorhandenes Vitamin A-Derivat muß wegen der längerwelligen Lichtabsorption (381 nm) als Vitamin A selbst (325 nm) eine größere Zahl konjugierter Doppelbindungen besitzen: Es handelt sich um Vitamin A-Aldehyd (Retinal) mit der zusätzlichen Doppelbindung der Carbonylgruppe.

Viele synthetische und natürlich vorkommende organische Farbstoffe sind aufgrund ihrer Struktur nicht wasserlöslich und nur in organischen Lösungsmitteln (z.B. Ethanol, Chloroform) spektroskopisch zu analysieren. Ihre Absorptionsmaxima (Farben) können sich wegen der Wechselwirkungen zwischen Substanz- und Solvensmolekülen in Grund- und Anregungszustand in Lösungsmitteln unterschiedlicher Polarität erheblich unterscheiden ("Solvatochromie"). Achten Sie daher in der Praxis auf das bei spektralen Daten angegebene Lösungsmittel. Derartige Lösungsmittel müssen "spektralrein" bzw. "für spektroskopische Zwecke" sein, da die Verunreinigungen gängiger Lösungsmittel (z.B. vergällter Alkohol) selbst Licht absorbieren.

Spektrale Daten werden Ihnen in den Biowissenschaften ständig begegnen: Bei der Analyse der Photosyntheseprozesse (Chlorophylle, Carotinoide, Phycocyanine), der Atmung (Cytochrome = "Zellfarben") und der Sehpigmente (Rhodopsin), bei Reaktionen von Coenzymen (z.B. NADH, $\lambda = 340$ nm; Flavine, $\lambda = 450$ nm), bei der Bestimmung von Proteinen (280 nm) und Nucleinsäuren (260 nm). Die meisten Methoden zur Erfassung von umweltrelevanten Stoffen nutzen gefärbte Derivate und photometrische Bestimmungen (Kapitel 4). Selbstverständlich gelten die beschriebenen Zusammenhänge zwischen Farbe und Struktur in aller Regel auch für diese Moleküle - Sie müssen allerdings die häufig komplizierten und verzweigten Strukturen der Chromophore und deren Veränderungen zu durchschauen lernen. Übung, in den Versuchen dieses Kapitels, lohnt sich !

Versuch 3.7.1 :   Synthese eines Trimethincyanins

In Cyanin- oder anderen Polymethinfarbstoffen mit völlig konjugiertem Doppelbindungssystem und Elektronendelokalisierung läßt sich die Farbe organischer Moleküle besonders eindeutig definieren und experimentell variieren. Sie finden in der Fotografie, Lasertechnik und anderen Gebieten Anwendung. Dieser Versuch ist ein Beispiel, wie durch eine einfache Kondensationsreaktion eine intensiv gefärbte Substanz mit Cyanin-Chromophor (8 π-Elektronen) entsteht.

Die Synthese erfolgt in zwei Schritten. Zuerst wird aus der sog. Fischer-Base (ein Indol-Derivat) durch Protonierung mit einer starken Säure das Iminiumsalz präpariert. Zwei Moleküle kondensieren dann unter Abspaltung von Alkohol mit einem Molekül eines aktivierten Ameisensäureesters, der die zentrale =CH– -Gruppe des Moleküls liefert. Der kationische Farbstoff wird als Salz mit dem Tetrafluoroborat-Anion (BF_4^-) als Gegenion kristallisiert.

1. Synthese des Iminiumsalzes (1,2,3,3-Tetramethylindoliniumtetrafluoroborat)

Zu einer Lösung von 3,5 g (20 mmol) Fischer-Base (1,3,3-Trimethyl-2-methylen-indolin) in wenig Ethanol in einem Erlenmeyerkolben wird unter Eis/Kochsalz-

Kühlung so lange 30 %ige wässrige Fluoroborsäure HBF_4 zugetropft, bis keine weitere Fällung mehr zu beobachten ist. Der Niederschlag wird abfiltriert und aus Ethanol umkristallisiert. Man erhält in 70–95 % Ausbeute farblose Kristalle vom Schmp. 198–201 °C (Zers.).

2. Herstellung des Trimethincyanins

2,6 g (19 mmol) Iminiumsalz und 1,1 g (7,4 mmol) Orthoameisensäureethylester werden in 10 mL wasserfreiem Pyridin 2 Stunden am Rückfluß erhitzt. Anschließend wird die Reaktionslösung am Rotationsverdampfer eingeengt und im Abzug in eine siedende Lösung von 10 g $NaBF_4$ in 150 mL Wasser gegossen. Nach mehrstündigem Stehen im Kühlschrank werden die ausgefallenen Kristalle abfiltriert, mit wenig Diethylether gewaschen und aus Ethanol umkristallisiert. Nach Trocknen im Vakuum erhält man blauviolette metallisch glänzende Kristalle vom Schmp. 227–229 °C (Ausbeute 60–70 %).

UV/Vis-Spektrum des Trimethincyanins in Chloroform:
$\lambda_{max}(\varepsilon)$: 553 (139 000), 520 (74 000), 490 (24 000, Schulter), 283 nm (11 000).

Aufgaben: Bestimmen Sie Ausbeute und Schmelzpunkt des Produktes und überprüfen die Reinheit dünnschichtchromatographisch (Fließmittel Toluol/ Methanol = 2:1). Nehmen Sie ein UV/Vis-Spektrum in Chloroform auf.

Versuch 3.7.2 : Azofarbstoffe - Synthese des Indikators Methylorange

Azofarbstoffe (Diazene) verdanken ihren Namen der in das π-Elektronensystem integrierten Struktur $-N{=}N-$, die in einer klassischen Reaktionsfolge synthetisiert wird. Wegen der Stickstoffatome spielen in dieser Farbstoffklasse Säure-Base-Eigenschaften eine große Rolle, mit denen pH-abhängige Farbänderungen verknüpft sind. Zum Färben von Textilien sind daher einfache Azofarbstoffe wenig geeignet; sie stellen aber häufige pH-Indikatoren dar.

Methylorange (Helianthin) ist ein zweifarbiger Indikator. Bei pH-Werten > 4,4 liegt das basische, orangegelbe Anion vor, das durch Protonierung am β-Stickstoff der Azogruppe (pH 3,1 – 4,4) in das rote Zwitterion mit stärkerer Elektronendelokalisierung übergeht; bei pH < 3 wird auch die Sulfonsäuregruppe zum ebenfalls roten Kation protoniert.

$$^-O_3S-C_6H_4-N=N-C_6H_4-N(CH_3)_2$$

$$\downarrow H^+$$

$$^-O_3S-C_6H_4-\overset{+}{\underset{H}{N}}=N-C_6H_4-N(CH_3)_2 \quad \leftrightarrow \quad {}^-O_3S-C_6H_4-\underset{H}{N}-N=C_6H_4=\overset{+}{N}(CH_3)_2$$

Die Herstellung von Methylorange erfolgt in zwei Stufen. Im 1. Schritt wird Sulfanilsäure (*p*-Aminobenzolsulfonsäure) im Alkalischen (warum ?) gelöst und anschließend diazotiert:

$$HO_3S\text{-}C_6H_4\text{-}NH_2 + HO^- \rightarrow {}^-O_3S\text{-}C_6H_4\text{-}NH_2 + H_2O$$

$$^-O_3S\text{-}C_6H_4\text{-}NH_2 + NO^+ \rightarrow {}^-O_3S\text{-}C_6H_4\text{-}N=N^+ + H_2O$$

Diazotierung nennt man die Reaktion des aus Nitrit in saurer Lösung entstehenden Nitrosylkations NO^+ mit aromatischen Aminogruppen zu einem Diazoniumkation $-N=N^+$. Im 2. Schritt "kuppelt" das Diazoniumsalz mit einer zweiten aromatischen Verbindung, in diesem Fall N,N-Dimethylanilin in der *para*-Position; diese Reaktion folgt dem S_E-Mechanismus der aromatischen Substitutionen.

$$^-O_3S\text{-}C_6H_4\text{-}N=N^+ + C_6H_5\text{-}N(CH_3)_2 \rightarrow {}^-O_3S\text{-}C_6H_4\text{-}N=N\text{-}C_6H_4\text{-}N(CH_3)_2$$

1. Diazotierung

Im Abzug arbeiten! In einem 100 mL-Erlenmeyerkolben werden 1,7 g (9,8 mmol) Sulfanilsäure in 10 mL 2 N Natronlauge suspendiert. Zu der im Eisbad gekühlten Suspension gibt man unter Rühren eine Lösung von 0,7 g (10 mmol) Natriumnitrit in 8 mL Wasser. Dann schüttet man die Reaktionsmischung auf ein Gemisch von 1,5 mL konz. HCl und 10 g Eis. Man beobachtet eine Braunfärbung.

2. Azokupplung

Unter Rühren im Eisbad wird 1 mL (7,9 mmol) Dimethylanilin zur sauren Diazoniumsalzlösung hinzugetropft: Die Reaktionsmischung färbt sich rot. Dann fügt man bis zur deutlich alkalischen Reaktion tropfenweise 2 N Natronlauge hinzu. Das Natriumsalz des Azofarbstoffs fällt in Form orangebrauner, blattartiger Kristalle aus. Nach mehrstündigem Stehenlassen werden die Kristalle durch Saugfiltration isoliert und aus wenig Wasser umkristallisiert. Anschließend trocknet man im Vakuumexsikkator.

Aufgaben: Die Ausbeute an Farbstoff, bezogen auf die eingesetzte Sulfanilsäure, ist zu ermitteln. Die Indikatorwirkung des Azofarbstoffs bei verschiedenen pH-Werten ist zu überprüfen und sein Umschlagsintervall zu ermitteln.

Versuch 3.7.3 : Herstellung von Indigo - Färben von Cellulose (Baumwolle)

Einer der ältesten und bedeutendsten organischen Farbstoffe ist der Indigo. Die Stengel der Indigopflanze (*Indigofera sp.*) sind eine ergiebige Quelle für das farblose Ausgangsmaterial, aus dem Indigo gewonnen wird. Dieser natürliche Zugang zum Indigo wurde bis Beginn des Jahrhunderts genutzt; seitdem wird Indigo nur noch synthetisch erhalten. Obwohl Blau-Farbstoffe mit besseren Licht- und Waschechtheiten zur Verfügung stehen, wird Jeanskleidung noch heute mit Indigo gefärbt, weil die mangelnde Reibechtheit des Indigo der Kleidung das geschätzte abgetragene Aussehen verleiht.

Die tiefe Farbe des Indigo ist ein Sonderfall; das Indigo-Molekül hat ein kurzes, aber spezielles "gekreuztes" π-Elektronensystem (Struktur **5**).

1.Indigosynthese

Die Herstellung des Indigo erfolgt nach A. von Baeyer. Zunächst geht 2-Nitrobenzaldehyd mit Aceton eine Aldolreaktion unter Bildung des Addukts **1** ein, das dann durch Disproportionierung in 2-Nitroso-benzoylaceton **2** übergeht. Dieses cyclisiert zur Zwischenstufe **3**. Durch Acetat- und Wasserabspaltung entsteht Indolon **4**. Zwei Moleküle **4** kondensieren zum Indigomolekül **5**, das in der angegebenen *trans*-Konfiguration durch intramolekulare H-Brücken stabilisiert ist. Alle Schritte verlaufen in einer "Eintopfreaktion" zum Produkt **5**.

In einem 50 mL-Rundkolben werden 0,5 g (3,3 mmol) 2-Nitrobenzaldehyd in 5 mL Aceton gelöst. Man fügt dann 5 mL Wasser hinzu und rührt die entstehende Suspension. Zu dieser gibt man tropfenweise 2,5 mL 1 N NaOH. Nach der Basenzugabe tritt sogleich die blaue Farbe des Indigos auf und die Lösung kann sieden. Nach den Abklingen der exothermen Reaktion läßt man die Reaktionsmischung noch 5 min stehen. Der ausgefallene Indigo wird durch Saugfiltration isoliert und mit 10 mL Wasser und anschließend mit 10 mL Ethanol gewaschen.

2. Küpenfärbung

Bei dieser Färbemethode wird ein wasserunlöslicher Farbstoff wie Indigo reduktiv in eine wasserlösliche Form (Leukoform) umgewandelt ("Verküpung"). Die alkalische Lösung des reduzierten Farbstoffs (Indigweiß) bezeichnet man als "Küpe". Wasserlösliches Indigweiß diffundiert in amorphe Bereiche der Cellulosefaser ein; die Affinität zur Cellulose beruht wahrscheinlich auf Ionen-Dipol-Wechselwirkung. Durch Reoxidation der Leukoform mit Luft wird der blaue Indigo direkt in der Faser regeneriert. Da der Farbstoff jetzt wasserunlöslich ist, besitzt er Waschechtheit.

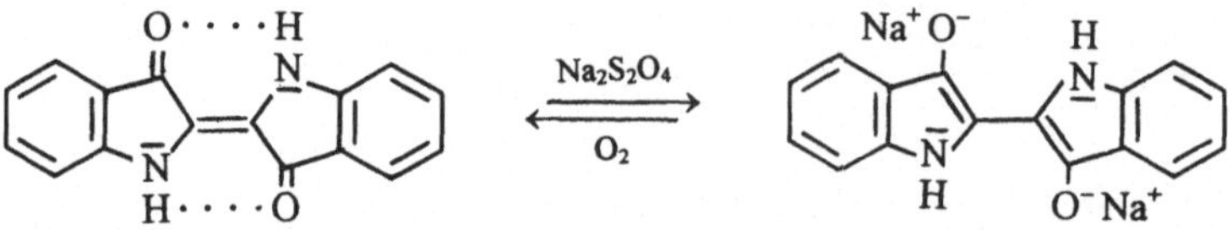

In einen 50 mL-Kolben werden die oben erhaltene Indigomenge, 10 mL Wasser, 3 Plätzchen NaOH und ein Siedestein gegeben. Zu der zum Sieden erhitzten Lösung fügt man 2 mL 10 %ige wässrige Natriumdithionit-Lösung hinzu. Man tropft solange weitere Dithionitlösung hinzu, bis der Indigo sich vollständig aufgelöst hat und eine klare gelbliche Lösung des Leukoindigo vorliegt. Diese schüttet man in ein 250 mL-Becherglas, das 100 mL Wasser enthält, tunkt in das Färbebad Baumwollstreifen und rührt mit einem Glasstab. Nachdem der Stoff vollständig getränkt ist, wird er dem Bad entnommen und an der Luft getrocknet; beim Trocknen erscheint die blaue Farbe des Indigo. Wenn der Stoff ganz trocken ist, wird er mit kaltem Wasser gespült, um die nicht von der Faser aufgenommenen Indigoreste zu entfernen. Ist das Waschwasser klar, wird das Spülen beendet und das Gewebe getrocknet. Sie können damit Löcher in Jeans original ausbessern.

Versuch 3.7.4 :   Methylenblau und Leukomethylenblau: Ein Redoxindikator

Chromophore können nicht nur durch Protonenübertragungen reversibel verändert werden (Versuch 3.7.2), sondern auch durch Elektronenübertragungen. Chinone oder kationische Cyanin-Chromophore ändern ihre Farbe durch Reduktion, insbesondere bei Addition von Wasserstoff (Hydrierung) an die konjugierten Doppelbindungen. Geht dabei die Farbe ganz verloren, so entsteht eine "Leukoform", deren Reoxidation wieder den Chromophor und die Farbe liefert (vgl. Indigo/Leukoindigo). Falls die Reaktion rasch und unter Normalbedingungen eintritt, können solche Substanzen als Redox-Indikatoren dienen.

Ein Beispiel ist der vielverwendete kationische Phenothiazin-Farbstoff Methylenblau. Formulieren Sie die nach Anlagerung von 2 Elektronen sowie einem Proton an die chinoide Grenzstruktur des Farbstoffs entstehende Struktur des Leukomethylenblau:

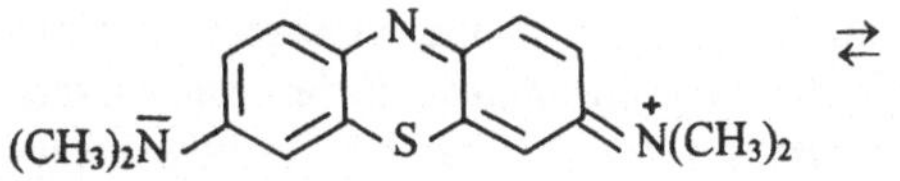

Lösen Sie in einem Schüttelzylinder oder einer Flasche mit Stopfen 10 g Glucose und 1,2 g NaOH zusammen in 100 mL Wasser. Geben Sie dazu 2 mL Methylenblaulösung (0,2 % in Wasser) und beobachten Sie die Reaktionsmischung.. Die farblose Lösung von Leukomethylenblau wird nun kräftig geschüttelt und dann wieder stehengelassen. Wie lange können Sie die Farbwechsel fortsetzen, welches sind die Reduktions- und Oxidationsmittel?

In der biochemischen Forschung wird Methylenblau als artifizieller Elektronenakzeptor benutzt; warum ist das Redoxpotential $E^{o\prime} = + 0,01$ V (bei pH 7) dafür gut geeignet?

Versuch 3.7.5 :   Isolierung des Polyenfarbstoffes Lycopin aus Tomaten

Polyene mit konjugierten Doppelbindungen, aber ohne auxochrome Substituenten besitzen keine Möglichkeit der π-Elektronenstabilisierung; zwischen Einfach- und Doppelbindungen besteht kein Ausgleich, die π-Elektronen sind im Grundzustand nicht delokalisiert. Diese Farbstoffklasse kommt in den Carotinoiden vor, die sich vom verzweigten C_5-Kohlenstoffgerüst des Isoprens (2-Methyl-1,3-butadien) ableiten; die meisten haben 20 oder 40 C-Atome (4 bzw. 8 Isopreneinheiten). Carotinoide sind die am weitesten verbreiteten natürlichen Farbstoffe: Vitamin A und Derivate (C_{20}) in Tieren, Xanthophylle in Blättern (in der Farbe i.a. von

Chlorophyll überdeckt), Carotin und Derivate (C_{40}) in vielen Pflanzenteilen (Möhre, Kürbis, Palmöl u.a.m.) sowie Vogelfedern. Carotinoide sind zur Lebensmittelfärbung zugelassen, z.B. das Capsanthin der roten Paprika.

Einer der längsten Polyen-Kohlenwasserstoffe ist Lycopin der Tomaten, Hagebutten und anderer Früchte. Die Isolierung von Lycopin ist eine typische Naturstoffpräparation: Es muß eine in kleiner Menge vorhandene Substanz durch Extraktion mit organischen Lösungsmitteln von einer großen Menge Ballaststoffen getrennt werden.

Lycopin ($C_{40}H_{56}$) $\lambda = 548$ nm

Als Ausgangsmaterial ist konzentrierte Tomatenpaste gut geeignet. Der Inhalt einer kleinen Dose (ca. 70 g) wird in einer Flasche mit 70 mL Methanol geschüttelt; man stellt die Emulsion für 1 Stunde in den Kühlschrank, filtriert das Methanol-Wasser-Gemisch ab und verwirft es. Der feste Rückstand wird kräftig ausgepreßt, wieder zerkleinert und mit 100 mL Methanol/ Chloroform (1:1) extrahiert. Man schüttelt 10 Minuten, filtriert den Feststoff und preßt ihn trocken. Diese Extraktion wiederholt man ggf. noch einmal. Die vereinigten Filtrate, bestehend aus einer dunkelroten Chloroform-Lösung und einer gelbroten Methanolphase werden mit 200 mL Wasser versetzt; die wässrig-methanolische Phase wird abgetrennt und verworfen. Die Chloroform-Lösung schüttelt man nochmals mit Wasser, trennt die beiden Phasen und trocknet die organische mit *wasserfreiem* Natriumsulfat.

Das Lösungsmittel wird im Vakuum abgezogen; die letzten Reste werden durch Zugabe von etwas Toluol und erneutes Eindampfen entfernt. Das dunkelrote Produkt ist aus 4 mL Toluol, in das 4 mL siedendes Methanol getropft wird, umzukristallisieren; nach längerem Stehen in der Kälte wird auf einem Hirschtrichter abgesaugt. Ausbeute ca. 0,1 g, Schmelzpunkt 169°C. Spektrum registrieren.

Versuch 3.7.6 :   Anthocyane aus Blüten und Früchten

Die bunte Vielfalt natürlich vorkommender Farben beruht auf einer vergleichsweise geringen Zahl von Chromophoren, deren π-Elektronensysteme durch unterschiedliche Substituenten, Kettenlängen usw. jeweils stark diversifiziert sind. (Welche Grundstrukturen wichtiger farbiger Naturstoffe kennen Sie bereits ?)

Eine sehr große Gruppe von Naturfarbstoffen bilden die *Anthocyane*. Sie sind verantwortlich für die roten und blauen Farben der meisten Blüten und Früchte wie Klatschmohn, Rose und Rittersporn, Erdbeere, Kirsche, Heidelbeere und viele andere. (*Anmerkung*: Es gibt Ausnahmen. Rote Rüben sowie Pilze (Fliegenpilz !) haben chemisch andersartige Farbstoffe.) Anthocyane enthalten Zuckerreste, die für die Farbigkeit unerheblich sind, und als chromophores System die Anthocyanidine mit der in Abb. 24 gezeigten Struktur eines mit Hydroxylgruppen substituierten 2-Phenyl-benzopyrans, das als energetisch günstiges, aromatisches Oxoniumkation ("Flavyliumkation") vorliegt.

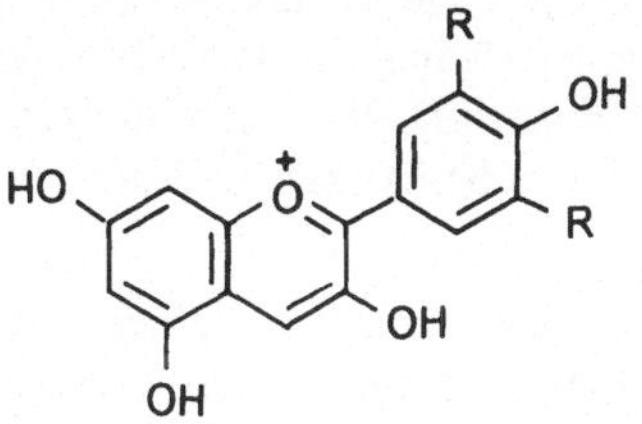

Abb. 24. Struktur der Anthocyanidine. Der unterschiedliche Substitutionstyp am rechten Phenylkern kommt durch spezifische Biosynthesen zustande. Beispiele: R = 2 x H: Pelargonidin; R = 2 x OH: Delphinidin; R = 2 x OCH_3 : Malvidin; R = H und OH: Cyanidin; R = H und OCH_3: Päonidin. In der Pflanze liegen meist Gemische mehrerer Substanzen vor. In den folgenden Formeln sind diese Substituenten der Übersichtlichkeit halber fortgelassen.

Die Farbe eines Anthocyanidins wird durch pH-Wert und Komplexbildung mit Metallionen bestimmt. Viele Pflanzenfarbstoffe schlagen indikatorartig von rot in saurem nach blau in basischem Milieu um: Im sauren liegt ein mesomeres Kation vor, durch Deprotonierung oberhalb pH 8 entsteht ein mesomeres Anion mit ausgedehnterem Elektronensystem. Dazwischen existiert eine wenig gefärbte ungeladene Struktur ohne durchkonjugiertes Bindungssystem ("Pseudobase", in der hier beschriebenen Versuchsdurchführung nicht zu beobachten).

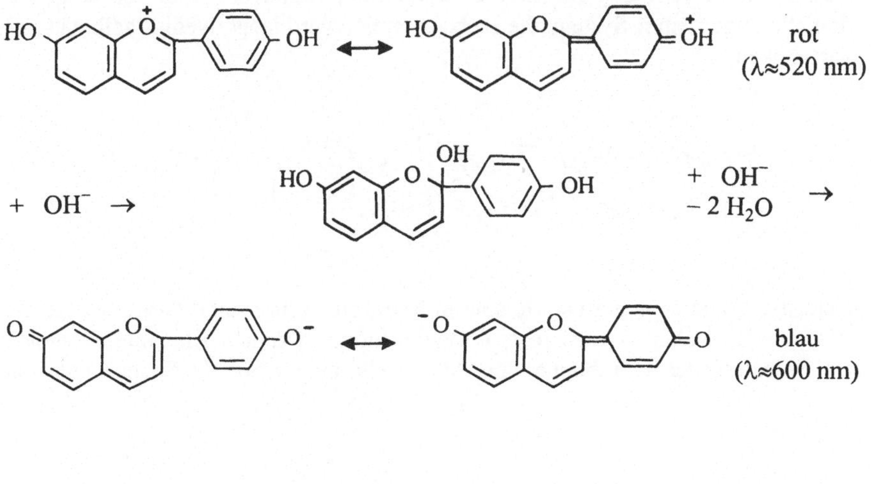

(*Anmerkung*: Der früher als pH-Indikator gebräuchliche, aus Flechten gewonnene Lackmusfarbstoff enthält komplexere Farbstoffmoleküle mit mehreren Chromophoren.)

Überzeugen Sie sich von den pH-abhängigen Farbänderungen in einem verbreiteten Getränk aus *Vitis vinifera*, das u.a. die Farbstoffe Cyanidin, Delphinidin, Malvidin, Päonidin und Petunidin enthält. Pipettieren Sie je 1 mL nicht zu alten Rotwein zu je 4 mL Wasser (pH-Wert prüfen), 0,1 N HCl (pH = ?) und Pufferlösungen der pH-Werte 3, 5, 7 und 10 und erklären Sie die Farben. Steht ein Photometer zur Verfügung, so können Sie durch Messung der Extinktion bei 515 nm in Abhängigkeit vom pH den pK_a-Wert der Anthocyane grob bestimmen (vgl. Versuch 3.6.3). Welche Molekülstrukturen sind für den sauren pK_a-Wert verantwortlich ?

Falls Sie diesem Präparat nicht trauen, extrahieren Sie den Farbstoff Cyanin (zuckerhaltig) bzw. Cyanidin (s. Abb. 24) aus Klatschmohn oder roten Rosen. Zerreiben Sie einige Gramm Blütenblätter unter Zusatz von etwas Seesand, 8 mL Wasser und 2 mL Ethanol kräftig im Mörser; versuchen Sie, den pH-Wert zu bestimmen. Die wässrige Mischung wird zur Stabilisierung mit etwas verd. Schwefelsäure angesäuert und durch Filtrieren oder Zentrifugieren eine rote Lösung erhalten. Prüfen Sie deren Farbänderungen durch tropfenweise Zugabe von Sodalösung bis zu alkalischem pH. NaOH führt über grün zu gelben Abbauprodukten.

Cyanidin ist nicht nur der Farbstoff von Mohn, Rose und Preißelbeere, *sondern auch* der blauen Lupine und Kornblume. Das Phänomen ist *nicht* durch pH-Wechsel zu erklären, da alle Pflanzensäfte schwach sauer sind. (Zur Aufklärung der Diskrepanz lesen Sie bei E. Bayer, Angew. Chemie **78**, 834 (1966) nach.) In blauen Blüten liegen bei unverändertem pH-Wert (4–7) Fe^{3+}- oder Al^{3+}-Komplexe vor. Die Metallionen polarisieren die π-Elektronen des ursprünglichen Farbkations in Richtung der Grenzstrukturen mit chinoidem Ring und längerem durchkonjugiertem π-System, die Lichtabsorption wird längerwellig (bathochrom) verschoben.

Derartige blaue Blütenfarbstoffe sind in Extrakten wenig stabil (warum wohl ?). Wandeln Sie daher *in vitro* rotes Cyanidinchlorid in seinen Aluminiumkomplex als Farbstoff der Kornblume um. Man stellt eine *neutrale* Suspension von

Al(OH)$_3$ her, indem man eine heiße wässrige Lösung von Aluminiumsulfat mit konz. Ammoniak versetzt und den Niederschlag mit Wasser wäscht; das Wasser wird dekantiert und das Al(OH)$_3$ in Methanol aufgeschlämmt. Zu 5-10 mL einer methanolischen Lösung von Cyanidinchlorid (2 mg/50 mL; sparsam verwenden) gibt man etwa 1 mL der dicken Al(OH)$_3$-Aufschlämmung. Nach Umschütteln setzt sich der blaue Komplex ab, die überstehende Lösung wird farblos.

Versuch 3.7.7 :   Chemilumineszenz von Chlorophyll

Chemilumineszenz nennt man Prozesse, in denen chemische Energie in elektronische oder Schwingungsenergie von Molekülen umgewandelt wird, die sie unter Lichtemission (*Lumineszenz*) wieder abgeben. Wichtig ist dabei, daß in der chemischen Reaktion eine Zwischenstufe in einem elektronisch angeregten Zustand gebildet wird. Glühwürmchen und Leuchtbakterien erzeugen Licht ("Biolumineszenz") aus dem energiereichen ATP und heterocyclischen Substanzen wie Luciferin (→ Biochemie, Mikrobiologie). Technisch wird eine chemilumineszierende Reaktion im Leuchtstab "Cyalume" zur Notbeleuchtung genutzt. Sie beruht auf der Reaktion von Oxalsäurediarylestern mit Peroxid unter Bildung einer "heißen" Zwischenstufe (1,2-Dioxetandion) mit quadratischer Struktur. Als fluoreszenzfähiges System (Fluorophor) kann in dieser Reaktion anstelle synthetischer Moleküle eine Lösung von Chlorophyll dienen (→ Versuch 2.3.6, Abb. 12). Es wird durch die beim Zerfall von 1,2-Dioxetandion entstehenden angeregten Kohlendioxidmoleküle (CO$_2$*) angeregt und strahlt die aufgenommene Energie als Fluoreszenzlicht im Sichtbaren ab. (*Anmerkung*: Im Gegensatz zu Chlorophyll-Molekülen in Lösung spielt im Chloroplasten ihre Fluoreszenz eine untergeordnete Rolle, denn dort würde sie einen Verlust an absorbierter Lichtenergie bedeuten!)

$$R-O-\overset{O}{\overset{\|}{C}}-\overset{O}{\overset{\|}{C}}-O-R \;\rightarrow\; \overset{O\diagdown\quad\diagup O}{\underset{O-O}{\square}} \;\rightarrow\; 2\,CO_2^* \;\rightarrow\; 2\,CO_2$$

$$+\,H_2O_2 \qquad\qquad +\,2\,R-OH \qquad \underset{\downarrow}{\quad} \qquad\qquad \downarrow$$

$$\text{Fluorophor} \;\rightarrow\; \text{Fluorophor}^*$$

$$R = 2,4,6\text{-Trichlorphenyl} \qquad\qquad\qquad\qquad \downarrow$$

$$\text{Fluoreszenzlicht}$$

Durchführung:

Man zerschneidet etwa 5 g grüne Blätter (Brennessel, Spinat) und verreibt sie im Mörser mit 30 mL Essigsäureethylester, etwas Seesand und einer Spatelspitze CaCO$_3$ zur Neutralisation des sauren Zellsaftes, bis eine dunkelgrüne Lösung vorliegt. Blattreste werden abfiltriert und die Lösung in einen Rundkolben gefüllt.

Man gibt 0,5 g Bis(2,4,6-trichlorphenyl)oxalat und 10 mL 20 %iges H_2O_2 hinzu. (Vorsicht, ätzend!) Man schwenkt den Kolben kräftig um, um Luftsauerstoff aufzunehmen und beobachtet *im Dunkeln* ein rotoranges Leuchten. Durch Zugabe neuer Portionen von Oxalat und Umschwenken des Kolbens kann das Leuchten mehrfach regeneriert werden.

Hinweis für Praktikumsleiter und Assistenten: Der Bis(trichlorphenyl)ester läßt sich kostengünstig nach J.W.Baker und I.Schneider, J. Chem. Eng. Data **9**, 584-585 (1964), aus Trichlorphenol und Oxalylchlorid synthetisieren

Versuch 3.7.8 : Chromatographie von Lebensmittelfarben und anderen Farbstoffen

Sowohl in der Natur (in Blättern, Blüten, Pilzen) wie bei der technischen Anwendung beruhen Farben häufig auf *Gemischen* organischer Farbstoffmoleküle. Bei der chemischen Synthese von Farbstoffen entstehen Isomerengemische durch Kupplung oder Kondensation der Komponenten an unterschiedlichen Positionen der aromatischen Ringsysteme, oder Farbstoffe werden zur Erzeugung neuer Farbtöne und Verwendungszwecke gemischt. Es ist daher nicht selten nötig, Farbstoffgemische auf ihre Zusammensetzung zu analysieren. Bei derartigen Bemühungen erfanden Ferdinand Runge (1850), Michael Tswett (1906) sowie später A. Martin und R. Synge (Nobelpreis 1952) die Adsorptions- und Verteilungs"chromatographie". *Sie* werden in Pflanzenphysiologie oder Biochemie die Photosynthesepigmente zu trennen haben. Auch Farbstoffe, die im Labor zur Anfärbung von Präparaten verwendet werden, müssen gelegentlich auf Reinheit kontrolliert werden.

Wir gewinnen Einblick in das Prinzip der Chromatographie und die Vielfalt von Strukturen synthetischer Farbstoffe am Beispiel von Lebensmittelfarben. Als unbedenklich sind derzeit sechs wasserlösliche Azofarbstoffe mit beidseitigen Sulfonsäuregruppen zugelassen, die im Körper an der $-N{=}N-$Bindung reduktiv gespalten und ausgeschieden werden, ferner zwei nicht-resorbierbare Triphenylmethanfarbstoffe. Färbung mit natürlichem Riboflavin, Carotin- und Chlorophyllderivaten ist ebenfalls erlaubt. Seit langem verboten wegen seiner carcinogenen Wirkung ist dagegen das ursprüngliche "Buttergelb" (Dimethylaminoazobenzol).

Synthetische Lebensmittelfarben (Auswahl) mit europäischer Kenn-Nummer:

E 122	Azorubin (Carmoisin, Food Red 3)
E 123	Amaranth (Food Red 9), isomer mit E 124
E 124	Cochenillerot A (Ponceau 4R, Food Red 7)
E 127	Erythrosin (Food Red 14)
E 131	Patentblau V (Food Blue 5)

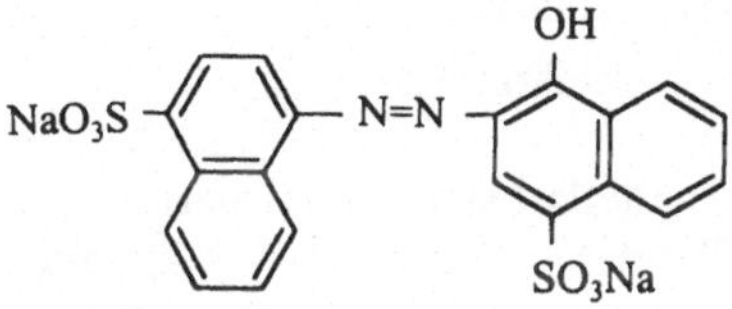

Azorubin

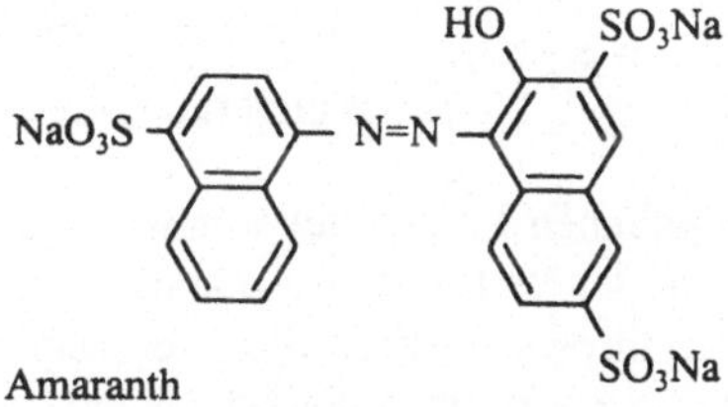

Amaranth

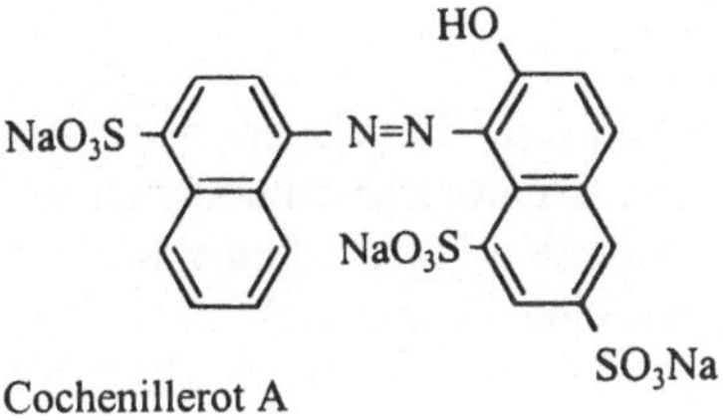

Cochenillerot A

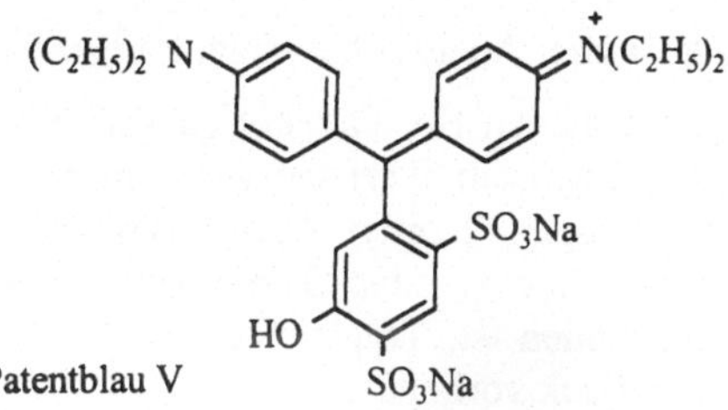

Patentblau V

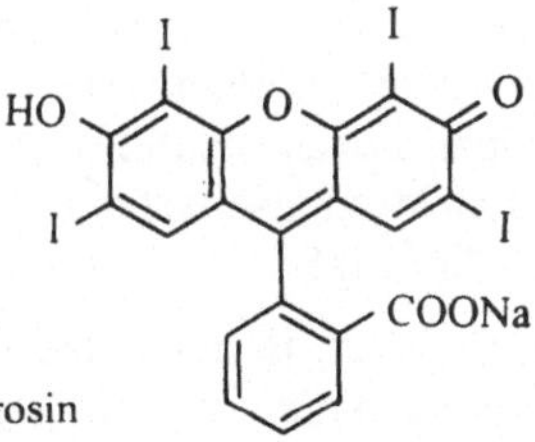

Erythrosin

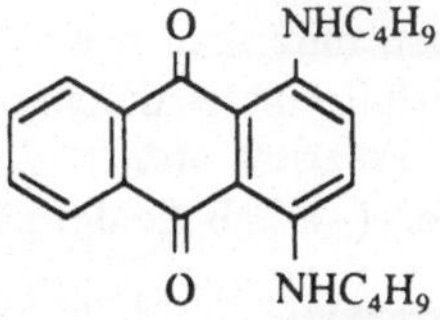

Sudanblau II

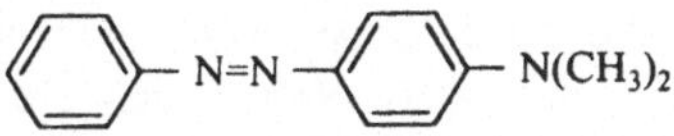

Buttergelb

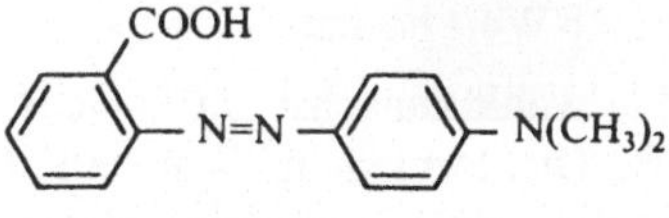

Methylrot

Aufgabe: Analyse von Lebensmittelfarben

Chromatographieren Sie auf Kieselgel-beschichteten Dünnschichtplatten ein Gemisch mehrerer Lebensmittelfarbstoffe in Methanol-Lösung. Tragen Sie 10 mm vom unteren Rand entfernt mit einer Glaskapillare einen Startfleck der Lösung auf die DC-Platte sowie auf gleicher Höhe Startflecken der Lösung reiner Substanzen (Auswahl mit Assistenten beraten). Entwickeln Sie die Platte in einer Trennkammer im Fließmittelgemisch n-Butanol/Ethanol/Wasser 10:3:6 bis 10 mm unter den oberen Rand. Die Trennung der Farbstoffe erfolgt durch unterschiedliche Adsorption am Kieselgel während des Aufsteigens des Fließmittels. Nehmen Sie die Platte heraus, markieren die Fließmittelfront *mit Bleistift*, lassen unter dem Abzug trocknen und berechnen die R_f-Werte nach

$$R_f = \frac{\text{Wanderungsstrecke der Substanz}}{\text{Wanderungsstrecke des Fließmittels}}.$$

Im gegebenen Fließmittel wandern die Lebensmittelfarbstoffe vom Start aus gesehen in der Reihenfolge Amaranth < Cochenillerot A < Patentblau V < Azorubin S < Erythrosin. Ordnen Sie auch Methylorange (aus Versuch 3.7.2), Buttergelb und andere verfügbare Farbstoffe ein.

Aufgabe: Analyse lipophiler Farbstoffe

Untersuchen Sie Farbstoffgemische aus Buntstiften oder Kugelschreibern. Aus der Kugelschreibermine wird mit einem Draht etwas Farbpaste entnommen und mit einigen Tropfen Aceton vermischt, oder abgeschabte Farbstoffmine wird mit 1 mL Aceton oder Dichlormethan behandelt, bis eine kräftig gefärbte Lösung entstanden ist. Tragen Sie soviel auf eine DC-Karte auf, bis ein gut sichtbarer Startfleck vorliegt.

Da die Zusammensetzung dieser Farbstoffmischungen i.a. nur dem Hersteller bekannt ist, muß man auch das geeignete Fließmittel selbst ermitteln. Eine Orientierungshilfe bietet die sog. *elutrope Reihe*, in der man Lösungsmittel nach steigender Polarität ordnet, die wiederum mit ihrer Dielektrizitätskonstanten (DK) korreliert (→ Tabelle der gängigen Lösungsmittel im Anhang).

Eine gegebene Substanz hat einen um so höheren R_f-Wert, je tiefer das Fließmittel in der elutropen Reihe steht, d.h. je polarer das Fließmittel ist. Ein gegebenes Fließmittel trennt zwei Substanzen so auf, daß die weniger polare den höheren R_f-Wert besitzt.

Man wählt zunächst ein Solvens, das in der Mitte der elutropen Reihe steht wie z.B. Dichlormethan. Wandern die Farbstoffe in das obere Viertel der Trennstrecke, muß ein weniger polares Solvens verwendet werden. Bleiben sie am oder in der Nähe des Startpunkts, so gilt das Umgekehrte. Ziel ist es, die Farbstoff-Flecke möglichst gleichmäßig über die gesamte Trennstrecke zu verteilen. Das wird oft nur mit Mischungen aus zwei oder drei Lösungsmitteln erreicht, die in der elutropen Reihe benachbart sind. Gut geeignet sind i.a. Cyclohexan/Diethylether- oder Aceton/*n*-Propanol-Gemische in verschiedenen Mengenverhältnissen.

Zur Analyse der Farbstoffproben mögen verschiedene Arbeitsgruppen unterschiedliche Fließmittelgemische erproben und die Ergebnisse vergleichen. Als Vergleichssubstanzen für Kugelschreiberpaste kommen z.B. Anthrachinon-Farbstoffe der Sudanblau-Reihe (Formel s.o.) in Frage.

Anmerkung: Sämtliche kommerziell verwendeten Farbstoffe sind im mehrbändigen "Colour Index" (C.I.; Bradford, England) mit Namen, Struktur und einer C.I.-Nummer verzeichnet und dort eindeutig zu identifizieren.

Fragen und Anregungen

1. Wenn ein Molekül Licht absorbiert und dann unter Lichtemissison fluoresziert, so ist das emittierte Fluoreszenzlicht in jedem Fall längerwellig als das absorbierte Licht. Beispiel: Die intensiv grüne, noch in hoher Verdünnung zu beobachtende Fluoreszenz des gelb gefärbten Farbstoffs Fluorescein. Warum? Erklären Sie diese Gesetzmäßigkeit aus dem Jablonski-Diagramm.

2. Die Bindungsenergie einer typischen C-C-Einfachbindung beträgt 347 $kJ \cdot mol^{-1}$. Kann rotes Licht der Wellenlänge 620 nm diese Bindung spalten? (Berechnen Sie mit N_A die Energie für 1 mol Lichtquanten).

3. Das erste Sulfonamid mit ausgezeichneter antibakterieller Wirksamkeit war Prontosil (1935, inzwischen nicht mehr verwendet). Es ist ein Azofarbstoff, der aus zwei Kupplungskomponenten hergestellt wird. Formulieren Sie die Ausgangssubstanzen und die Reaktion.

4. Welche der folgenden Verbindungen sind aufgrund ihrer Molekülstruktur farbig, welche farblos?

Fuchsin

Phenolphthalein

Phenolphthalein-Anion

Azulen
(im Kamillenöl)

Juglon
(Walnußfrüchte)

Furancarbonsäure
("Brenzschleimsäure")

5. Chlorophyll a und b unterscheiden sich nur in einem Substituenten des Porphyrins (s. Abbildung 12). Erklären Sie, warum Chl_a ein Absorptionsmaximum bei 432 nm und Chl_b eine Bande bei 457 nm besitzt. Weitere Absorptionen der beiden Pigmente liegen im Bereich 650 bis 700 nm. Wie setzt sich der typische Farbeindruck von "Blattgrün" zusammen?

6. Auch die π-Elektronen *einzelner* Doppelbindungen sind durch Strahlung anzuregen, aber mit viel höherer Energie. Zur Anregung von Cyclopenten sind beispielsweise 630 kJ·mol^{-1} erforderlich. Bei welcher Wellenlänge erscheint im Elektronenspektrum des Olefins eine Absorptionsbande? Wie nennt man diesen mit normalen Photometern nicht experimentell zugänglichen Spektralbereich ? Rechenansatz: $\lambda = N_A \cdot h \cdot c$ / Energie.

7. Cyanobakterien und Rotalgen enthalten als Lichtsammelpigmente sog. Phycobiline, deren Chromophor im Gegensatz zu Chlorophyll ein magnesiumfreies, lineares Tetrapyrrol darstellt.

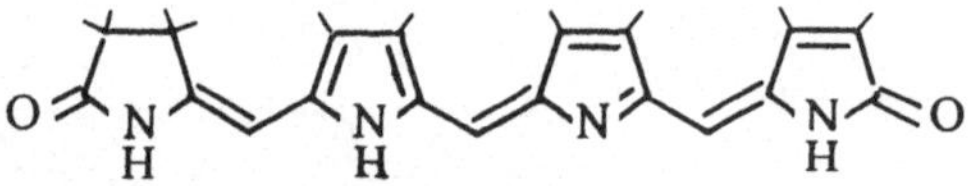

Welche Farbe haben die um 600 nm absorbierenden Phycocyanine ? Welchen Vorteil bieten derartige Pigmente den aquatisch lebenden Zellen zusätzlich zu Chlorophyll ? (→ Pflanzenphysiologie)

8. Die folgende Substanz ist Bestandteil phototroper Gläser. Sie nimmt in Abhängigkeit von der Beleuchtung die Form **A** oder **B** ein. Welche Form läßt das sichtbare Licht passieren, welche absorbiert es ?

A

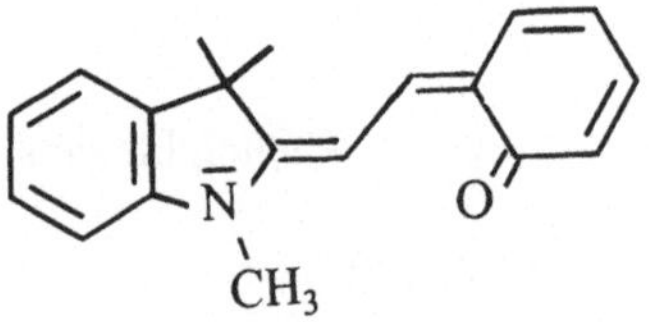

B

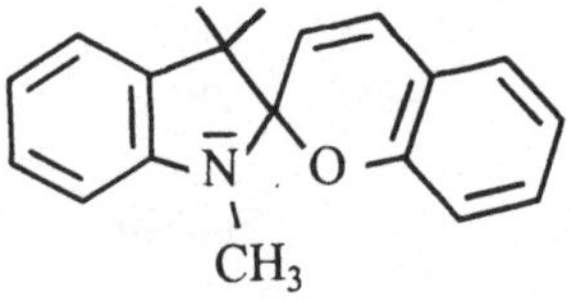

3.8 Aminosäuren und Proteine

Aminosäuren sind bis-funktionelle organische Moleküle und haben deshalb besondere chemische Eigenschaften. Ihre große Bedeutung rührt daher, daß 20 natürlich vorkommende "proteinogene" Aminosäuren die universellen Bausteine aller Peptide und Proteine darstellen, die wiederum etwa die Hälfte vom Trockengewicht typischer Zellen und Gewebe ausmachen. Genauer betrachtet handelt es sich um L-α -Aminocarbonsäuren mit einem gemeinsamen N-C-C-Grundgerüst und unterschiedlichen Seitenresten R:

$$\begin{array}{c} COOH \\ | \\ \alpha\ C \\ \diagup \vdots \diagdown \\ NH_2 \quad R \quad H \end{array}$$

Das Kohlenstoffatom neben der Carboxylgruppe wird mit α bezeichnet; steht die Aminogruppe an diesem zentralen tetraedrischen C nach links, so liegt eine L-Aminosäure vor.

Auch in freier Form kommen die proteinogenen und viele andere Aminosäuren in biologischen Flüssigkeiten vor; Blutserum enthält etwa 0,1 mM gelöste Aminosäuren. Sie können Indikatoren für normale oder pathologische Stoffwechselzustände und Vorstufen für kompliziertere N-haltige Naturstoffe (zum Beispiel?) sein.

Die **Chemie** der Aminosäuren und aus ihnen aufgebauter Makromoleküle wird bestimmt durch

- ihre Säure/Base-Natur und die damit zusammenhängende Löslichkeit,

- die Verknüpfung von Aminosäuren durch Peptidbindung,

- eine spezielle Analytik, insbesondere im Mikromaßstab, um in sehr kleiner Menge vorkommende physiologisch wirksame Substanzen erfassen zu können.

Die **Biochemie** der Aminosäuren und Proteine ist in jedem Lehrbuch ausführlich beschrieben. Informieren Sie sich dort über

- die Liste der 20 L-Aminosäuren und unter ihnen die Besonderheiten von Glycin und Prolin, sowie

- den entscheidenden energetischen Unterschied zwischen Proteinbiosynthese einerseits und Proteolyse (Protein-Verdauung) andererseits.

Aminosäuren

Bis auf die einfachste Aminosäure Glycin (Aminoessigsäure, NH_2-CH_2-COOH) sind alle α-Aminosäuren chiral, weil der *α*-Kohlenstoff vier verschiedene Substituenten trägt. Die natürlichen Vertreter gehören überwiegend zur L-Reihe. Da jedoch chemische Eigenschaften i.a. nicht von der Konfiguration abhängen und synthetische Aminosäuren als Gemisch der L- und D-Form (Enantiomerengemisch oder Racemat) vorliegen, verwenden wir aus praktischen Gründen meist die D,L-Aminosäuren.

Nach den chemischen Eigenschaften der Seitenreste R gruppiert man Aminosäuren in *saure* bzw. *basische* (mit einer zweiten Carboxylgruppe bzw. basischen Funktion im Molekül) und *polare* mit hydrophilen, aber nicht ionisierbaren Seitenresten; die verbleibenden haben durch ihre aliphatischen oder aromatischen Seitenketten *hydrophoben* Charakter. Zwei Aminosäuren tragen schwefelhaltige Substituenten. Beispiele:

Asparaginsäure (sauer)	Lysin (basisch)	Serin (polar)	Valin (hydrophob)	Phenylalanin (aromatisch)	Cystein (Thiol)

Versuch 3.8.1 :   Nachweis von Aminosäuren mit Ninhydrin

Einen empfindlichen Nachweis auf Aminosäuren in Lösung oder auf Chromatogrammen (Erfassungsgrenze unter 1 µg) ermöglicht die Umsetzung mit dem aromatischen Triketon-Hydrat Ninhydrin. In einer komplex verlaufenden Reaktion wird die Aminosäure dehydriert, in der Hitze decarboxyliert, und die Aminogruppe kondensiert mit zwei Molekülen des Reagenz zu einem blauvioletten Polymethinfarbstoff:

Zu 1 mL der zu prüfenden *neutralen* Aminosäurelösung gibt man 2 Tropfen Nin-hydrin-Lösung (0,1 % in Alkohol) und kocht auf: Färbung. Amine und reduzie-rende Zucker können stören. Warum geben alle Aminosäuren außer Prolin prak-tisch die gleiche Farbe?

Trennen Sie einige Aminosäuren auf einem Dünnschichtchromatogramm (Cellulose-Schicht, Fließmittel *n*-Butanol/Eisessig/Wasser 4:1:1), besprühen die getrocknete Platte mit Ninhydrin-Lösung und erhitzen sie einige Minuten im Trockenschrank auf 110° C bis zum Auftreten der Violettfärbung. Gut trennen lassen sich z.B. die Aminosäuren Cystein, Lysin, Asparaginsäure, Alanin und Phenylalanin. Zur Analyse eines kompletten Proteinhydrolysats muß allerdings eine aufwendigere Technik angewandt werden (Versuch 3.8.4).

Werden Sie kriminalistisch tätig: Bringen Sie auf weißem Schreibpapier mit et-was feuchten oder verschwitzten Fingern einen kräftigen Fingerabdruck an. Nach Besprühen mit 1 %iger Ninhydrin-Lösung in Ethanol und Verfliegen des Alkohols wird das Papier im Trockenschrank 5–10 Minuten auf 100 °C erhitzt. Wieso ist die typische Aminosäure-Ninhydrin-Reaktion eingetreten?

Isoelektrischer Punkt

In Aminosäuren neutralisieren sich die saure -COOH und die basische Amino-gruppe gegenseitig. Die Moleküle liegen als *Zwitterion* und nur in winzigem Ausmaß als neutrale Verbindung vor:

$$NH_2-CH_2-COOH$$
$$\downarrow$$

$$^+NH_3-CH_2-COOH \rightleftarrows \ ^+NH_3-CH_2-COO^- \rightleftarrows NH_2-CH_2-COO^-$$

$$pK_a = 2{,}3 \qquad\qquad pK_a = 9{,}6$$

niedriger pH:	Zwitterion:	hoher pH:
völlig protoniert	"isoelektrischer Punkt"	völlig deprotoniert

Aminosäuren besitzen naturgemäß zwei pK-Werte. Die Säurestärke ist gegenüber normalen Carbonsäuren deutlich erhöht (Glycin pK_{a1}= 2,3 gegenüber Essigsäure pK_a = ...), da die Dissoziation des Protons erleichtert ist (wodurch?). In saurer Lösung sind Aminosäuren daher Kationen, in alkalischer Lösung Anionen. Der pH-Wert, bei dem positive und negative Ladung gleich sind (Gesamtladung Null, pH einer Aminosäurelösung ohne Zusätze) heißt *isoelektrischer Punkt* (IP oder IEP); dieser pH-Wert ist

$$IP = \tfrac{1}{2}(pK_1 + pK_2) \approx 6 \ .$$

pK_{a1} und pK_{a2} sind in allen Aminosäuren gleich, zusätzliche pK-Werte können die Seitengruppen R mit weiteren sauren oder basischen Substituenten beisteuern, wie in

$$COO^-$$
$$|$$
$$^+NH_3-CH$$
$$|$$
$$CH_2$$
$$|$$
$$COO^-$$

$$COO-$$
$$|$$
$$^+NH_3-CH$$
$$|$$
$$(CH_2)_4$$
$$|$$
$$^+NH_3$$

Asparaginsäure ($pK_3 = 3,7$), bei pH 7 Anion

Lysin ($pK_3 = 10,5$), bei pH 7 Kation

Versuch 3.8.2 : Titration von Glycin

Wegen der Existenz mehrerer pK-Werte mit entsprechenden Pufferbereichen (pH = pK) sind die Titrationskurven von Aminosäuren mehrfach zusammengesetzt, die pH-Sprünge an den Äquivalenzpunkten der Kurve bei 100% Titration sind nur schwach ausgeprägt (Pfeile in Abb.25).

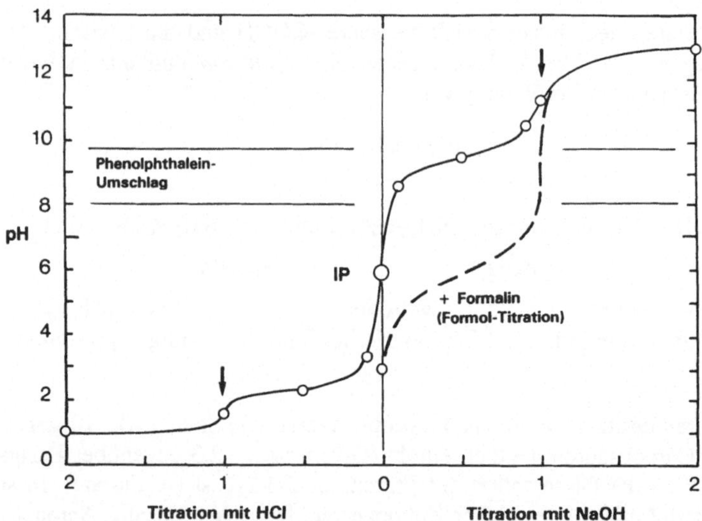

Abb.25. Titrationskurve von Glycin mit HCl (nach links) *oder* NaOH (nach rechts) sowie in Gegenwart von Formaldehyd (- - -). Berechnen Sie die eingezeichneten pH-Werte beim Titrationsgrad 0,1, 0,5, 0,9 und 1 (10, 50, 90 und 100 % Titration) mit Hilfe der oben genannten pK_a-Werte.

In der Praxis kann man daher Aminosäuren mit Säure oder Lauge und den üblichen Indikatoren *nicht* titrieren. Ein Ausweg ist die Titration in Gegenwart von Formaldehyd (wässrige Lösung: Formalin), mit dem die Aminogruppe zur Methylol- oder Methylenverbindung kondensiert:

$$^{+}NH_3-CHR-COO^{-} \; + \; \genfrac{}{}{0pt}{}{H}{H}\!\!\Big\rangle C=O \; \rightarrow \quad \begin{array}{l} HOCH_2-NH-CHR-COO^{-} \\[4pt] \text{bzw. } CH_2=N-CHR-COO^{-}+H_2O \end{array}$$

Bei dieser "Aminosäuretitration nach Sörensen" ist die Basizität des Stickstoffs durch die Substitution herabgesetzt und man titriert die Verbindung wie eine normale, unsubstituierte Carbonsäure mit gut erkennbarem Äquivalenzpunkt.

Man löst im Erlenmeyerkolben 0,02 mol kristallines Glycin in 100 mL Wasser, versetzt mit 1 mL Phenolphthalein (1 % in Ethanol) und beginnt mit 0,5 N NaOH zu titrieren. Vergleichen Sie das verbrauchte Volumen NaOH bei Indikatorumschlag mit der theoretisch benötigten Menge. Nun gibt man 10 mL Formalin zu, das zuvor zur Neutralisation der darin vorhandenen Spuren Ameisensäure mit festem Na_2CO_3 neutralisiert wurde, beobachtet den Indikator (Ursache des Effektes?) und titriert erneut bis zum Umschlag. Ist dies die berechnete Äquivalenzmenge?

Versuch 3.8.3 : Hippursäure

Die wichtigste Reaktion der Aminosäuren ist ihre Kondensation zu Peptiden. Soll die Carboxylgruppe durch die Aminogruppe eines zweiten Moleküls substituiert werden, so tritt Reaktion nur ein, wenn

- die Aminogruppe nicht protoniert ist (NH_2- statt NH_3^{+}-) und

- statt der freien Säure bzw. des Carboxylatanions ein reaktionsfähigeres Säurederivat (z.B. Säurechlorid) verwendet wird. Warum führt die Kombination $R\text{-}COO^{-} + NH_3^{+}CH_2COOH$ *nicht* zur Reaktion?

Nur bei hoher Temperatur kondensieren freie Aminosäuren untereinander unter Wasseraustritt, wobei jedoch empfindliche Seitenreste zerstört würden.

Wir synthetisieren N-Benzoylglycin ("Hippursäure") als einfaches Beispiel für die Knüpfung einer Peptidbindung; für die Darstellung echter Peptide aus Aminosäuren benutzt man i.a. noch komplexere Derivate als Ausgangsstoffe. Aromatische Verbindungen wie Benzoesäure werden im tierischen Organismus zur Entgiftung und Ausscheidung mit Aminosäuren "konjugiert", wie die zuerst beim Pferd beobachtete Hippursäure.

$$\text{Benzoylchlorid} + NH_2\text{-}CH_2\text{-}COO^- \xrightarrow{-HCl} \text{Phenyl-}CO\text{-}NH\text{-}CH_2\text{-}COOH$$

Benzoylchlorid   Glycin   Hippursäure

Man löst in einem 100 mL-Schliffkolben 2 g Glycin in 10 mL Wasser, setzt einige Tropfen 2 N NaOH zu und dann portionsweise 10 mL Benzoylchlorid (Vorsicht: Stechender Geruch, ätzend! R 34, S 26 beachten). Zwischenzeitlich wird kräftig geschüttelt oder gerührt und die Mischung durch Zusatz weiterer NaOH stets alkalisch gehalten; zum Schluß schüttelt man solange, bis der Geruch des Säurechlorids verschwunden ist. Nach Ansäuern mit konz. HCl erhält man einen Kristallbrei aus Hippursäure und Benzoesäure (wodurch entstand die letztere?), den man mit einer Nutsche an der Wasserstrahlpumpe isoliert. Die Masse wird mit Ether durchgeschüttelt um Benzoesäure zu lösen, die zurückbleibende Hippursäure erneut abgesaugt und aus heißem Wasser umkristallisiert (Schmp. 187 °C).

Man löst 0,01 mmol (.... g) Hippursäure unter Erwärmen in Wasser und titriert mit 0,5 N NaOH gegen Phenolphthalein. Vergleichen Sie den NaOH-Verbrauch mit der berechneten Menge und die Titration mit der des Glycins im vorhergehenden Versuch. Wie hat die Substitution (Acylierung) der Aminogruppe die Basizität des N-Atoms verändert?

Peptide und Proteine

Peptide (Moleküle aus wenigen Aminosäuren) und Proteine (aus hunderten von Aminosäuren) entstehen durch lineare Kondensation der α-Amino- und Carboxylgruppen von Aminosäuren unter Wasseraustritt:

$$n\ NH_2\text{-}\underset{R}{CH}\text{-}COOH \xrightarrow{-H_2O} \ ....\ NH\text{-}\underset{R}{CH}\text{-}\overset{O}{\underset{\parallel}{C}}\text{-}NH\text{-}\underset{R}{CH}\text{-}\overset{O}{\underset{\parallel}{C}}\text{-}NH\text{-}\underset{R}{CH}\text{-}\overset{O}{\underset{\parallel}{C}}\text{-}\ ....$$

Die Eigenschaften der so aufgebauten linearen Makromoleküle werden daher bestimmt durch

• die Natur der regelmäßig wiederholten Peptidbindungen -CO-NH- im "Rückgrat" der Polypeptidkette, und durch

• die chemischen Eigenschaften und räumliche Anordnung der zwanzig verschiedenen, i.a. unregelmäßig angeordneten Seitenreste R außen.

Die *Peptidbindung* ist ein planares Bindungssystem mit Beteiligung einer zwitter-
ionischen mesomeren Struktur und partiellem Doppelbindungscharakter der C–N-
Bindung; ihre Bindungslänge beträgt nur 132 pm statt 147 pm in einer normalen
C–N-Einfachbindung.

$$-\overset{\displaystyle O}{\overset{\|}{C}}-\overset{\displaystyle}{\underset{\displaystyle H}{\overset{-}{N}}}- \quad \leftrightarrow \quad -\overset{\displaystyle O^-}{C}=\overset{\displaystyle}{\underset{\displaystyle H}{N^+}}-$$

Wegen dieser Bindungsart sind Peptidbindungen - obwohl prinzipiell hydroly-
sierbar - in wässriger Lösung sehr stabil. Chemisch können sie nur unter energi-
schen Bedingungen gespalten werden (siehe unten), biochemisch nur unter Enzymkatalyse durch Proteasen wie Pepsin des Magensaftes oder Trypsin des Pankreas.

Versuch 3.8.4 :   Analyse eines Proteinhydrolysats

Durch völlige Hydrolyse eines Proteins entsteht ein Gemisch aller Aminosäuren,
das keinen analytischen Informationsgehalt hat. Erst nach Trennung in die Komponenten und Derivatisierung der farblosen Aminoäuren zu farbigen, quantifizier-
baren Verbindungen wird die charakteristische Aminosäurezusammensetzung
erkennbar. Die klassische Aminosäurenanalyse benutzt dazu Ninhydrin (Versuch
3.8.1) und Ionenaustauschchromatographie (Kapitel 4). Wir üben eine schnellere
und empfindlichere, im ng-Bereich anwendbare Methode, bei der man das
Aminosäuregemisch mit einem fluoreszierenden Reagenz umsetzt und durch
zweidimensionale Dünnschichtchromatographie auftrennt. Dafür eignet sich
"Dansylchlorid" = **Dimethylaminonaphthalinsulfonylchlorid**, das mit Aminosäuren zu Sulfonsäureamiden kondensiert:

$$\text{Naphthalin-}SO_2Cl \;+\; NH_2\!-\!\overset{R}{\underset{}{C}}H\!-\!COO^- \xrightarrow[-HCl]{} \text{Naphthalin-}SO_2\!-\!NH\!-\!\overset{R}{\underset{}{C}}H\!-\!COOH$$

Ausführung: Hydrolysiert werden Haare, die in der Hauptsache aus dem cystein-
reichen Strukturprotein Keratin bestehen. Bereiten Sie diese Analyse zeitlich und
organisatorisch gut vor und achten Sie auf besonders saubere, dem Mikromaßstab
angepaßte Arbeitsweise!

Eine Probe kleingeschnittener Haare wird in einer abschmelzbaren Ampulle (vorbereitet oder aus einem Mikroreagenzglas durch Ausziehen am oberen Ende selbst hergestellt) mit 1 mL halbkonzentrierter (6 N) Salzsäure versetzt. In der heißen Bunsenbrennerflamme wird die schräg gehaltene Ampulle - HCl nicht in die Nähe der erhitzten Zone kommen lassen! - ausgezogen und luftdicht abgeschmolzen. Man erhitzt sie 20 Stunden im Trockenschrank oder Heizblock auf 90–100 °C, läßt dann abkühlen, öffnet vorsichtig mit einem Glasschneider und überführt das braune Hydrolysat mit einer Pasteurpipette in ein sauberes Kölbchen. Die wässrige Salzsäure wird nun im Vakuum abgedampft, zum Rückstand wird 1 mL Wasser gegeben und erneut zur Trockene eingedampft. (Alternativ kann man aus dem Hydrolysat die Salzsäure in einem *sehr sauberen* Porzellanschälchen durch Erwärmen abdampfen.). Das Aminosäuregemisch wird in 3 mL Aceton: Wasser (1:1) aufgenommen, ungelöstes Protein wird abzentrifugiert und der Überstand abpipettiert.

Man konzentriert diese Probe durch Eindampfen bis auf etwa 1 mL und bringt sie durch Zusatz von wenig 0,1 N Na_2CO_3-Lösung auf pH 10; dieser Wert ist für die folgende Umsetzung erforderlich. 1 mL der Aminosäurelösung wird mit 1 mL Dansylchlorid-Lösung (27 mg pro 10 mL Aceton) gemischt und 30 min bei 37 °C inkubiert: dann wird zum Stoppen der Reaktion mit 2 Tropfen Eisessig angesäuert. Das Reaktionsgemisch enthält alle Dansylaminosäuren sowie (durch Hydrolyse des überschüssigen Sulfonylchlorids) Dimethylaminonaphthalinsulfonsäure.

Mit einer Glaskapillare trägt man ein Tröpfchen der Probe an einer Ecke (3–4 mm von den Rändern entfernt) auf eine mit Mikropolyamid beschichtete Dünnschichtplatte (5 x 5 cm) auf. Der Substanzfleck soll nicht größer als 1 mm sein. Nach dem Eintrocknen kontrolliert man unter einer UV-Lampe, ob der Fleck genügend stark fluoresziert; wenn nicht, wird erneut aufgetragen.

Da das Trennproblem schwierig ist, muß man *zweidimensional* chromatographieren. Bei dieser Technik erhöht sich die Trennschärfe, indem man Substanzen zuerst in einem Fließmittel und nach Drehung der Platte um 90° in einem anders zusammengesetzten Fließmittel wandern läßt. Zur Entwicklung stellt man das DC-Plättchen in eine Kammer oder in ein Becherglas, deren Boden 2-3 mm hoch mit dem Fließmittel 1 (Wasser/Ameisensäure = 100:3) bedeckt ist und schließt oben ab. Wenn die Laufmittelfront die obere Kante des Plättchens erreicht hat, nimmt man es aus der Kammer, läßt es an der Luft trocknen und kontrolliert unter der UV-Lampe die Auftrennung des Aminosäuregemisches. Zur Entwicklung in der zweiten Dimension wird das DC-Kärtchen in ein zweites Glas mit Fließmittel 2 (Toluol/Eisessig 9:1) gestellt. Die genaue Zusammensetzung von Fließmittel 2 ist kritisch; es muß zuvor vom Assistenten überprüft und ggf. der Essigsäureanteil geringfügig modifiziert werden. Nach dem Trocknen der Plättchen markiert man mit einem spitzen Bleistift unter der UV-Lampe die Substanzflecken.

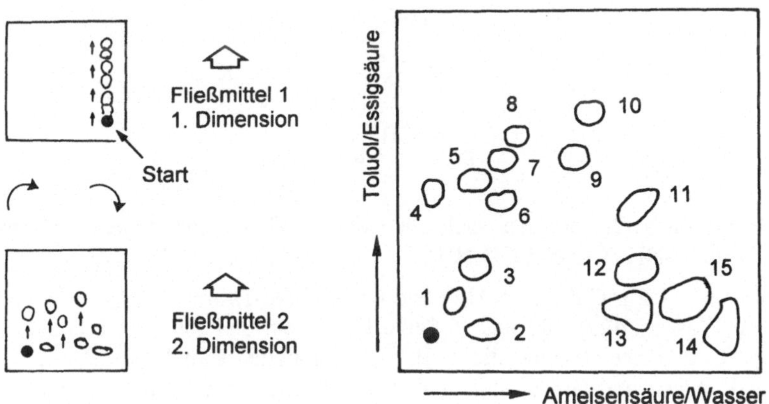

Abb. 26. Zweidimensionale Dünnschichtchromatographie von Dansylaminosäuren. Links: Prinzip der 2D-Chromatographie. Rechts: Ungefähre Position der dansylierten Aminosäuren. 1: Cystein, 2: Tryptophan, 3: Lysin, 4: Tyrosin, 5: Histidin, 6: Phenylalanin, 7: Leucin, 8: Isoleucin, 9: Valin, 10: Prolin, 11: Alanin, 12: Glycin, 13: Glutamin- + Asparaginsäure, 14: Arginin, 15 (nicht getrennt): Asparagin, Glutamin, Serin, Threonin.

Zur Identifizierung der Aminosäuren führt man eine zweite DC unter denselben Bedingungen mit einem dansylierten Aminosäuregemisch aus, das Leucin, Alanin, Glycin, Serin und Arginin enthält (je 0,01 M Lösung in essigsaurem Aceton-Wasser-Gemisch). Man vergleicht die Lage der Aminosäuren anhand der ausgemessenen R_f-Werte mit Abb. 26 und identifiziert nach Möglichkeit auch die übrigen im Haarhydrolysat aufgefundenen Danyslaminosäuren.

Analyse: Sie erhalten ein Gemisch aus 3 – 5 Aminosäuren, die Sie dansylieren und dünnschichtchromotographisch identifizieren sollen.

Versuch 3.8.5 : Proteinbestimmung

Parallel zur Analyse der biologischen Aktivität von Proteinen ist die häufigste Aufgabe eine quantitative Bestimmung der vorhandenen Protein*menge*. Ausfällen und Wägen sind nicht möglich, da getrocknete Proteine noch Wasser und Salze enthalten; auch sind oft nur sehr kleine Mengen verfügbar. Daher wird wieder eine Farbreaktion angewandt, die "Biuret-Reaktion". Kupfer-Ionen geben in alkalischer Lösung mit allen Substanzen, die mindestens zwei Peptidbindungen enthalten, violett gefärbte Komplexe:

$$\begin{array}{c}
R \diagdown \qquad \diagup\!\!\diagup O \\
\quad CH\!-\!C \\
-CO\!-\!N \diagdown \qquad \diagup N\!-\cdots \\
\qquad Cu^{2+} \\
\cdots\!-\!N \diagup \qquad \diagdown N\!-\!CO\!- \\
\quad C\!-\!CH \\
O \diagup\!\!\diagup \qquad \diagdown R
\end{array} \qquad K^+ , Na^+$$

Die Reaktion heißt nach der analogen Komplexbildung mit dimerem Harnstoff oder "Biuret" NH_2-CO-NH-CO-NH_2.

Ausführung: 1,5 g $CuSO_4$ · 5 H_2O und 6,0 g K-Na-Tartrat · 4 H_2O löst man in 500 ml Wasser, rührt 300 mL 10 %ige NaOH ein und füllt auf 1 L auf. Man mischt 1 mL Proteinlösung, die 1–10 mg Protein/mL enthalten soll, mit 4 mL Biuret-Reagenz und läßt 30 min stehen. Die Extinktion wird bei 550 nm gegen eine Blindprobe (1 mL Wasser oder Puffer + 4 mL Reagenz) gemessen. Anhand einer Eichkurve mit Proteinlösungen bekannten Gehaltes (meist Serumalbumin, "BSA") kann der Proteingehalt unbekannter Proben ermittelt werden.

Soll keine quantitative Analyse ausgeführt werden, so versetzen Sie 4 mL 2 N NaOH mit 2 Tropfen $CuSO_4$-Lösung (1 %) und verteilen auf zwei Reagenzgläser. Zur einen Probe geben Sie 2 mL 1 %ige Eiweißlösung, zur anderen 2 mL Wasser und vergleichen Sie beide.

Anmerkung: Es gibt weitere Möglichkeiten der kolorimetrischen Protein-bestimmung, die Sie im Biochemischen Praktikum kennenlernen.

Versuch 3.8.6 :   Isoelektrischer Punkt. Löslichkeit von Casein

Ebenso wie freie Aminosäuren haben Proteinmoleküle einen Isoelektrischen Punkt (= pH-Wert), an dem die Summe der positiven gleich der der negativen Ladungen und das Molekül insgesamt ungeladen ist; an diesem Punkt wandert es beispielsweise nicht auf einer Elektrophorese. Da in den IP die Ladungsbeiträge sämtlicher ionisierbaren, sauren und basischen Gruppen eingehen, die im Poly-peptidverband etwas unterschiedliche pK_a-Werte haben, ist der isoelektrische Punkt für ein Protein nicht zu berechnen, sondern muß experimentell bestimmt werden. Er ist eine wichtige Eigenschaft jedes individuellen Proteins und ver-schiedener Proteinfamilien (beispielsweise der basischen Histone, IP = 11, und der schwach sauren Albumine, IP = 5).

Häufig haben globuläre Proteine am isoelektrischen Punkt ein Löslichkeitsmini-mum. Aus Gründen der Hydrationsenthalpie und der Gesamtentropie von Mole-kül *plus* Wasser haben sie in Wasser eine native Struktur, bei der die hydrophoben Seitenreste im Inneren, die polaren und ionisierbaren außen angeordnet sind; deren Ladung wird vom pH-Wert bestimmt:

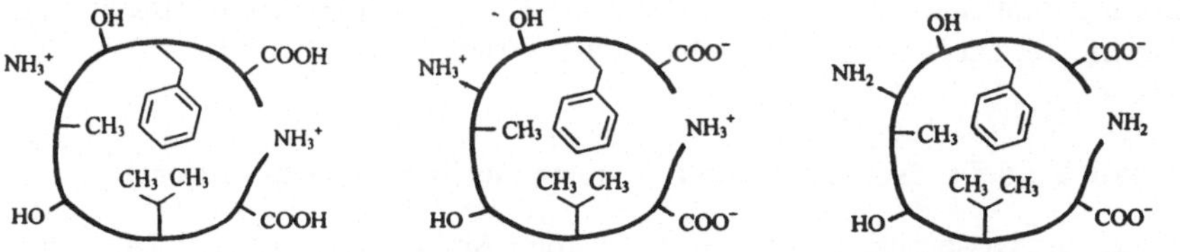

niedriger pH
positiv geladen

isoelektrischer Punkt
Nettoladung = 0

hoher pH
negativ geladen

Bei pH-Werten beiderseits des IP sind die Moleküle alle gleichsinnig geladen und stoßen sich ab. Am IP fällt diese Abstoßung weg und die Moleküle können unter intermolekularer Wechselwirkung zwischen + und −Ladungen aggregieren: Die Proteine fallen aus oder "flocken aus".

Dieses Verhalten erkennt man gut an Casein, dem Haupteiweißbestandteil der Milch (Kuhmilch: 3 %). Casein ist in reinem Wasser unlöslich, bei schwach alkalischem pH löslich. Sie erhalten eine vorbereitete Lösung von Casein in 0,1 M Na-acetat (Gehalt ca. 5 mg/mL; wie ist der pH-Wert einer 0,1 M Acetatlösung?). Bereiten Sie neun numerierte Reagenzgläser vor und beschicken Sie sie mit 0,1; 0,3; 0,6; 1,0; 2,0; 4,0; 6,0; 10,0 sowie 15 mL 0,1 N Essigsäure und geben in derselben Reihenfolge 8,9; 8,7; 8,4; 8,0; 7,0; 5,0; 3,0 mL sowie zweimal kein zusätzliches Wasser in die Gläser. In jedes Reagenzglas pipettieren Sie dann zügig 1,0 mL der Caseinlösung und schütteln um. Notieren Sie den Trübungsgrad in den einzelnen Gläsern (nicht nennenswert − erkennbar − stark − stärker) und den berechneten pH-Wert der Mischungen. (Die abweichenden Volumina in Glas 8 und 9 seien vernachlässigt.) Wo liegt der isoelektrische Punkt?

Nehmen Sie einige mL Milch (Magermilch, oder Vollmilch zentrifugieren und Fettschicht abtrennen) und versetzen sie tropfenweise mit Schwefelsäure möglichst genau bis zu dem von Ihnen als IP bestimmten pH-Wert. Beobachtung? (Der Vorgang der "Gerinnung" ist im Detail komplex, weil das Casein chemisch kein einheitliches Protein ist.)

Die isoelektrische Ausfällung gelingt nicht überall, oder sie kann bei pH-Werten beiderseits pH 6−8 empfindliche Proteine denaturieren. Dagegen ist es fast immer möglich, Proteine durch Ammoniumsulfat "auszusalzen". In sehr hoher Konzentration (bei Sättigung 760 g $(NH_4)_2SO_4$ pro Liter Wasser; die Lösung ist 4 M) entziehen die Salzionen dem Protein die Hydrathülle völlig, das Protein fällt aus. Diese Fällung ist reversibel.

0,4 g Casein werden in 10 mL 0,1 N Na-acetat unter schwachem Erwärmen gelöst. Anschließend wird die Lösung zentrifugiert. 3 mL der überstehenden klaren Caseinlösung werden mit 7 mL einer gesättigten $(NH_4)_2SO_4$-Lösung versetzt. Die Lösung trübt sich durch ausgefallenes Casein. Das gefällte Casein wird abzentrifugiert. Der Niederschlag löst sich in Wasser wieder auf.

Versuch 3.8.7 :   Isolierung von L-Tyrosin aus biologischem Material

Außer für wissenschaftliche Zwecke werden Aminosäuren u.a. zur Herstellung von Pharmaka und zur Supplementierung von Futtermitteln mit essentiellen Aminosäuren verwendet. Man kann sie chemisch als Racemat synthetisieren, aber auch aus Proteinen herstellen, wobei die natürliche L-Form erhalten wird. Voraussetzungen dafür sind die Verfügbarkeit von geeigneten Ausgangsstoffen sowie geringe Löslichkeit. Die Präparation von L-Arginin aus Gelatine, L-Cystein aus Haaren, L-Glutaminsäure aus Weizenmehlproteinen (Gliadin), L-Histidin aus Rinderblut (Hämoglobin) und L-Tyrosin aus Casein sind Beispiele. Von der Struktur des Tyrosins leiten sich wichtige Hormone und Neurotransmitter ab (Adrenalin, Dopamin → Biochemie-Buch).

Tyrosin (= *p*-Hydroxyphenylalanin) ist Phenol, Aromat und Aminosäure zugleich. In Proteinen gehen Tyrosinreste häufig Wasserstoffbrücken, aber auch hydro phobe Bindungen ein. Die Aminosäure hat die Struktur:

Durchführung: Bei der folgenden Präparation sollte man den Ansatz nicht zu stark verkleinern, damit genügend Produkt auskristallisiert. Sie können entweder gruppenweise 50 oder 100 g Casein einsetzen, oder individuell 10 g-Portionen hydrolysieren und dann mehrere tyrosinhaltige Lösungen zur Kristallisation vereinigen.

50 g Casein werden in 300 mL 10 N HCl suspendiert und 20 h am Rückfluß gekocht. (Man könnte auch von entfettetem Quark/Magerquark ausgehen, der viel Casein enthält). Am anderen Tag wird das stark saure Hydrolysat über eine Glasfritte filtriert, das Filtrat im Vakuum eingedampft, der sirupöse Rückstand in 200 mL heißem Wasser gelöst und der pH-Wert unter Rühren mit konz. NaOH auf pH 2,4 eingestellt. Man rührt 1 g Aktivkohle ein, filtriert heiß und wäscht das Filter mit heißem Wasser nach. Filtrat und Waschlösung werden vereinigt und nach Abkühlen mit konz. NaOH auf pH 5 eingestellt. Die Lösung wird bis zum Erscheinen von Kristallen im Vakuum eingeengt und dann in Eis abgekühlt. Man

isoliert den Niederschlag von rohem Tyrosin und kristallisiert aus wenig heißem Wasser um. Die Ausbeute beträgt etwa 1 g. Die Identifizierung geschieht an Hand des UV-Spektrums (λ_{max} in 50% Ethanol = 279 nm; in 0,1 N NaOH = 293 nm), und durch Dünnschichtchromatographie wie in Versuch 3.8.1.

Fragen und Anregungen

1. Die durchschnittliche Molmasse der natürlichen Aminosäuren ist 138. Welche Molmasse besitzt (angenähert) ein 150 Aminosäuren enthaltendes Myoglobin-Molekül? (Wasseraustritt berücksichtigen!) Proteine wirken oft in sehr verdünnter Lösung; wieviel Substanz enthält 1 mL einer 10^{-7} M Lösung eines Proteins aus 150 Aminosäuren?

2. Polypeptidketten nehmen trotz unregelmäßiger Aminosäuresequenz oft eine regelmäßige Struktur ein, in der sich die Reste R an den α-C-Atomen weitgehend gegenseitig ausweichen ($\rightarrow$ Biochemie-Buch, Proteinstruktur). An *einer* Aminosäure *muß* jedoch stets ein Knick des Peptid-Rückgrats vorkommen. Welche Aminosäure ist das?

3. Aus Glycin kann man mit HCl oder NaOH zwei verschiedene Puffersysteme herstellen. In welchem pH-Bereich puffern sie, welche Teilchen enthalten die Lösungen? Aber warum wirkt Glycin bei pH $\approx$ 7 *nicht* als Puffer?

4. Das in der Natur weitverbreitete Tripeptid Glutathion ist γ-Glutamyl-cysteinyl-glycin. Schreiben Sie seine Struktur auf. Welche Ladungen besitzt das Molekül bei pH 1, bei pH 6 und bei pH 12 ? Wieso ist Glutathion ein Redoxsystem?

5. Warum sind bei Proteinen in schwach saurer Lösung die Stickstoffatome der Peptidbindungen nicht protoniert?

6. Wie unterscheiden sich die Aminosäuren Glutaminsäure und Glutamin bzw. Asparaginsäure und Asparagin chemisch? Obwohl manche Proteine (z. B. in Pflanzensamen) reich an Asparagin und Glutamin sind, findet man diese Aminosäuren nach Hydrolyse und Analyse *nicht* wieder. Warum nicht?

7. Die Namen von Aminosäuren zeigen oft Eigenschaften, Herkunft oder Struktureigentümlichkeiten an, so z.B. Glycin = süßschmeckend, Tyrosin = zuerst aus Käse isoliert. Woher haben Leucin, Asparagin, Methionin ihre Namen?

8. Aus Micrococcen isoliert man ein rotes, eisenhaltiges Protein ("Rubredoxin"), in dem 1 Eisenatom pro Molekül gebunden ist. Die chemische Analyse ergab einen Eisengehalt der Trockensubstanz von 0,873 %. Wieviele Aminosäuren enthält das Protein?

9. Wenn man ein Protein durch Ammoniumsulfat ausgefällt (gereinigt) hat und für weitere Untersuchungen wiederauflöst, enthält die Lösung noch Reste des Salzes, die störend wirken. Erinnern Sie sich aus früheren Praktikumsabschnitten, wie man auf Sulfat prüfen kann und welche Möglichkeit zur Trennung von Salz und Protein Sie vorschlagen können.

10. Es gibt viele Metalloproteine. Wenn die Metallionen nicht in Form spezieller Cofaktoren (Porphyrine u.a.) gebunden sind, müssen sie durch Aminosäureseitenreste im Protein fixiert sein. Welche Aminosäurestrukturen eignen sich zur Komplexierung von Metallionen ?

11. Seide besteht aus dem Faserprotein Fibroin. Polyamidfasern ahmen die Natur nach - und übertreffen sie in Eigenschaften wie Reißfestigkeit und chemische Beständigkeit - , indem nicht α-Aminosäuren, sondern längerkettige Säuren mit endständigen Aminogruppen als monomere Bausteine dienen. Eine der am häufigsten verwendeten ist 6-Aminohexansäure (= ε-Aminocapronsäure, → Perlon®). Formulieren Sie einen Ausschnitt aus dem Polykondensationsprodukt. Wie wird man die Kondensation prinzipiell einfach erreichen können?

12. Die natürlichen Aminosäuren ergeben bei Decarboxylierung (→ S. 212) unter Enzymkatalyse die sog. "biogenen Amine", mit wichtigen physiologischen Funktionen (z.B. Neurotransmitter u.a.). Von welchen Aminosäuren leiten sich die folgenden biogenen Amine ab: Histamin (Struktur S. 201), β-Alanin, Cysteamin, Tyramin und γ-Aminobuttersäure (GABA)?

4 Quantitative Analyse
Chemie in Alltag und Umwelt

Naturwissenschaft braucht exaktes Messen: In diesem Kapitel können Sie Ihre Fähigkeit zu präzisem Arbeiten endgültig unter Beweis stellen. Die quantitative Bestimmung der Komponenten eines Stoffgemisches oder der stöchiometrischen Zusammensetzung einer Verbindung ist meist noch wichtiger als ihr qualitativer Nachweis. Quantitative Informationen sind auch unerläßlich, um im Reagenzglas unter günstigen Bedingungen erprobte Chemie in ihren Konsequenzen für Lebewesen und deren Umwelt zu beurteilen, wo Stoffkonzentrationen und Reaktionsgeschwindigkeiten manchmal nur klein sind und qualitativ nicht sicher erkannt werden können. In diesem Kapitel werden daher allgemein anwendbare analytische Verfahren und einige wenige Themen aus der Alltags- und Umweltchemie gemeinsam behandelt.

Weil teilweise komplexere Versuchsapparaturen zu handhaben und längere Versuchszeiten erforderlich sind, können nicht alle Aufgaben von allen Praktikumsteilnehmern und -teilnehmerinnen durchgeführt werden. Arbeiten Sie gruppenweise und treffen Sie zusammen mit Praktikumsleiter und Assistenten eine Auswahl. Auch die Reihenfolge der ausgewählten Versuche kann variiert werden.

4.1 Methoden zur quantitativen Analyse

Für die quantitative Bestimmung von Stoffen kommt eine Vielzahl chemischer und physikalischer Methoden in Frage. Bei allen muß gewährleistet sein, daß die als Grundlage der Messung dienende Eigenschaft oder Umwandlung

• unter den gegebenen Bedingungen *spezifisch* nur von der zu bestimmenden Substanz herrührt (andernfalls ist eine quantitative Trennung vorzuschalten, oder störende Komponenten sind zu "maskieren"), und

• daß sie chemisch eindeutig (zu nur einem Reaktionsprodukt) sowie *vollständig* abläuft und erfaßt wird.

Gravimetrie und Volumetrie

Gravimetrie: Die Mengenbestimmung durch Wiegen ist sehr exakt, aber nur für Substanzen mit genau definierter und reproduzierbar erhältlicher Zusammensetzung anzuwenden. In der Stöchiometrie unbekannte, wasseranziehende oder sonstwie veränderliche Stoffe müssen erst durch Bildung schwerlöslicher, bekannter Produkte und durch Trocknen, Glühen usw. in eine geeignete "Wägeform" überführt werden. Besonders für makromolekulare Naturstoffe ist das oft nicht möglich. Gravimetrische Methoden sind genau und absolut, aber langwierig. Sie erfordern Analysenwaagen mit einer Genauigkeit auf 1/10 bis 1/1000 Milligramm. Auch alle anderen analytischen Methoden beruhen allerdings letztenendes auf dem genauen Einwägen von Reagentien und Eichsubstanzen.

Volumetrie oder Maßanalyse: Die Titration von Lösungen unbekannter Konzentration mit "Maßlösungen" bekannter Konzentration durch Volumenmessung kennen Sie bereits als Alkalimetrie, Acidimetrie und Iodometrie (Kapitel 1.3 und 1.4). Eine weitere häufige Variante ist Komplexometrie (s.u.). Titrationen sind einfach, rasch und für die meisten Zwecke genügend präzise; daher bemüht man sich, auch Stoffe, für die keine direkte volumetrische Bestimmung ersichtlich ist, auf Umwegen titrimetrisch erfaßbar zu machen. Dazu ist Ionenaustausch eine gute Möglichkeit. Bei *direkter Titration* legt man eine Probe vor und titriert mit der Maßlösung bis zur Äquivalenz. Bei *Rücktitration* wird Maßlösung im Überschuß zur Probe hinzugegeben und der nicht verbrauchte Anteil mit einer geeigneten zweiten Maßlösung zurücktitriert, was häufig experimentelle Vorteile haben kann.

Zum präzisen volumetrischen Arbeiten braucht man Meßkolben und Pipetten, deren Volumen mit einer Ringmarke auf Einguß bzw. Auslauf kalibriert ist. Denken Sie an die Sauberkeit und richtige Handhabung Ihrer Pipetten und Büretten (S. 19!). Praktische Probleme der Volumetrie können in der mangelnden Stabilität von Lösungen sowie in Art und Zuverlässigkeit der Endpunktindizierung mit Farbindikatoren liegen. In der Laborpraxis verwendet man daher oft gebrauchsfertige, kommerzielle Maßlösungen ("Fixanale", "Titrisole") und physikalische Messgrößen (pH, Leitfähigkeit, spektrale Eigenschaften) statt visueller Indikator-Endpunktserkennung.

Komplexometrie

Der sechszähnige Komplexbildner Ethylendiamintetraessigsäure = EDTA (Struktur → S. 201, 215) bildet sehr stabile 1:1-Komplexe mit Metallionen einschließlich der Erdalkalimetalle, in denen das Metall oktaedrisch von vier Sauerstoff- und zwei *cis*-ständigen Stickstoffatomen umgeben ist:

M = mehrwertiges Metallion,   ◯ = N-Atome,   ● = Carboxylat-Gruppen

Man verwendet EDTA zur quantitativen Bestimmung der Erdalkalien bei Analysen der Wasserhärte, von Böden, Düngemitteln, Pflanzenextrakten u.a. Produkten. Alle anderen mehrwertigen Metallkationen lassen sich unter geeigneten Bedingungen ebenfalls mit EDTA titrieren. Normalerweise wird das gut lösliche Di-Natriumsalz der EDTA verwendet; Handelsnamen sind z.B. Titriplex III, Komplexon III oder Idranal III. EDTA-Lösungen müssen in Plastikflaschen bereitet und aufbewahrt werden - warum?

Läßt man zu einer unbekannten Mg^{2+}- oder Ca^{2+}-Lösung EDTA-Lösung zufließen, so nimmt entsprechend dem Massenwirkungsgesetz und der Komplexbildungskonstante die Konzentration an freiem Ion nach Art einer Titrationskurve ab. Zur Anzeige des Äquivalenzpunktes benutzt man einen "Metallindikator"; dies ist ein komplexbildender Farbstoff vom Typ Dihydroxyazobenzol, dessen Komplexfarbe sich von der Farbe des freien Farbstoffs unterscheidet. Der Indikator-Metall-Komplex muß schwächer sein als der EDTA-Metall-Komplex: EDTA-Zugabe bei der Titration verdrängt daher das Metall vom Indikator, und sobald alles Metall EDTA-gebunden ist, beobachtet man Farbumschlag zum metallfreien Indikator.

Eriochromschwarz T   Calconcarbonsäure

Die durch H-Brücken intramolekular fixierten Farbstoffe sind blau, ihre Metallkomplexe rot.

Versuch 4.1.1 : Komplexometrische Magnesiumbestimmung

Man übe den Farbumschlag des Metallindikators Eriochromschwarz T von rot
nach blau in einer verdünnten Mg^{2+}- oder Ca^{2+}-Lösung, die einige Tropfen
Indikatorlösung oder eine handelsübliche Indikatortablette sowie Ammoniak oder
Puffer enthält und die man mit EDTA-Lösung titriert. Da aus dem Glas evtl.
Metallionen herausgelöst werden und dann der Indikator wieder zurück umschlagen würde, titriert man zügig (z. B. in etwa 2 Minuten) und gleichmäßig bis
zum ersten deutlichen Farbumschlag.

Für die Analyse wird ein 100 mL-Meßkolben mehrmals mit dest. Wasser gespült
und die darin ausgegebene Mg^{2+}-Lösung bis zur Marke aufgefüllt (Mischen nicht
vergessen!). 20,0 mL dieser Lösung werden im Weithals-Erlenmeyerkolben mit
Indikator und danach mit 1 mL konz. Ammoniak oder 5 mL Puffer vom pH 10
versetzt; wozu ist diese pH-Erhöhung nötig? In die trockene Bürette füllt man
0,02 M EDTA-Lösung und titriert bis zum Farbumschlag. Die gleiche Titration
wird wiederholt und der Mittelwert gebildet. Man rechnet auf die Gesamtmenge
um und gibt als Analysenergebnis die ausgegebene Mg-Menge in mg an.

Versuch 4.1.2 :   Bestimmung des Calciumcarbonatgehalts von Zahnpasta

Zahnputzmittel enthalten Polierstoffe wie Kreide = Calciumcarbonat $CaCO_3$,
Aluminiumoxid oder Titanoxid, Tenside, Wirkstoffe gegen Karies wie z.B.
Na_2PO_3F, Komplexbildner, Geschmackstoffe, Konservierungsmittel (z.B. Gly-
cerin) u.a.m.

Bestimmungsmethode: Aus dem $CaCO_3$ werden Ca^{2+}-Ionen durch Säurezusatz
freigesetzt und durch komplexometrische Titration bestimmt. Als Indikator dient
Calconcarbonsäure.

Durchführung: Ca. 0,4 g kreidehaltige Zahnpasta werden in ein 400 mL-Becherglas eingewogen, mit 15 mL entionisiertem Wasser und mit 100 mL konz. Salzsäure versetzt. Das Becherglas wird mit einem Uhrglas bedeckt und 5–10 min
unter Umschwenken zum Sieden erhitzt. Nach Abkühlen wird auf ca. 100 mL mit
entionisiertem Wasser verdünnt und mit verd. Natronlauge auf pH 12,5 eingestellt
(Indikatorstäbchen benutzen; genaue Einstellung ist wichtig). Man versetzt mit
einer kleinen (!) Spatelspitze Indikator, wartet bis sich der Ca-Indikator-Komplex
gebildet hat und titriert mit 0,05 M EDTA-Lösung bis zum Umschlag nach blau.

Auswertung: 1 mL 0,05 M EDTA-Lösung entspricht 2,004 mg Ca^{2+} und 5,0045
mg $CaCO_3$. Berechnen Sie den Massenanteil (in %) der Kreide in der Zahnpasta.

Ionenaustausch

Ionenaustauscher sind unlösliche Polymere mit kovalent gebundenen ionischen Gruppen und mobilen Gegenionen. Das Polymer selbst ist mehr oder weniger chemisch inert, während die ionisierbaren Substituenten (Sulfonsäure- oder Carbonsäure in Kationenaustauschern, organische Ammoniumionen in Anionenaustauschern) Dissoziationsgleichgewichten und Massenwirkungsgesetz unterliegen. Auf Polystyrolharz-Basis sind folgende häufig verwendete Austauscher aufgebaut (Abb. 27):

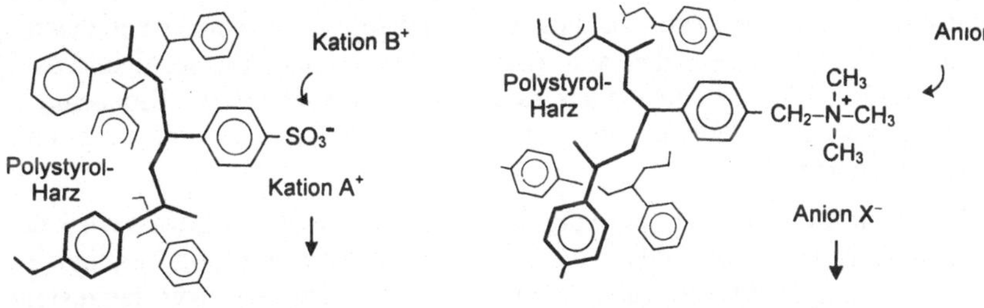

Kationenaustauscher ("sauer") z.B. Amberlite IR-120, Dowex 50W, Lewatit S-100

Anionenaustauscher ("basisch") z.B. Amberlite IRA-400, Dowex 1x2, Lewatit M-500

Abb. 27. Aufbau und Wirkungsweise von Ionenaustauschern. Anstelle der häufig verwendeten Polystyrolharzmatrix (Polystyrol → Versuch 3.3.7) können Ionenaustauscher viele andere unlösliche Polymere und Biopolymere als Basis haben (Cellulose, Dextrane → Biochemie-Praktikum).

Füllt man ein solches Material in eine Säule und läßt eine Lösung, die ein *anderes* Gegenion enthält (z. B. Na^+ statt H^+) darüberlaufen, so werden zunächst die ursprünglichen Ionen verdrängt und verlassen die Säule, während das Ion der Probe auf der Säule verbleibt ("Ionenaustausch"):

$$\text{Harz-SO}_3\text{H} + Na^+ \rightarrow \text{Harz-SO}_3\text{Na} + H^+$$

Die Affinität zum Ionenaustauscher wächst mit der Ionenladung:

$$Al^{3+} > Ca^{2+} > Na^+ \text{ bzw. } P_2O_7^{4-} > SO_4^{2-} > Cl^-.$$

Ionenaustauscher werden in der analytischen und präparativen Chemie in vielfältiger Weise eingesetzt:

1. Für analytische Zwecke bestimmt man durch Titration das in stöchiometrischer Menge von der Säule verdrängte Ion (z. B. H^+) an Stelle eines schwer bestimmbaren Ions der Probe (z. B. Na^+). Damit ist die Prozedur beendet.

2. Will man das aus der Probenlösung absorbierte Ion selbst wiedergewinnen, so eluiert man mit einem Überschuß (Massenwirkungsgesetz!) eines nach praktischen Gesichtspunkten wählbaren anderen Ions. In dieser Form eignen sich Ionenaustauscher zum Konzentrieren sehr verdünnter Salzlösungen (z. B. zur Edelmetallwiedergewinnung aus Lösungen) oder zur Umwandlung eines Salzes in eines mit einem anderen Gegenion (z.B. Na-Salz → K-Salz).

3. Hat man Salz*gemische* aus Ionen unterschiedlicher Ladung oder Komponenten verschieden starker sonstiger Affinität zum Austauscher, so kann man sie zunächst alle gemeinsam absorbieren und dann durch abgestufte Elution (z.B. mit steigender Salzkonzentration oder bei veränderten pH-Werten) *getrennt* von der Säule eluieren. In der Praxis ist dies die Grundlage der Trennung der einander sehr ähnlichen "seltenen Erdmetalle" (Lanthaniden - welche Elemente sind das?), der Vielzahl von Spaltprodukten aus Kernreaktionen, sowie in der Biochemie für Trennungen von Nucleotiden und Aminosäuren, die ja in Lösung stets Ionen (Salze) darstellen.

4. Überlegen Sie sich, wie man vorgehen muß, um aus Leitungswasser (welche Ionen enthält es?) mit Hilfe von Ionenaustauschern das sog. entionisierte (entsalzte) Wasser für den Laborgebrauch, für Autobatterien usw. herzustellen (→ Versuch 4.2.3).

Je nach ihrer chemischen Natur haben Ionenaustauscher eine bestimmte *Austauschkapazität*. Sie ist für das jeweilige Material auf der Packung angegeben, i.a. als Äquivalentmenge (Milliäquivalente) pro g trockenes oder pro mL gequollenes Material. Da Ionenaustausch auf Gleichgewichten beruht, kann diese Kapazität natürlich nie völlig ausgenutzt werden, sondern der Austauscher in der ursprünglichen Beladungsform muß in mehrfachem Überschuß über der Menge auszutauschender Ionen angewendet werden.

Ionenaustauscher können häufig wiederverwendet werden. Nach Gebrauch muß man sie durch *Regenerierung* in die ursprüngliche Form zurückverwandeln, wozu i.a. eine konzentrierte Lösung mit dem entsprechenden Ion (z. B. HCl für H^+, NaCl für Cl^-) ausreicht. *Aber*: Niemals gebrauchsfertige und gebrauchte Austauscher verschiedener Typen *verwechseln* und zusammengießen - einmal irrtümlich gemischte Austauscher lassen sich nicht wieder trennen und sind dann funktionsuntüchtig und wertlos.

Versuch 4.1.3 :   Konzentrieren einer verdünnten Kupferlösung

Vorbereiten der Säule: In eine Glassäule wird unten Glaswolle gestopft, die Säule senkrecht eingespannt, unten geschlossen und gequollenes Austauscherharz (welchen Typ brauchen Sie?) mit viel Wasser eingeschlämmt. Luftblasen vermeiden! Man läßt das Harz absitzen und etwas Flüssigkeit durchlaufen. *Achtung*: Jetzt und bei allen folgenden Operationen darf die Säule nicht mehr "trockenlaufen", d. h. der Flüssigkeitsstand nicht unter den oberen Rand der Säulenfüllung absinken. Entweder muß man die Säule ständig beobachten oder für eine automatische Niveauregelung sorgen. Praktische Hinweise für den Säulenbetrieb erfolgen am Arbeitsplatz.

Ist vor dem Versuch nicht sicher bekannt, ob das Austauscherharz schon völlig mit dem gewünschten Ion beladen ist, so muß man es regenerieren. In diesem Fall (Kationenaustauscher in der H^+-Form) läßt man 100 mL 4 M (= 1/3-konzentrierte) HCl *langsam* durch die Säule laufen und danach so lange dest. Wasser, bis der Auslauf neutral reagiert (pH 5–6). Niemals mit einer Probe beginnen, ehe man sich vergewissert hat, daß die Säule richtig beladen *und neutral* ist.

Nun gibt man 200 mL einer 0,05 %igen Cu^{2+}-Salz-Lösung über die Säule. (Wieviel Substanz ist darin enthalten?) Nachdem sie durchgelaufen ist, wäscht man mit Wasser, bis das Eluat nicht mehr sauer reagiert. Dann gibt man 6 N Salzsäure auf die Säule, eluiert mit 1 Tropfen/s die gefärbte Kupferchloridlösung und fängt sie in einer möglichst kleinen Fraktion auf. Besonders gut erkennt man die Kupferionen, wenn man ab und zu kleine Proben der austretenden, zunächst noch farblosen Lösung im Reagenzglas mit konz. Ammoniak-Lösung versetzt (warum?). Messen Sie das Volumen des kupferhaltigen Eluats und berechnen Sie den Anreicherungsfaktor gegenüber der Ausgangslösung.

Versuch 4.1.4 : Bestimmung von NaCl oder CaCl$_2$ durch Ionenaustausch

Alkali- und Erdalkaliionen lassen sich gut quantitativ bestimmen, indem man sie über einen H^+-beladenen Kationenaustauscher gegen H^+ austauscht und die Säure alkalimetrisch titriert. Die im Erlenmeyerkolben ausgegebene Analysenlösung mit unbekanntem Gehalt an Na^+ oder Ca^{2+} gibt man *quantitativ* auf eine richtig vorbereitete Kationenaustauschersäule und wäscht anschließend mit Wasser. Das Eluat wird auf saure Reaktion geprüft und so lange in einem Erlenmeyerkolben aufgefangen, bis keine Säure mehr eluiert (quantitativ arbeiten - bis auf winzige Tropfen für pH-Papier keine Probe entnehmen!). Man titriert gegen Phenolphthalein, im Falle der Na^+-Bestimmung mit 1 N NaOH oder für Ca^{2+} mit 0,2 N NaOH. Man gibt die Menge an ausgegebenem NaCl oder Na^+ bzw. Ca^{2+} (in mg) als Analysenergebnis an.

Kolorimetrie, Photometrie

Mengenbestimmungen auf Grund des physikalischen Zusammenhanges zwischen Lichtabsorption und Konzentration einer Lösung (Lambert-Beersches Gesetz) werden besonders häufig herangezogen und oft mit Volumetrie kombiniert. Es können nicht nur Farben im sichtbaren Spektrum, sondern auch die Absorption ultravioletten Lichtes durch "farblose" Stoffe genutzt werden. Wenn Substanzen nur schwach oder gar nicht selbst gefärbt sind, überführt man sie zur photometrischen Analyse in tief gefärbte Derivate, z.B. durch Komplexbildung. Photometrische Bestimmungen sind einfach, rasch und empfindlich, aber erfordern aufwendige optische Geräte.

Der Konzentrationsmessung durch Farb- oder Lichtmessung liegen die Gesetzmäßigkeiten der Wechselwirkung zwischen Licht und Molekülen zugrunde (Kapitel 3.7). Fällt ein Lichtstrahl bestimmter Wellenlänge (Farbe) durch die Lösung einer Substanz, die Licht dieser Wellenlänge absorbiert, so besitzt der austretende Strahl eine geringere Intensität I als der eintretende Strahl I_0. Das Absorptionsvermögen einer Lösung ist abhängig von der Zahl der mit dem Licht in Wechselwirkung tretenden Teilchen, also von der Schichtdicke d und der Konzentration c der Lösung. Der stoff- und wellenlängen-abhängige Proportionalitätsfaktor heißt *Extinktionskoeffizient* ε. Für die Durchlässigkeit D gilt die Exponentialfunktion

$$D = \frac{I}{I_0} = 10^{-\varepsilon \cdot c \cdot d}$$

D geht von 1 (keine Lichtabsorption) bis 0 (völlige Lichtabsorption). In der Technik gebraucht man auch den Ausdruck "Transmission", die von 100 bis 0 % reicht.

Aus praktischen Gründen wird dieser Zusammenhang für Konzentrationsmessungen in die Extinktion E oder Absorption A zum Lambert-Beerschen Gesetz umgeformt:

$$E = \log \frac{I_0}{I} = \varepsilon \cdot c \cdot d$$

ε = molarer dekadischer Extinktionskoeffizient $(L \cdot mol^{-1} \cdot cm^{-1} = cm^2 \cdot millimol^{-1})$, c = Konzentration $(mol \cdot L^{-1})$, d = Schichtdicke (cm)

E ist dimensionslos und geht von Null (keine Lichtabsorption) bis ∞ (völlige Lichtabsorption); meßbar ist i.a. der Bereich von 0 bis 2.

Lambert-Beersches Gesetz: Bei konstanter Schichtdicke d sind die gemessene Extinktion E und die Konzentration c einer Lösung einander direkt proportional.

Durch Verdünnen einer absorbierenden Lösung läßt sich das Gesetz überprüfen (Versuch 4.1.5).

Für $c = 1$ mol·L^{-1} und $d = 1$ cm wird E gleich dem molaren dekadischen Extinktionskoeffizienten ε. Ist dieser bekannt, so genügt *eine* Extinktionsmessung zur Berechnung von c. Oft ist aber für komplizierte oder empirische Farbreaktionen (Phosphat-, Zucker-, Proteinbestimmung) ε *nicht* bekannt oder die "Farbausbeute" ist stark von den Reaktionsbedingungen abhängig. Dann stellt man mit Lösungen bekannter Konzentration den Zusammenhang zwischen E und c in einer *Eichkurve* graphisch dar und ermittelt unbekannte Konzentrationen aus dieser Eichkurve.

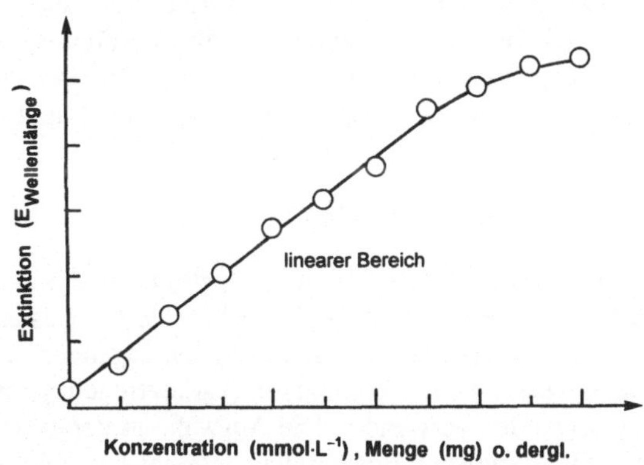

Abb. 28. Eichkurve für eine photometrische Bestimmung. Bei der Extinktion E wird i.a. die Meßwellenlänge (in nm) als Index angegeben. Eine Eichgerade muß bei $c = 0$ nicht durch den Koordinatenursprung gehen. In der Praxis erstellt man oft mit Rechnerhilfe aus den Daten die Ausgleichskurve; es müssen aber ausreichend viele Meßpunkte vorhanden sein und offensichtlich fehlerhafte eliminiert werden!

Ein Photometer enthält eine Lichtquelle, einen Monochromator (Farbfilter, Prisma oder Gitter) zur Erzeugung einfarbigen Lichts, einen Küvettenraum für die Probe, einen Empfänger (Photozelle) und ein Anzeigegerät (Galvanometer). Details über Konstruktion und Benutzung der Geräte erfahren Sie am Arbeitsplatz. *Photometer sind wertvolle Geräte und sorgsam zu behandeln.* Insbesondere stellt man Lösungen oder Küvetten nie *auf* optischen oder elektrischen Bauteilen ab. Küvetten aus Glas oder Quarz sind ebenfalls Präzisionsgeräte. Sie werden stets sehr sauber gehalten, nur in Küvettenständern aufbewahrt, nicht beschriftet und nicht mit scharfen Gegenständen mißhandelt. Küvetten aus Plastik sind nicht für alle Zwecke geeignet; beachten Sie die jeweiligen Anweisungen. Bereiten Sie alle Lösungen am Arbeitsplatz *vor* Beginn der optischen Messungen vor, um die Geräte nicht zu lange zu blockieren.

Versuch 4.1.5 : Gültigkeit des Lambert-Beerschen Gesetzes

Das Lambert-Beersche Gesetz gilt *nicht*, wenn in verschieden konzentrierten Lösungen desselben Stoffes verschiedene Teilchen vorliegen, z.B. unterschiedliche Ionen, Komplexe oder Aggregate. Überprüfen Sie die Gültigkeit für Lösungen von Hexacyanoferrat(III) und Eisen(III)rhodanid. Dazu stellt man sich je 100 mL Lösung von 0,05 % $K_3Fe(CN)_6$ (gelb) sowie 0,05 % $FeCl_3 \cdot 6\ H_2O$ + 0,05 % NH_4SCN (rot) in Wasser her und daraus je 50 mL Verdünnung 1:2, 1:5 und 1:10. Für die vier Konzentrationen jedes Eisensalzes mißt man die Extinktionen bei 420 nm (Cyanoferrat) bzw. 550 nm (Rhodanid) und trägt die Werte gegen den Verdünnungsfaktor auf. (Steht ein Filterphotometer zur Verfügung, so können auch benachbarte Wellenlängen gewählt werden, z.B. 405, 436, 546 nm). Welche der Substanzen läßt sich photometrisch bestimmen, welche nicht, und warum nicht?

Versuch 4.1.6 : Eisenbestimmung mit Phenanthrolin

Organische Spezialreagentien: Die Spezifität, Stabilität und Farbintensität eines photometrisch analysierbaren Metallkomplexes können oft wesentlich gesteigert werden, indem man statt unspezifischer anorganischer Liganden große organische Moleküle mit einem geeigneten Chromophor (π-Elektronensystem) als spezifische, mehrzähnige Liganden verwendet. Die Auswahl an derartigen "organischen Spezialreagentien" für analytische Bestimmungen hoher Empfindlichkeit ist groß; sie erfordern meist spezielle Reaktionsbedingungen, die *genau* einzuhalten sind. Ein weiteres Beispiel finden Sie in der Bleibestimmung mit Dithizon (Versuch 4.2.1).

Eisen(II)-Ionen, die allein fast farblos sind, bilden in saurer Lösung einen stabilen 3:1-Komplex mit 1,10-Phenanthrolin als zweizähnigem Liganden. Eventuell vorhandene Eisen(III)-Ionen müssen zuvor durch Hydroxylamin (NH_2OH) zu zweiwertigem Eisen reduziert werden.

1,10-Phenanthrolin Fe^{2+}-Komplex

Eisenbestimmung. Eichkurve: Man löst 70 mg Eisen(II)ammoniumsulfat $Fe(NH_4)_2(SO_4)_2 \cdot 6\ H_2O$ in 50 mL verd. H_2SO_4 und füllt auf 1 L auf; diese Lösung enthält 10 µg Fe/mL. Man pipettiert in vier Erlenmeyerkolben 50, 100, 200 und

300 µg Fe, verdünnt mit Wasser auf 50 mL und gibt (in dieser Reihenfolge!) unter Umschütteln 5 mL $NH_2OH \cdot HCl$-Lösung (1 % in Wasser), 5 mL Phenanthrolin-Lösung (0,25 % in Wasser unter Erwärmen lösen, frisch herstellen) und 15 mL Acetatpuffer pH 4 hinzu. Man kontrolliert mit pH-Papier, ob der pH-Wert 3–3,5 beträgt und bringt ggf. mit etwas NH_3 auf diesen Wert; dann wird auf 100 mL aufgefüllt. Nach 15 min werden die Extinktionen bei 510 nm (oder einer benachbarten kürzeren Wellenlänge) gemessen und die Eichkurve aufgezeichnet. Ebenso verfährt man mit einer Analysenlösung unbekannten Gehaltes.

Eisen in Pflanzenmaterial: Man übergießt 2–3 g zerkleinerte Trockenmasse (z.B. Spinatblätter) mit 20 mL HNO_3 und dann 10 mL $HClO_4$, läßt über Nacht stehen und erwärmt dann zum Sieden, bis man eine fast farblose Lösung erhält (*Vorsicht, Abzug !*). Man verdünnt mit Wasser, filtriert und füllt auf 100 mL auf. 10 mL (oder ggf. mehr) dieser Lösung werden wie oben mit Puffer oder etwas NaOH auf pH 3 gebracht. Man bestimmt den Fe-Gehalt an Hand der Eichkurve und gibt das Ergebnis in mg oder µg Fe/g Trockenmasse und in % an.

Übungsaufgaben zur Quantitativen Analyse

1. Zur quantitativen Bestimmung von Na_2SO_4 (natürliches Vorkommen: in Glaubersalzquellen und Bitterwässern) läßt man eine Lösung des Salzes durch einen Anionenaustauscher in der OH^--Form laufen. Nach dem vollständigen Auswaschen erhält man genau 400 mL Eluat vom pH 13,0. Wieviel mmol und mg Natriumsulfat waren in der ursprünglichen Lösung enthalten?

2. Auf einen mit Protonen beladenen Kationenaustauscher gibt man 100 g einer Lösung, von der bekannt ist, daß sie 1,0 % Massenanteil an entweder Ca^{2+} oder Mg^{2+} -Ionen enthält. Bei Titration der im Eluat vorhandenen Menge an Protonen werden 50 mL 1,0 N NaOH-Lösung verbraucht. Welches Erdalkali-Kation lag vor? (Atommassen: Ca = 40, Mg = 24).

3. Ionenaustauscher binden höhergeladene Ionen mit höherer Affinität als niedrig geladene, was z.B. für die Abtrennung und Gewinnung seltenerMetalle in der dreiwertigen Form (Gallium, Lanthan und Ionen der anderen Seltenerd-Metalle) ausgenutzt wird. Ionenaustauschchromatographie von Fe^{3+}-, Al^{3+}- und Cr^{3+}-Ionen ist jedoch oft mit Komplikationen behaftet und nicht quantitativ - wieso? Warum kann es besonders schwierig sein, eine Ionenaustauschersäule von Eisen und Aluminium, die mit zu analysierenden anderen Ionen eingeschleppt wurd, zu befreien? Rekapitulieren Sie Kapitel 2.2 und 2.3!

4. 0,40 g eines eisenhaltigen Minerals werden in Salzsäure gelöst und so aufbereitet, daß die Fe-Ionen gravimetrisch bestimmt werden können. Dazu fällt man mit Ammoniak Eisenhydroxide aus und glüht den Niederschlag bei 800 °C bis zur Gewichtskonstanz. Das so als stabile "Wägeform" erhaltene Produkte ist Fe_2O_3 und wiegt 413,3 mg. Wieviel % Eisen enthält das Mineral, und um welches weitverbreitete Eisenerz kann es sich handeln?

5. Der Gehalt einer Kupfersalzlösung wird durch einfachen Vergleich kolorimetrisch ermittelt. Farbgleichheit herrscht, wenn 45 mL der Probe und 100 mL einer Standardlösung in identischen Zylindern betrachet werden. Die Standardlösung enthält 0,1 mg $CuSO_4 \cdot 5\ H_2O$ pro mL. Wieviel mg Cu enthält 1 Liter der Probe? (Molmasse $CuSO_4 \cdot 5\ H_2O$ = 249,7; Atommasse Cu: vgl. Anhang).

6. Stickstoffbestimmung nach Kjeldahl: Stickstoff in organischen Proben wird durch Aufschluß in heißer konzentrierter Schwefelsäure unter Zusatz katalytisch wirkender Metallsalze in Ammoniumsulfat überführt, daraus durch konzentrierter NaOH als Ammoniak freigesetzt, dieser in eine mit verdünnter Schwefelsäure beschickte Vorlage überdestilliert und die dort nicht verbrauchte Säure zurücktitriert. Eine Probe von 500 mg trockenem Pflanzenmaterial wurde wie oben analysiert. Von den zuletzt vorgelegten 30,0 mL 0,2 N H_2SO_4 wurden 18,5 mL zurücktitriert. Wieviel mg und wieviel % N enthielt das Material? Wenn es sich bei den N-haltigen Substanzen vorwiegend um Protein handelte und durchschnittliches Protein 16 % N enthält: Wieviel % Protein hatte die Probe? Ist das ein hoher oder ein geringer Proteingehalt? Was für ein (essbares) Produkt könnte es sein?

4.2 Chemische Stoffe in Alltag und Umwelt

Im folgenden Abschnitt lernen Sie eine Reihe ausgewählter praxisnaher chemischer Probleme aus der Analytik von Wasser, Böden und Lebensmitteln kennen, auf die alle vorhergegangenen Kenntnisse und Methoden Anwendung finden. Während zum Erreichen immer niedrigerer Nachweisgrenzen für Spurenstoffe im Femto-, Pico- und Nanogramm-Bereich (fg, pg, ng = 10^{-15}, 10^{-12} bzw. 10^{-9} g) i.a. hochentwickelte Instrumententechnik erforderlich ist (Gaschromatographie, Massenspektrometrie u.v.a.m.), lassen sich höhere Ansprüche an *Spezifität* und zugleich Empfindlichkeit häufig durch Verwendung von *Enzymen* befriedigen. Voraussetzung ist, daß solche Enzymproteine in freier Form oder mit Elektroden (Sensoren) kombiniert genügend hohe Stabilität gegen Denaturierung besitzen. Zwischen Chemie und Biochemie gibt es hier keinerlei Grenze.

Versuch 4.2.1 : Bleibestimmung in Bodenproben

Blei gehört wegen der Giftigkeit vieler seiner Verbindungen (z.B. Bleifarben, Tetraethylblei als lange verwendeter Benzinzusatz) zu den umweltbelastenden Schwermetallen, ist aber für manche Zwecke unentbehrlich (welche kennen Sie?). Der Blei-Eintrag in die Umwelt hat nach dem Ende verbleiter Kraftstoffe abgenommen, aber früher abgelagertes Blei ist in Form unlöslicher Verbindungen in lokal wechselnder Menge weiterhin vorhanden. Sein Nachweis in Wasser oder in mit Säure aufgeschlossenen Bodenproben kann photometrisch mit dem organischen Reagenz Dithizon (Diphenylthiocarbazon) geschehen, das mit Blei einen gefärbten, chloroformlöslichen 2:1-Komplex bildet. Die meisten anderen Kationen in Mengen unter 100 mg/L stören nicht. Wieso sind diese Metallkomplexe in Chloroform löslich?

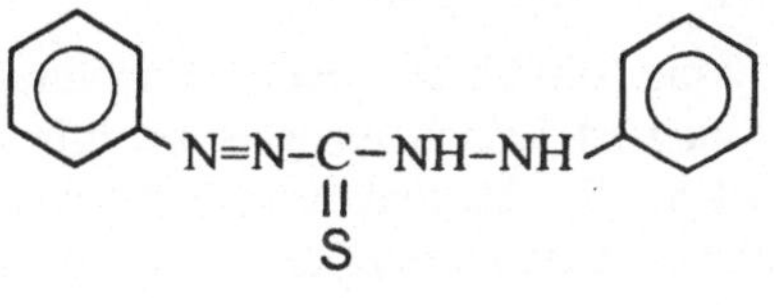

Dithizon 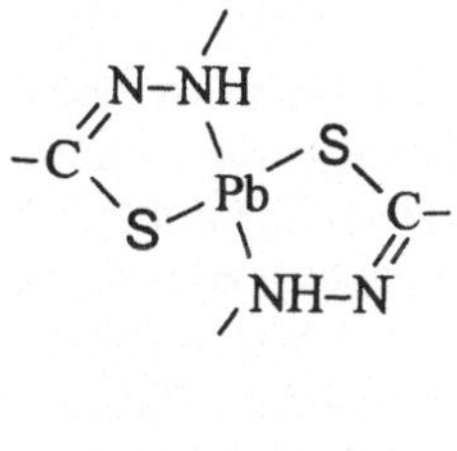 Pb^{2+} -Komplex

Reagenzlösung: 3,0 mg Dithizon werden in 200 mL reinem Chloroform gelöst und in brauner Schliffstopfen-Flasche aufbewahrt. Nehmen Sie Bodenproben aus 0 - 10 cm Tiefe neben einer stark befahrenen Straße sowie aus (wahrscheinlich) wenig belastetem Waldboden und trocknen sie über Nacht im Exsikkator. 1,0 g werden in 20 mL 2 N HCl einige Minuten gekocht. (Diese Behandlung bringt evtl. nicht sämtliches vorhandenes Blei in Lösung, aber genügt für unsere Zwecke.) Nach Abkühlen wird die Mischung filtriert, das Filtrat mit Ammoniak neutralisiert und ggf. erneut filtriert. Volumen messen! 10 mL der Probe (die restliche Lösung noch nicht verwerfen!) überführt man in einen Scheidetrichter passender Größe und schüttelt 5 min lang mit 10 mL Dithizon-Reagenz. Die abgesetzte Chloroformphase wird durch ein trockenes Papierfilter in ein verschließbares Glasgefäß abgelassen. Als Blindprobe dient eine Dithizon-Lösung, die mit der verwendeten 2 N HCl, wie oben ammoniak-neutralisiert, ausgeschüttelt wurde. Das Photometer wird bei 515 nm mit der Chloroformphase der Blindprobe auf Null abgeglichen und dann die Extinktion der Probe registriert. Falls die Extinktion über 1 ist, wird der restliche wässrige Extrakt (s.o.) definiert mit Wasser verdünnt und erneut mit Reagenz ausgeschüttelt.

Eine Eichkurve zwischen 1 und 100 µg Blei wird erstellt, indem man aus einer Blei-Standardlösung mit 0,1 mg Pb^{2+} /mL (das sind 1,6 mg $Pb(NO_3)_2$/10 mL) Volumina zwischen 0,1 und 1 mL mit je 10 mL Wasser verdünnt, mit je 10 mL Dithizon-Reagenz schüttelt und die Extinktion der Chloroformphasen mißt. Drücken Sie den Bleigehalt Ihrer Bodenproben in ppm (µg/g bzw. mg/kg) aus.

Versuch 4.2.2 :   Nitratbestimmung im Wasser

Nitrat ist ein natürlicher, aber durch anthropogene Einflüsse (Düngung) stellenweise stark erhöhter Bestandteil von Gewässern und Böden. Zu hohe Werte im Trinkwasser sind bedenklich, weil im Organismus aus dem an sich ungefährlichen Nitrat durch Reduktion Nitrit entsteht, das mit Aminen zu den toxischen (carcinogenen) Nitrosaminen weiterreagieren kann:

$$NO_3^- \quad \xrightarrow{2\,e^-} \quad NO_2^- \quad \xrightarrow{NH_2\text{-}R} \quad R\text{-}NH\text{-}NO$$

Für Trinkwasser ist eine Obergrenze von 50 mg Nitrat/L festgesetzt. Eine direkte Bestimmung von Nitrat in verdünnter Lösung ist jedoch mangels spezifischer Reaktionen kaum möglich (vgl. Versuch 2.1.8). Für das reaktivere Nitrit gibt es empfindliche Farbreaktionen auf der Basis von Diazotierung und Azokupplung (Versuch 3.7.2), doch muß dann eine selektive Reduktion Nitrat $\rightarrow$ Nitrit vorgeschaltet werden. Eine moderne Lösung dieses analytischen Problems verbindet das mikrobielle Enzym Nitratreduktase zusammen mit dem Coenzym NADH als

Reduktionsmittel für den ersten Schritt mit einer photometrischen Bestimmung des farbigen Produktes aus der zweiten, chemischen Reaktion:

$$(1) \qquad NO_3^- \xrightarrow[NADH]{Enzym} NO_2^-$$

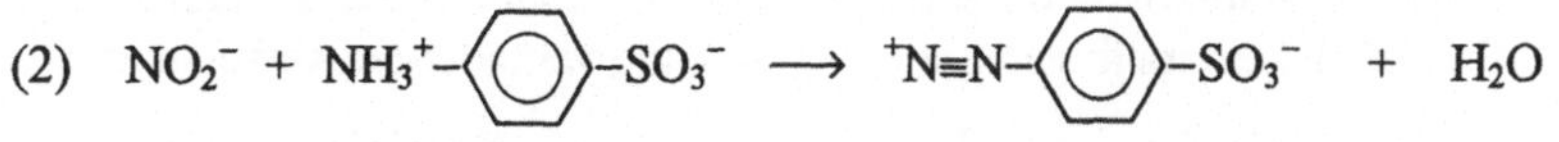

$$(2) \quad NO_2^- + NH_3^+\!\!-\!\!\bigcirc\!\!-\!\!SO_3^- \longrightarrow\ ^+N\!\equiv\!N\!-\!\bigcirc\!\!-\!\!SO_3^- + H_2O$$

Sulfanilsäure   diazotierte Sulfanilsäure

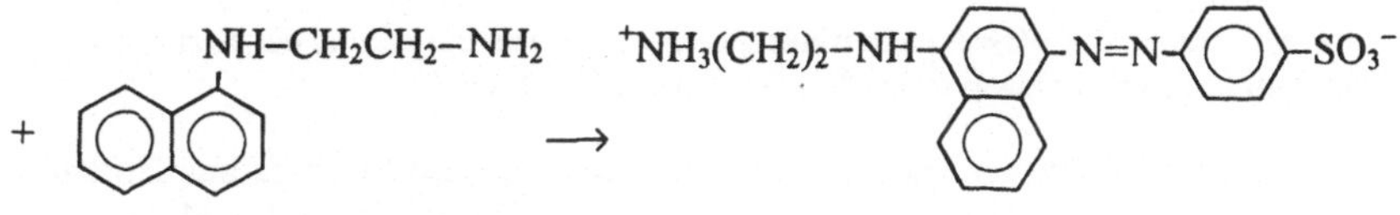

Kennzeichnen Sie im erhaltenen Azofarbstoff das Atom, das aus dem ursprünglichen Nitrat-Ion stammt!

Lösungen: KNO$_3$-Stammlösung mit 100 mg Nitrat (163 mg KNO$_3$)/L Wasser. Enzym, Coenzym und Puffer für Reaktion (1): Sie erhalten eine vorbereitete Lösung, die Nitratreduktase und ihren Cofaktor FAD sowie 0,1 mM des reduzierten Coenzyms NADH in 0,1 M K-Phosphat-Puffer pH 7,0 enthält. (Diese Komponenten sind als kompletter Kit kommerziell erhältlich.) Die Lösung muß stets in einem Eisbad aufbewahrt werden und ist nur 1 Tag haltbar.

Reaktion (2): Sie erhalten zwei fertige Reagenzlösungen, nämlich Sulfanilsäure (0,3 g Sulfanilsäure mit 5 mL Eisessig und 5 mL Wasser erwärmt und mit 40 mL heißem Wasser gelöst, in brauner Flasche kühl aufbewahren) sowie N-(1-Naphthyl)-ethylendiaminhydrochlorid (0,1 g in 10 mL Eisessig und 40 mL Wasser gelöst und mit 250 mL Wasser weiter verdünnt).

Ausführung: Ergänzen Sie in Reagenzgläsern 0,2; 0,4; 0,6; 0,8 und 1,0 mL der Nitrat-Stammlösung mit Wasser auf jeweils 1,0 mL. Ein Reagenzglas erhält nur 1,0 mL Wasser (Blindprobe). Mischen Sie je 0,10 mL dieser nitrathaltigen Proben (darin sind dann 0 bis .... µg Nitrat) mit 0,90 mL Enzym-Coenzym-Lösung und inkubieren *genau* 10 min bei Raumtemperatur. Dann pipettiert man zügig je 0,5 mL der beiden Nitrit-Reagenzlösungen zu allen Proben, schüttelt um und läßt 30 min stehen. Die Extinktion der gefärbten Lösungen wird bei 540 nm registriert (Nullabgleich des Photometers gegen die Blindprobe). Zeichnen Sie eine Eichgerade mit den tatsächlichen Nitratmengen im Test (in µg) sowie den entsprechenden Konzentrationen der ursprünglichen Wasserproben (in mg Nitrat/L) als Abszisse. Die Eichgerade soll Nitratkonzentrationen von 20 bis 100 mg

Nitrat/L umfassen. Analysieren Sie Proben aus natürlichen Gewässern sowie Trinkwasser genau wie oben und bestimmen Sie deren Nitratgehalt aus der Eichgeraden.

(*Anmerkung*: Da der enzymatische Teil der Nitratbestimmung von der Aktivität der jeweiligen Enzympräparation abhängt, können Variationen des Versuchsprotokolls erforderlich sein; befolgen Sie ggf. *genau* die veränderten Anweisungen.)

Versuch 4.2.3 : Wasserhärte und Enthärtung

"Aber sie konnten das Wasser nicht trinken, denn es war sehr bitter. Und der Herr wies ihm einen Baum, den tat er in's Wasser, da ward es süß". (2. Moses 15)

Jedes natürliche Wasser enthält mehr oder weniger gelöste Salze aus Böden und Gesteinen. Die wichtigsten Bestandteile und sog. "Härtebildner" sind die Hydrogencarbonate und Sulfate von Magnesium und Calcium. Man unterscheidet *temporäre* und *permanente* Härte, je nachdem, ob Ionen durch Kochen unlöslich ausgeschieden werden ($Ca(HCO_3)_2 \rightarrow CO_2 + H_2O + CaCO_3$, "Kesselstein", vgl. Versuch 1.2.6) oder nicht (im Fall der Sulfate). Die Gesamthärte eines Wassers wird in mmol Erdalkalimetallionen pro Liter ausgegeben, früher in "deutschen Härtegraden" ° dH; es gilt 1° dH = 10,0 mg CaO pro Liter sowie 1 mmol·L^{-1} CaO = 5,6° dH. In Deutschland muß die örtliche Wasserhärte von den Wasserwerken bekanntgemacht werden. Als Einteilung ist gebräuchlich:

Härtebereich					
1	weich	< 1,3	mmol·L^{-1}	< 7°	dH
2	mittelhart	1,3–2,5		7–14°	
3	hart	2,5–3,8		14–21°	
4	sehr hart	> 3,8		> 21°	

Diese Einteilung finden sie auch bei den Dosierungshinweisen auf Waschmittelpackungen. Seifen werden nämlich durch hartes Wasser unter Ausfällung der Erdalkalisalze teilweise unwirksam ($\rightarrow$ Versuch 3.6.7); moderne, seifenarme Waschmittel sind dagegen wenig härtempfindlich.

Härtebildner können durch Ausfällen oder Ionenaustausch aus Wasser entfernt werden, oder man macht sie durch Komplexbildner (z.B. Phosphate) zumindest unschädlich.

Aufgabe: Analysieren Sie zunächst komplexometrisch den Calciumgehalt eines besonders harten Wasser (ca. 20 mmol·L^{-1}, in der Natur selten; ggf. für den Versuch hergestellt) und dann Ihres örtlichen Leitungswassers. Unterscheiden sich frisches und abgekochtes Leitungswasser in der Härte? Das harte Wasser wird anschließend durch Ionenaustausch enthärtet und erneut analysiert.

Ausführung: Nehmen Sie in Erlenmeyerkolben 50,0 oder 100,0 mL der verschiedenen Wasserproben und titrieren sie mit 0,01 M EDTA-Lösung wie unter 4.1.1 und 4.1.2 beschrieben bis zum Umschlag des Metallindikators. Geben Sie die Härte in mmol·L^{-1} an und in ° dH (unter der Annahme, daß $c(Ca^{2+}) \gg c(Mg^{2+})$); vergleichen Sie mit der Angabe für Ihren Wohnort.

Die Wasserenthärtung durch Ionenaustausch erfordert einen Kationenaustauscher in der H$^+$-Form *und* einen Anionenaustauscher in der OH$^-$-Form (Abb. 29); insgesamt werden dabei sämtliche Ionen entfernt ("entionisiertes Wasser"). In einem Mischbett-Austauscher können beide Austauschvorgänge auch zugleich erfolgen.

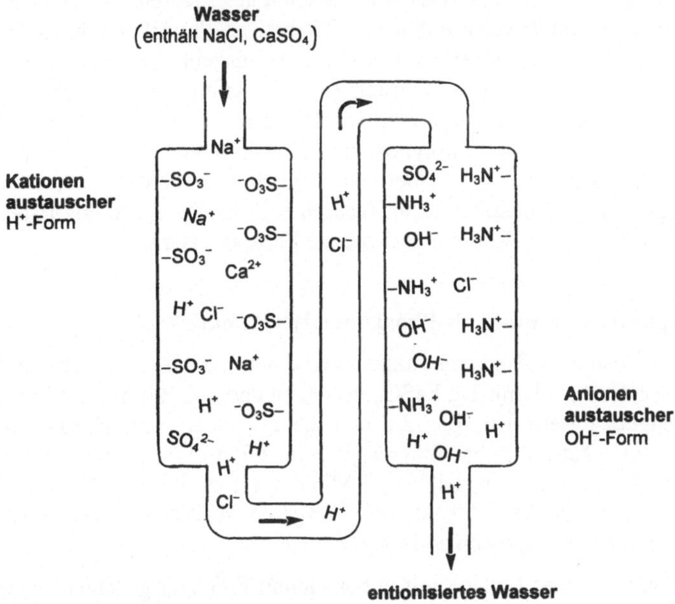

Abb. 29. Enthärtung bzw. Entsalzung von Wasser durch Ionenaustauscher in hintereinander geschalteten Säulen.

Vergewissern Sie sich vom korrekten Zustand der verwendeten Ionenaustauscher durch Spülen mit destilliertem Wasser: Die austretende Flüssigkeit muß neutral reagieren (pH 5-6; pH 7 ist wegen der Anwesenheit von Kohlensäure in Luft nicht zu erreichen). Lassen Sie dann einige 100 mL Leitungswasser durch die Austauschersäulen oder durch Mischbettaustauscher laufen und prüfen in einem aliquoten Teil durch EDTA-Titration und Vergleich mit den vorhergehenden Analysendaten, ob noch Erdalkaliionen vorhanden sind.

Fragen: Werden bei der Wasseraufbereitung durch Ionenaustausch wirklich *alle* gelösten Substanzen entfernt? Wie werden die verwendeten Ionenaustauscher nach Erschöpfung ihrer Kapazität regeneriert?

Wieso hatte Moses Erfolg ? Cellulose und andere Holzbestandteile enthalten - insbesondere vermodert - saure Gruppen, die unter Ionenaustausch spezifisch das Magnesium von Bittersalzen zu binden vermögen.

Versuch 4.2.4 :   Phosphat überall - Phosphatbestimmung

Phosphor ist für alle Lebewesen ein essentielles Element. In welchen Biomolekülen ist es beispielsweise enthalten? Mangel an Phosphat limitiert das Pflanzenwachstum und wird daher oft durch Dünger ausgeglichen; ein Überschuß kann zu unnormal heftiger Zellvermehrung (Eutrophierung, Algenwachstum in Gewässern) beitragen. Die Bestimmung von Phosphat erfolgt durch die Ihnen qualitativ bekannte Reaktion mit Molybdat und nachfolgende Reduktion zum Molybdänblau (Versuch 2.1.9). Dabei muß man beachten, ob nur mineralisches (anorganisches) Phosphat erfaßt werden soll oder auch die als Ester oder Anhydrid in organischer Bindung vorhandene Phosphorsäure.

Phosphatbestimmung als Phosphomolybdänblau

Reagenzlösung: 1,7 g Ammoniummolybdat in 50 mL 2 N Schwefelsäure lösen, kurz vor Gebrauch mit 1 g $FeSO_4$ versetzen und auf 100 mL auffüllen. *Eichkurve*: In Reagenzgläsern 1,0, 1,5, 2,0 und 2,5 mL einer P-Standardlösung (1,0 μmol P/mL, z.B. Na_2HPO_4 in Wasser) mit je 2,5 mL Reagenzlösung mischen, mit Wasser bis je 5 mL ausgleichen, 5 Minuten stehen lassen, in Küvetten füllen und die Extinktionen bei 550 nm oder längeren Wellen messen. Extinktion gegen μmol Phosphor graphisch auftragen.

Die Analyse einer Lösung mit unbekanntem P-Gehalt geschieht ebenso, der Gehalt wird aus der Eichkurve entnommen. Es ist ratsam, die Werte der Eichkurve und der Analyse in derselben Serie zu bestimmen, um gleiche Meßbedingungen zu garantieren.

Aufgabe: Untersuchen Sie nach eigener Wahl auf ihren Gehalt an Phosphat: Wasserproben (Teich-, Fluß- und Trinkwasser), Getränke (Mineralwasser, Bier, Cola), Blumendünger, handelsübliche Voll- oder Spezialwaschmittel (z.B. 0,1 g in 10 mL Wasser schütteln, Unlösliches absitzen lassen und den Überstand untersuchen. Wozu dient Phosphat beim Waschen?). Von definierten Probenmengen ausgehen und den P-Gehalt in geeigneter Weise ($\mu mol \cdot mL^{-1}$, $mg \cdot L^{-1}$, %) ausdrücken.

Ausfällung von überschüssigem Phosphat

Da außer Alkaliphosphaten die meisten Phosphate schwerlöslich sind, kann man anthropogen eingebrachtes überschüssiges Phosphat aus stehenden Gewässern und Kläranlagen ausfällen und abtrennen, z.B. durch Zusatz von Eisen(III)salzen.

Versetzen Sie je 100 mL neutraler Lösungen, die 50 bzw. 100 mg Phosphat/L enthalten, mit je 1 mL Eisen(III)sulfat-Lösung (50 g/L) und stellen Sie die Mischungen zur Seite; beobachten Sie die auftretende flockige Fällung von $FePO_4$. Prüfen Sie die klare überstehende Flüssigkeit mit dem Standardtest auf Phosphat und beurteilen Sie die Wirksamkeit des Verfahrens.

Nachweis von Phosphat in organischer Bindung

P in organischer Bindung (z. B. in ATP, Glucosephosphat, Lecithin) hydrolysiert man zu "anorganischem Phosphat", indem man die Probe mit 1,0 mL 0,5 N HCl im Wasserbad 10 Minuten auf 65 °C erwärmt. Danach wird mit dem gleichen Volumen 0,5 N NaOH neutralisiert und die Probe wie oben mit Reagenzlösung gemischt ("Phosphatbestimmung nach Fiske-Subarow"). Wie können Sie in einer biologischen Probe den Gehalt an anorganischem Phosphat *und* an organisch gebundenem P *nebeneinander* bestimmen?

Stellen Sie (ggf. mehrere Arbeitsgruppen gemeinsam) einen zellfreien Extrakt aus Hefe dar, indem Sie 5 g feinzerriebene Bäckerhefe in 50 mL 0,5 M NaCl-Lösung unter Zusatz von 10 mg Na-dodecylsulfat (Detergenz, zur Lyse von Zellmembranen) in einem größeren Becherglas kurz aufkochen, die Mischung in Eis abkühlen und durch Zentrifugation die Zelltrümmer und denaturierten Proteine entfernen. Der gelblich-klare Überstand enthält u.a. hitzestabile lösliche Nucleotide und RNA. Bestimmen Sie in 0,5 oder 1 mL der Probe das Phosphat nach Fiske-Subarow. Es ist ratsam, eine Blindprobe mit der verwendeten NaCl/Na-dodecylsulfat-Lösung einzubeziehen.

Versuch 4.2.5 : Ameisensäure als Konservierungsstoff

Ameisensäure (HCOOH) ist ein natürlich vorkommendes und auch als Zusatzstoff zu Lebensmitteln erlaubtes einfaches Konservierungsmittel. Sie wirkt schwach desinfizierend. Die Bestimmung von Ameisensäure in Fruchtsäften, Wein, Konserven u.a.m. ist daher von praktischer Bedeutung. Gegenüber anderen organischen Säuren zeichnen sich Ameisensäure bzw. Formiate durch ihr Reduktionsvermögen aus:

$$HCOOH \;\rightarrow\; 2\,H + CO_2$$

$$\text{bzw. } HCOO^- + H_2O \;\rightarrow\; 2\,H + HCO_3^-$$

Die Reduktionsequivalente (2 H) können dabei z.B. auf Ag^+-Ionen oder auch enzymatisch und daher spezifisch durch Formiatdehydrogenase auf ein oxidiertes Coenzym (NAD^+) übertragen werden. Wir erproben nur die erstgenannte chemische Reaktion.

Honig enthält 300–600 mg/kg organische Säuren, darunter auch Ameisensäure in kleiner Menge. Zur Isolierung aus dem komplexen Stoffgemisch - die einer chemischen Bestimmung voranzugehen hat - macht man sich die Flüchtigkeit der freien Säure zunutze (Kp. 101 °C), und zwar in der Technik der Wasserdampfdestillation (→ Kapitel 3.1, Versuch 3.1.3). Damit im Honig auf jeden Fall saure Bedingungen herrschen, gibt man vorher etwas *nicht-flüchtige* Weinsäure zu (Mineralsäuren würden zersetzend wirken).

Durchführung: 50 g Honig werden zusammen mit 2 g Weinsäure und 10 mL Wasser in einen 250 mL-Rundkolben gegeben, der mit einer Destillationsbrücke mit Kühler versehen ist und mit einem Wasserdampferzeuger verbunden wird. In einen Erlenmeyerkolben als Vorlage werden 20 mL Wasser gegeben. Am Vorstoß der Destillationsbrücke wird ein Schlauch so befestigt, daß das Destillat *in* das Wasser der Vorlage tropft. Der Erlenmeyerkolben steht in einem Eisbad.

Die Honigprobe wird im Kolben erhitzt und aus dem vorher in Betrieb gesetzten Wasserdampferzeuger wird Dampf eingeleitet. Lassen Sie die richtige Durchführung der Wasserdampfdestillation vom Assistenten kontrollieren! Man destilliert etwa 50 mL Flüssigkeit über. Das *kalte* im Erlenmeyerkolben aufgefangene Destillat wird im Scheidetrichter mit etwa 20 mL Ether ausgeschüttelt (*Achtung*: Brenner und andere Heizquellen entfernen!). Aus der organischen Phase läßt man den Ether bis auf einen geringen Rest abdampfen, überführt den Rückstand mit einigen Tropfen Wasser in ein sauberes Reagenzglas und versetzt mit ammoniakalischer Silbernitratlösung. Die Reduktion zu braunem bis braunschwarzem Silber durch die Ameisensäure dauert einige Minuten; meist muß erwärmt werden. Andere wasserdampf-flüchtige organische Säuren geben diese Reaktion nicht.

Wenn Sie noch mehr über die Chemie des Honigs wissen möchten, lesen Sie den Aufsatz von A. Deifel in *Chemie in unserer Zeit*, **23**, 25-33 (1989).

Versuch 4.2.6 :   Phenole in Wasser

Phenol und andere Hydroxyderivate des Benzols und des Naphthalins (Naphthole) sind häufige technische Verbindungen, aber auch in der Natur weit verbreitet. Sie sind Bestandteil vieler Pflanzenfarb- und Gerbstoffe, von etherischen Ölen, Alkaloiden und Antibiotika und entstehen auch im tierischen Organismus als Stoffwechselprodukte. Phenole sind wichtige Ausgangs- und Zwischenprodukte für Kunststoffe, Pharmaka, Pflanzenschutzmittel und Farbstoffe.

Sie gelangen aus Gaswerken, Kokereien, Raffinerien und Chemiefabriken bei ungenügender Reinigung der Abwässer in die natürlichen Gewässer. In diese fließen auch Phenole als Abbauprodukte von Holz und Laub, Bestandteile von Harn und Kot. Synthetische Chlorphenole sind stark toxisch und wie die meisten anderen Phenole schädlich für die Lebewesen im Wasser. Phenole reichern sich aufgrund ihrer Fettlöslichkeit in der Nahrungskette an.

Phenol selbst und seine Chlorderivate sind flüchtig und schon in geringen Konzentrationen am Geruch erkennbar ($< 0,1$ bis 1 mg$\cdot$L^{-1}). Da sich die einzelnen Phenole in der akuten Toxizität sowie in der Geruchs- und Geschmacksschwellenkonzentration stark unterscheiden, ist die ökotoxikologische Untersuchung dieser Verbindungen erschwert. Viele Phenole werden bakteriell vollständig abgebaut, andere werden im Wasser unter Lichteinwirkung in hochmolekulare Huminsäuren umgewandelt. Durch Sauerstoff werden Phenole i.a. leicht oxidiert. Der Grenzwert für Phenole in Trinkwasser (bezogen auf unsubstituiertes Phenol) ist auf $0,5$ µg$\cdot$L^{-1} festgelegt.

Natürlich vorkommende (*) und synthetische Phenole:

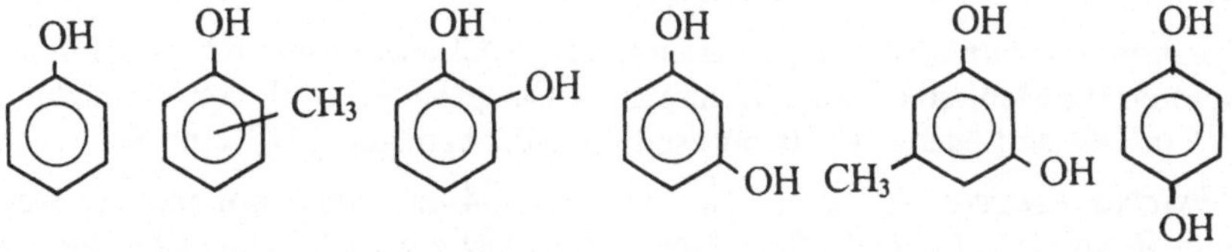

Phenol   Kresole   Brenzcatechin*   Resorcin   Orcin*   Hydrochinon*

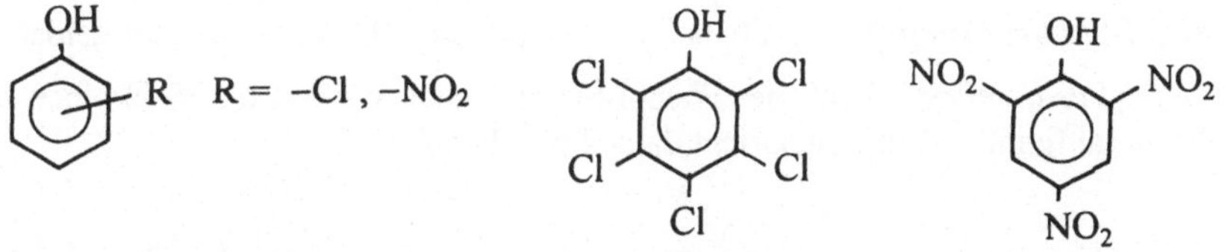

Chlorphenole, Nitrophenol   Pentachlorphenol   Pikrinsäure

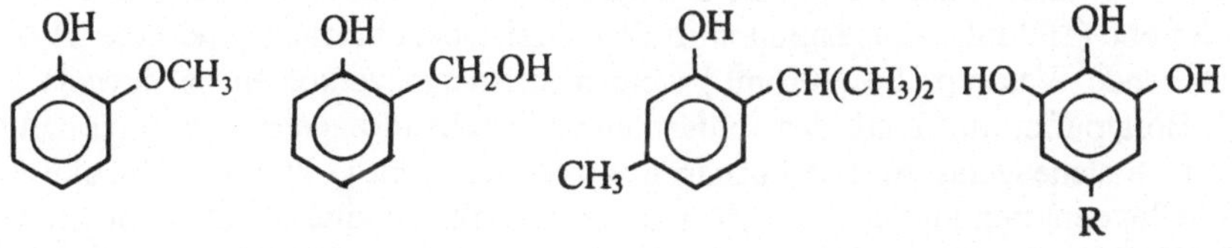

Guajacol*   Saligenin*   Thymol*   Pyrogallol* (R=H)
               (Salicylalkohol)   Gallussäure* (R=COOH)

Bestimmungsmethode: Photometrische Bestimmung des Gehalts an Phenolen im Abwasser durch Bildung von Indophenolen mit Gibbsschem Reagenz. In 4-Stellung nichtsubstituierte Phenole ergeben mit N-Chlor-2,6-dibrom-4-benzochinon-monoimin (Gibbssches Reagenz) bei pH 9,2–9,4 tieffarbige Indophenolate. Die Reaktion kann als elektrophile Substitution am Phenolatanion durch das Reagenz betrachtet werden.

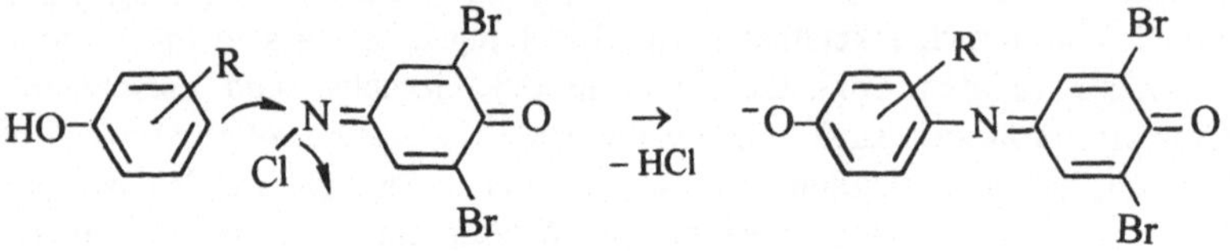

Die Absorptionsmaxima der Indophenolate liegen im Bereich zwischen 585 und 655 nm. Es wird photometrisch die Summe der Phenole ermittelt, wobei die Menge auf unsubstituiertes Phenol bezogen wird. Wegen der unterschiedlichen Extinktionen verschiedener Indophenolate können die Meßergebnisse nur als Richtwert für die gesamte Substanzgruppe betrachtet werden.

Reagentien. Boratpuffer: 3,1 g Borsäure, 3,5 g KCl und 32 mL 1 N NaOH werden in einem Meßkolben auf 1 L aufgefüllt. Der pH-Wert nach der Verdünnung von 5 mL dieser Lösung auf 100 mL soll 9,4 ± 0,2 betragen (pH-Kontrolle!).

Gibbssches Reagenz: 0,2 g N-Chlor-2,6-dibrom-4-benzochinon-monoimin werden in 50 mL 95% Ethanol gelöst. Diese Lösung ist etwa 1 Woche stabil. Für die Analysen werden 4,5 mL dieser Lösung auf 100 mL verdünnt (nur etwa 30 min stabil).

Phenol-Stammlösung: 1,00 g Phenol im Meßkolben in 1 L dest. Wasser gelöst.

Phenol-Verdünnung: 1 mL der Phenol-Stammlösung werden im Meßkolben auf 500 mL aufgefüllt. 1 mL entspricht dann 2 µg Phenol.

Versuchsdurchführung: Mit der Phenol-Verdünnung werden jeweils 100 mL Standardlösungen mit den Konzentrationen 0,02, 0,04, 0,1 und 0,2 mg/L hergestellt. Die Standardlösungen, eine Blindprobe (100 mL dest. Wasser), eine Kontrollprobe (100 mL, Konzentration ist dem Assistenten bekannt) und eine zu bestimmende Wasserprobe (100 mL) werden in Erlenmeyerkolben mit jeweils 10 mL Boratpuffer und 2 mL des verdünnten Gibbsschen Reagenzes versetzt und 6 bis 12 h stehengelassen. Die Lösungen werden dann mit je 25 mL *n*-Butanol innerhalb von 3 min im Schütteltrichter ausgeschüttelt. Die obere organische Phase, die das Indophenolat enthält, wird vorsichtig abpipettiert, so daß keine Wassertropfen in die Pipette gelangen. Die Extinktionen werden bei 650 nm gegen den

n-Butanolextrakt gemessen; zu intensiv gefärbte Proben müssen ggf. mit n-Butanol verdünnt werden.

Ermittlung der Phenolgehalte: Die Extinktionen der vier Standard-Lösungen werden gegen die Konzentration aufgetragen und die Ausgleichsgerade durch lineare Regression bestimmt. Der Wert der Kontrollprobe bekannter Phenolkonzentration soll mit dem aus der Eichgeraden entnommenen auf 100 ± 5 % Wiederfindung übereinstimmen. Der Phenolgehalt der unbekannten Wasserprobe wird durch Interpolation aus der Eichgeraden ermittelt.

Versuch 4.2.7 :   Anionische Tenside im Wasser

Tenside (Detergentien) sind seifenähnliche, synthetische oberflächenaktive Substanzen, die hydrophobe lange Alkylketten und polare, hydrophile Kopfgruppen enthalten. Sie sind bekanntlich in großer Menge in Waschmitteln, Kosmetika und technischen Produkten enthalten. Zwar müssen solche Stoffe heute biologisch abbaubar sein und sind ökotoxikologisch weitgehend unbedenklich, doch ist ihr Vorkommen zu kontrollieren und zu begrenzen. Trinkwasser darf $0{,}2$ mg$\cdot$L^{-1} anionische Tenside enthalten. Allerdings besitzen die meisten Substanzen keine für eine einfache quantitative Bestimmung geeigneten Strukturen.

Etwa die Hälfte der häufig verwendeten Tenside tragen anionische Carboxylat-, Sulfonat- oder Schwefelsäure-Kopfgruppen. Dazu gehören u.a.

Formel		Chemische Bezeichnung
$R-CH_2COO^- Na^+$	$R = C_{10-16}$	Seifen
$R-C_6H_4-SO_3^- Na^+$	$R = C_{10-13}$	Alkylbenzolsulfonate
$\begin{matrix} R \\ \diagdown \\ \quad CH-SO_3^- Na^+ \\ \diagup \\ R' \end{matrix}$	$R, R' = C_{12-16}$	Alkansulfonate
$R-CH_2-O-SO_3^- Na^+$	$R = C_{11-17}$	Alkoholsulfate (Ester)

Die anionischen Tenside bilden mit dem kationischen Farbstoff Methylenblau ($\rightarrow$ Versuch 3.7.4) in Chloroform-Lösung Ionenpaare und Assoziate, deren Farbintensität der Tensidkonzentration proportional ist.

Aufgabe: Der Gehalt anionischer Tenside in Flußwasser, Abwasser vor bzw. nach Passieren der Kläranlage, Trinkwasser ohne und mit Zusatz von Haushalts-Spülmittel u. dergl. ist nach *vereinfachtem* Verfahren zu untersuchen. (Für Präzisionsbestimmungen müssen u.a. die verwendeten Geräte durch Spülen mit alkoholischer Salzsäure detergenz-frei gemacht werden.) Zum Vergleich dient

Natriumdodecylsulfat ("SDS", $C_{12}H_{25}-O-SO_3^-$ Na^+); dieses Detergens ist im Biochemischen Labor zur Solubilisierung von Membranen und Denaturierung von Proteinen gebräuchlich.

Eichlösung: Durch Verdünnen einer konzentrierten Stammlösung von Na-Dodecylsulfat stellt man sich im Meßkolben eine Lösung des Gehaltes 10 µg Tensid/100 mL Wasser her, überführt vollständig in einen Scheidetrichter, setzt 0,5 mL Methylenblau-Lösung (0,1 % in Wasser, 1 Tag vorher ansetzen) zu und schüttelt mit 10 mL Chloroform; ggf. wird noch tropfenweise Farbstoff zugesetzt, bis die Wasserphase schwach blau ist, d.h. Methylenblau im Überschuß vorliegt. Dann wäscht man die Chloroformphase mit 10 mL Wasser und füllt sie in ein Reagenzglas mit Stopfen; ihre Farbe entspricht einem Gehalt von 0,1 mg/L Wasser.

Vergleich mit Wasserproben: 100 mL Wasserprobe werden mit Hilfe von verdünnter Essigsäure oder Na_2CO_3-Lösung auf pH 6–7 gebracht. Man gibt wie oben Methylenblau und 10 mL Chloroform zu und schüttelt gleichmäßig. Die Chloroformlösung wird nach dem Waschen mit 10 mL Wasser in ein Reagenzglas filtriert. Ist sie beim Farbvergleich mit der Eichlösung viel stärker gefärbt, so stellt man eine weitere Eichlösung mit 50 oder 100 µg/100 mL her; ist sie weniger intensiv gefärbt, so stellt man eine neue Eichlösung mit 10 µg her und verdünnt sie anschließend mit Chloroform auf das Doppelte. Jetzt nimmt man die der Probe am nächsten kommende konzentrierte Eichlösung und verdünnt sie mit bekanntem Volumen Chloroform bis zu gleichen Farbtiefe wie die Probe. Aus Gehalt und Verdünnung kann der Detergensgehalt der Probe auf ± 20 µg genau festgelegt werden.

An Stelle des einfachen kolorimetrischen Vergleichs kann der Versuch auch durch photometrische Messung um 720 nm und entsprechende Eichkurve ausgewertet werden. Dabei dürfen keine Wasserreste in der Meßlösung (Chloroform) enthalten sein.

Frage: Wieviel $mg \cdot L^{-1}$ entspricht die auch übliche Konzentrationsangabe 1 ppm (→ Kapitel 1.2) ?

Störungen: Sind im Wasser außer anionenaktiven auch kationenaktive Detergentien enthalten, so treten von beiden äquivalente Mengen zusammen und entziehen sich dem analytischen Nachweis mit Methylenblau. Andere Inhaltsstoffe des Wassers können durch Bildung chloroformlöslicher Methylenblau-Verbindungen zu hohe oder durch Bildung stabiler Verbindungen mit anionenaktiven Detergentien zu niedrige Werte vortäuschen.

Versuch 4.2.8 : Chemischer Sauerstoffbedarf

Der chemische Sauerstoffbedarf (CSB) ist eine wichtige Kenngröße für die Verschmutzung von Gewässern, insbesondere mit organischen Stoffen ($\rightarrow$ vorhergehende Versuche!). *Unter CBS versteht man die Menge an Sauerstoff (in mg), die zur vollständigen Oxidation organischer Substanzen in einem Liter Wasser erforderlich ist.* Neben der Oxidation von Kohlenstoffgerüsten zu CO_2 und H_2O werden auch N und S oxidiert.

Beispiel: Oxidation von Benzol-1,2-dicarbonsäure (Phthalsäure)

$$\text{(Phthalsäure)} + 7{,}5\ O_2 \quad \rightarrow \quad 8\ CO_2 + 3\ H_2O$$

Kaliumhydrogenphthalat $C_8H_5O_4K$ kann als Eichsubstanz zur Kontrolle der CSB-Bestimmung dienen. 0,170 g des trockenen analysenreinen Salzes haben einen CSB von 200 mg. (Nachvollziehen!)

Da die Umsetzung von Wasserproben mit Sauerstoff ($E^\circ = +\,1{,}23$ V) experimentell nicht durchführbar ist, verwendet man das ebenso starke Oxidationsmittel Kaliumdichromat $K_2Cr_2O_7$ in schwefelsaurer Lösung ($E^\circ = +\,1{,}36$ V) und rechnet auf Sauerstoff um:

$$Cr_2O_7{}^{2-} + 6\ e^- + 14\ H^+ \rightarrow 2\ Cr^{3+} + 7\ H_2O \qquad O_2 + 4\ e^- + 4\ H^+ \rightarrow 2\ H_2O$$

$$1\ \text{mol}\ K_2Cr_2O_7\ \text{entspricht}\ 1{,}5\ \text{mol}\ O_2$$

Bei der titrimetrischen Variante wird überschüssiges Dichromat nach beendeter Reaktion mit Eisen(II)sulfat-Lösung zurücktitriert:

$$Cr_2O_7{}^{2-} + 6\ Fe^{2+} + 14\ H^+ \rightarrow 2\ Cr^{3+} + 6\ Fe^{3+} + 7\ H_2O$$

Einfacher zu messen ist die Farbänderung in Reaktionsgemischen von sechswertigem Chrom (gelborange) zu dreiwertigem Chrom (grün) im Photometer.

Zur Katalyse der vollständigen ($> 95\%$) Dichromatoxidation organischer Stoffe dienen Silberionen. Ferner wird dem Reaktionsgemisch Quecksilbersulfat zur Maskierung der in Wasserproben i.a. vorhandenen Chloridionen zugesetzt, die ansonsten zu Chlor oxidiert und den CSB erhöhen würden; es entsteht undissoziiertes $HgCl_2$. Der hohe Bedarf an Gefahrstoffen (Chromat, Quecksilber, konz. Schwefelsäure) ist ein nicht zu vermeidender Nachteil der Standardmethode zur CBS-Bestimmung; die Lösungen können fertig bezogen und verbrauchte Reagentien zur Entsorgung zurückgegeben werden.

Wir beschreiben hier die Messung des CBS in der einfacheren Variante. Wählen Sie selbst interessante Wasserproben aus. Weitere Details sind nachzulesen in W. Knoch: Wasserversorgung, Abwasserreinigung und Abfallentsorgung. 2. Aufl., Verlag Chemie, Weinheim (1994) sowie bei Reagentien- und Geräteherstellern zu erfahren.

Durchführung: Die Reaktion wird in verschraubbaren Rundküvetten ausgeführt, die die schwefelsaure Dichromatlösung plus Silber- und Quecksilbersulfat enthalten (typische Konzentrationen: $K_2Cr_2O_7$ 0,005 M; $HgSO_4$ 15 g $\cdot L^{-1}$; Ag_2SO_4 5 g $\cdot L^{-1}$; 10 M H_2SO_4; im konkreten Fall spezielle Angaben notieren). *Sicherheitsvorschriften beachten*! Den Inhalt der Küvette vorsichtig mit 2 mL Wasserprobe *überschichten*, verschließen und dann langsam umschütteln (Vorsicht, wird heiß). Eine Blindprobe mit dest. Wasser in derselben Weise behandeln. Proben im Thermoblock genau 2 h bei 148°C reagieren lassen. Nach dem Abkühlen kontrollieren, ob die Küvetten außen sauber und trocken sind. Meßwellenlängen: 445 und 620 nm. Das Photometer mit der Blindprobe auf Null stellen, Meßwerte der anderen Proben ablesen oder ausdrucken lassen; auf Meßbereiche achten (10 – 150 bzw. 100 – 1500 mg$\cdot L^{-1}$ CSB).

Für orientierende Messungen kann die Reaktionszeit auf 30 min verkürzt werden; wieso wird der Meßwert dann etwas kleiner sein als der wahre CSB?

5 Anhang

Physikalische Konstanten
Atommassen
Standard-Reduktionspotentiale
Säuredissoziationskonstanten (pK_a-Werte)
Dichte und Gehalt konzentrierter Säuren und Basen
Lösungsmittel und andere organische Verbindungen
CIP-Regeln zur Konfigurationsbestimmung (R, S)
Literaturhinweise

Physikalische Konstanten ("Naturkonstanten")

Avogadrosche (Loschmidtsche) Konstante	N_A oder L	$6{,}0221367 \cdot 10^{23}$ mol^{-1}
Boltzmann-Konstante	$k = R/N_A$	$1{,}3810658 \cdot 10^{-23}$ $\mathrm{J \cdot K}^{-1}$
Elementarladung	e	$1{,}60217733 \cdot 10^{-19}$ C
Faraday-Konstante	$F = N_A \cdot e$	$9{,}6485309 \cdot 10^{4}\,\mathrm{C \cdot mol}^{-1}$
Gaskonstante	R	$8{,}314510\ \mathrm{J \cdot mol}^{-1} \cdot \mathrm{K}^{-1}$
Lichtgeschwindigkeit im Vakuum	c	$299792458\ \mathrm{m \cdot s}^{-1}$
Molvolumen (bei 273,15 K und 101325 Pa)	V_0	$22{,}41410\ \mathrm{L \cdot mol}^{-1}$
Plancksche Konstante (Plancksches Wirkungsquantum)	h	$6{,}6260755 \cdot 10^{-34}$ $\mathrm{J \cdot s}$

Atommassen - Wichtige Elemente und Isotope

Ordnungszahl	Element	Symbol	Atommasse	wichtige Isotope
13	Aluminium	Al	26,9815	
33	Arsen	As	74,9216	
56	Barium	Ba	137,34	
82	Blei	Pb	207,19	
5	Bor	B	10,811	
35	Brom	Br	79,909	
48	Cadmium	Cd	112,40	
55	Cäsium	Cs	132,9054	
20	Calcium	Ca	40,08	
17	Chlor	Cl	35,453	^{36}Cl
24	Chrom	Cr	51,996	
27	Cobalt	Co	58,9332	
26	Eisen	Fe	55,847	^{55}Fe, ^{59}Fe
9	Fluor	F	18,9984	
79	Gold	Au	196,967	
2	Helium	He	4,0026	
53	Iod	I	126,9040	^{125}I, ^{131}I
19	Kalium	K	39,102	^{40}K (natürlich, radioaktiv)
6	Kohlenstoff	C	12,01115	^{13}C (stabil), ^{14}C (radioaktiv)
29	Kupfer	Cu	63,54	
3	Lithium	Li	6,939	
12	Magnesium	Mg	24,312	
25	Mangan	Mn	54,9381	^{54}Mn
42	Molybdän	Mo	95,94	
11	Natrium	Na	22,9898	^{22}Na
28	Nickel	Ni	58,71	
15	Phosphor	P	30,9738	^{32}P
78	Platin	Pt	195,09	
80	Quecksilber	Hg	200,59	^{203}Hg
8	Sauerstoff	O	15,9997	^{18}O (stabil)
16	Schwefel	S	32,064	^{35}S
34	Selen	Se	78,96	
47	Silber	Ag	107,870	
14	Silicium	Si	28,086	
7	Stickstoff	N	14,0067	^{15}N (stabil)
38	Strontium	Sr	87,62	
22	Titan	Ti	47,90	
92	Uran	U	238,03	^{235}U, ^{238}U (radioaktiv)
23	Vanadium	V	50,942	
1	Wasserstoff	H	1,00797	^{2}H (Deuterium, stabil) ^{3}H (Tritium, radioaktiv)
30	Zink	Zn	65,37	
50	Zinn	Sn	118,69	

Standard-Reduktionspotentiale einiger Redoxsysteme bei 25 °C (Volt)

Red	$\rightleftarrows$	Ox	+	$n \cdot e^-$	$E^°$ (pH=0)	$E^{°'}$ (pH=7)
Na		Na^+		$n=1$	$-2,71$	
Mg		Mg^{2+}		2	$-2,34$	
Zn		Zn^{2+}		2	$-0,76$	
Fe		Fe^{2+}		2	$-0,44$	
Sn		Sn^{2+}		2	$-0,14$	
Pb		Pb^{2+}		2	$-0,13$	
H		**2 H^+**		**2**	**0,00**	**$-0,41$**
Cu		Cu^{2+}		2	$+0,35$	
Ag		Ag^+		1	$+0,80$	
Hg		Hg^{2+}		2	$+0,85$	
Au		Au^+		1	$+1,69$	
$2\,I^-$		I_2		2	$+0,53$	
$2\,Br^-$		Br_2		2	$+1,07$	
$2\,Cl^-$		Cl_2		2	$+1,36$	
HS^-		S		2	$+0,14$	$-0,27$
SO_3^{2-}		SO_4^{2-}		2	$+0,17$	$-0,52$
$2\,S_2O_3^{2-}$		$S_4O_6^{2-}$		2	$+0,08$	$+0,02$
NO_2^-		NO_3^-		2	$+0,93$	$+0,43$
H_2O_2		O_2		2	$+0,69$	$+0,28$
$2\,O^{2-}$		O_2		4	$+1,23$	$+0,82$
$2\,H_2O$		H_2O_2		2	$+1,78$	$+1,37$
Cu^+		Cu^{2+}		1	$+0,17$	$+0,17$
$Fe(CN)_6^{4-}$		$Fe(CN)_6^{3-}$		1	$+0,36$	$+0,36$
Fe^{2+}		Fe^{3+}		1	$+0,77$	$+0,77$
MnO_2		MnO_4^-		3	$+1,67$	
Mn^{2+}		MnO_4^-		5	$+1,52$	
$2\,Cr^{3+}$		$Cr_2O_7^{2-}$		6	$+1,36$	
Hydrochinon		Chinon			$+0,70$	
Ubihydrochinon		Ubichinon (Coenzym)			$+0,54$	$+0,26$
NADH		NAD^+ (Coenzym)			$-0,10$	$-0,31$
2 $-SH$ (Thiol)		$-S-S-$ (Disulfid)				$-0,2$ bis $-0,3$
Ethanol		Acetaldehyd				$-0,20$
Acetaldehyd		Acetat				$-0,58$
Acetat		CO_2				$-0,29$

Dichte und Gehalt konzentrierter Säuren und Basen

	Dichte $(g \cdot cm^{-3})$	Gewichts-%	Konzentration $(mol \cdot L^{-1})$*
Ammoniak	0,91	25	13
Ammoniak	0,89	30	16
Eisessig	1,05	96	17
Kalilauge (KOH)	1,40	40	10
Natronlauge	1,33	30	10
Natronlauge	1,45	42	15
Phosphorsäure	1,69	85	15
Salzsäure	1,16	32	10
Salzsäure	1,18	37	12
Salpetersäure	1,40	65	14
Schwefelsäure	1,84	95-97	18

*** Anmerkung**: Verdünnte Lösungen bestimmter Konzentration können i.a. *nicht* durch direkte Verdünnung der handelsüblichen konzentrierten Substanzen hergestellt werden, da deren Gehalt nicht genügend genau definiert ist. Verdünnte Lösung ggf. titrieren!

Säuredissoziationskonstanten (pK_a-Werte)

HCl, $HClO_4$, H_2SO_4, HNO_3	in Wasser völlig dissoziiert		< 0
Ameisensäure	$HCOOH$	$\rightleftarrows H^+ + HCOO^-$	3,7
Ammoniak (Ammoniumion)	NH_4^+	$\rightleftarrows H^+ + NH_3$	9,3
Blausäure	HCN	$\rightleftarrows H^+ + CN^-$	9,4
Borsäure	H_3BO_3	$\rightleftarrows H^+ + H_2BO_3^-$	9,2
Citronensäure	3 Dissoziationsstufen		3,1 / 4,8 / 6,4
Essigsäure	CH_3COOH	$\rightleftarrows H^+ + CH_3COO^-$	4,8
Kohlensäure $H_2O + CO_2 \rightleftarrows$	H_2CO_3	$\rightleftarrows H^+ + HCO_3^-$	6,5
	HCO_3^-	$\rightleftarrows H^+ + CO_3^{2-}$	10,2
Oxalsäure	$(COOH)_2$	$\rightleftarrows H^+ + HOOC\text{-}COO^-$	1,2
	$HOOC\text{-}COO^-$	$\rightleftarrows {}^-OOC\text{-}COO^-$	4,2
Phosphorsäure	H_3PO_4	$\rightleftarrows H^+ + H_2PO_4^-$	2,0
	$H_2PO_4^-$	$\rightleftarrows H^+ + HPO_4^{2-}$	7,2
	HPO_4^{2-}	$\rightleftarrows H^+ + PO_4^{3-}$	12,3
Salpetrige Säure	HNO_2	$\rightleftarrows H^+ + NO_2^-$	3,4
Schwefelwasserstoff	H_2S	$\rightleftarrows H^+ + HS^-$	6,9
Schweflige Säure	H_2SO_3	$\rightleftarrows H^+ + HSO_3^-$	1,8
	HSO_3^-	$\rightleftarrows H^+ + SO_3^{2-}$	7,2
Trichloressigsäure TCA	CCl_3COOH	$\rightleftarrows H^+ + CCl_3COO^-$	0,7

Wichtige Lösungsmittel und andere organische Verbindungen

Substanz	Dichte	Sdp. [°C]	Schmp. [°C]	DK (20°C)	in Wasser
Acetaldehyd	0,78	21	123		löslich
Aceton	0,79	56	–95	20,7	löslich
Acetonitril	0,78	82	–45	37,5	löslich
Ameisensäure	1,22	100	8		löslich
Amylalkohol (*n*-Pentanol)	0,81	138	–78		unlöslich
Anilin	1,02	184	–6		wenig löslich
Benzaldehyd	1,08	179			unlöslich
Benzol (Benzen)	0,88	80	5	2,3	unlöslich
n-Butanol	0,81	118	–90	17,8	wenig löslich
tert-Butanol	0,79	82	25	12,2	wenig löslich
Chloroform	1,48	61	–63	4,8	unlöslich
Cyclohexan	0,78	81	6	2,0	unlöslich
Dichlormethan (Methylenchlorid)	1,32	40	–96	9,1	unlöslich
Dimethylformamid (DMF)	0,95	153	–61	36,7	löslich
Dimethylsulfoxid (DMSO)	1,10	189	18	4,7	löslich
Dioxan	1,03	101	12	2,2	löslich
Essigsäure (Eisessig)	1,05	118	16	6,1	löslich
Essigsäureanhydrid	1,08	136	–73		Reaktion!
Essigsäureethylester	0,90	77	–83	6,0	unlöslich
Ethanol (Ethylalkohol)	0,79	78	–114	24,3	löslich
Ether (Diethylether)	0,71	35	–116	4,3	unlöslich
Formaldehyd (Lösung: Formalin)	0,82	–21	–92		löslich
Formamid	1,13	210	3	109	löslich
Glycerin	1,26	290		42,5	löslich
n-Hexan	0,66	69	–23	1,9	unlöslich
Isopropanol (2-Propanol)	0,79	82	–88	18,3	wenig löslich
Methanol	0,79	65	–97	32,6	löslich
Methylisobutylketon	0,80	117	–52		unlöslich
Nitrobenzol	1,20	211	5	35,7	unlöslich
n-Propanol (1-Propanol)	0,80	97	–126	20,1	löslich
Phenol	1,06	181	43		wenig löslich
Pyridin	0,98	115	–42	12,3	löslich
Tetrachlormethan	1,59	77	–23	2,2	unlöslich
Tetrahydrofuran (THF)	0,89	66	–108	7,4	löslich
Toluol (Toluen)	0,87	111	–93	2,4	unlöslich
Trimethylamin	0,73	89	–114		löslich
Xylole (Dimethylbenzole)	0,86	138			unlöslich
Wasser	1,0	100	0	80,3	

DK = Dielektrizitätskonstante

CIP-Regeln zur Konfigurationsbestimmung im R,S-System

Den vier verschiedenen Liganden an einem asymmetrischen C-Atom als Chiralitätszentrum wird eine Priorität und Reihenfolge nach folgenden Sequenzregeln zugeordnet:

1. Dem Liganden kommt die höhere Priorität zu, dessen direkt gebundenes Atom die größere Ordnungszahl besitzt. Die geringste Priorität hat H.

2. Sind zwei Atome Isotope desselben Elements, so hat das Atom mit höherer Masse die höhere Priorität (beispielsweise Deuterium $^2H > H$).

3. Sind zwei am Chiralitätszentrum direkt gebundene Liganden von gleicher Priorität, so werden sie durch die unterschiedliche Priorität der Atome in der β-Position (2. Sphäre) unterschieden. Ist dabei ein Atom mit dem β-Atom durch eine Doppel- oder Dreifachbindung verknüpft, so werden diese Atome verdoppelt bzw. verdreifacht (=O entsprechen 2 O; C≡C entsprechen 3 C).

$$\text{Am Beispiel Glycerinaldehyd} \qquad HOCH_2-\underset{\underset{OH}{|}}{\overset{\overset{H}{|}}{C}}-CH{=}O$$

sind demnach die vier Liganden in der Priorität OH > CHO > CH$_2$OH > H anzuordnen.

Zur Beschreibung der Chiralität fixiert man nun das Molekül so, daß der Ligand niedrigster Priorität (hier das H-Atom) am entferntesten liegt und betrachtet dann die Reihenfolge der anderen drei Liganden in fallender Priorität. Entspricht diese Sequenz einer Drehung im Uhrzeigersinn, so erhält das asymmetrische C-Atom den Deskriptor **R**. Korrespondiert die Sequenz fallender Priorität mit einer Drehung entgegen dem Uhrzeigersinn (nach links), so wird das Chiralitätszentrum durch **S** charakterisiert.

In diesem Fall entspricht S dem L(–)-Glycerinaldehyd und R dem D(+)-Glycerinaldehyd in der Bezeichnung nach E. Fischer (→ S. 134). Das CIP-System erlaubt auch in Molekülen mit mehreren asymmetrischen C eine eindeutige Zuordnung der Konfiguration jedes einzelnen Chiralitätszentrums.

Literaturhinweise

Nachschlagewerke:

Römpp Chemie-Lexikon. 9. Aufl. (10. Aufl. im Erscheinen). G. Thieme Verlag, Stuttgart

Handbook of Chemistry and Physics. A Reference Book of Chemical and Physical Data. CRC Press, Boca Raton, New York. 77th Edition 1997 (laufend Neuauflagen)

L. Roth, U. Weller: Sicherheitsfibel Chemie. 5. Aufl. ecomed-Verlag, Landsberg

Küster/Thiel: Rechentafeln für die chemische Analytik. 104. Aufl., W. de Gruyter, Berlin 1993

A. Willmes: Taschenbuch Chemie. Verlag Harri Deutsch, Frankfurt 1993

Allgemeine Darstellungen, Arbeitsanleitungen, Lehrbücher:

H.G.O. Becker et al.: Organikum - Organisch-chemisches Grundpraktikum. 20. Aufl., Deutscher Verlag der Wissenschaften, Berlin 1996

H. Beyer, W. Walter: Lehrbuch der Organischen Chemie. 22. Aufl., S. Hirzel Verlag, Stuttgart 1991

A. Blaschette: Allgemeine Chemie.Zweibändig, 2. bzw. 3. Aufl., Quelle & Meyer, Heidelberg, Wiesbaden 1993

H.R. Christen, F. Vögtle: Grundlagen der Organischen Chemie - Aufgaben und Lösungen. Sauerländer, Aarau und Salle-Diesterweg, Frankfurt/M. 1990

R.E. Dickerson, I. Geis: Chemie - eine lebendige und anschauliche Erklärung. 3. ber. Nachdruck, VCH, Weinheim 1990

H. Hart: Organische Chemie, VCH, Weinheim 1989

S. Hauptmann: Einführung in die Organische Chemie. 4. Aufl., Deutscher Verlag der Grundstoffindustrie, Leipzig 1992

S. Hauptmann: Starthilfe Chemie. B.G. Teubner, Stuttgart 1996

Hollemann/Wiberg: Lehrbuch der Anorganischen Chemie. 101. Aufl., W. de Gruyter, Berlin 1995

U. Hübschmann, E. Links: Einführung in das chemische Rechnen. 8. Aufl., Handwerk und Technik, Hamburg 1992

Jander/Jahr (bearb. von R. Schulze, J. Simon): Maßanalyse. 15. Aufl., W. de Gruyter, Berlin 1989

W. Kaim, B. Schwederski: Bioanorganische Chemie. Zur Funktion chemischer Elemente in Lebensprozessen. 2. Aufl. B.G. Teubner, Stuttgart 1995

H. Kappeler, H. Koch: Chemische Experimente zur Organischen Chemie und zum Umweltschutz. Sauerländer, Aarau und Diesterweg-Salle, Frankfurt/M. 1981

H. Kaufmann, A. Hädener: Grundlagen der Allgemeinen und Anorganischen Chemie. 13. Aufl., Birkhäuser, Basel, Stuttgart 1996

H. Kaufmann: Grundlagen der Organischen Chemie. 10. Aufl., Birkhäuser, Basel, Stuttgart 1996

W. Knoch: Wasserversorgung, Abwasserreinigung und Abfallentsorgung. 2. Auflage, VCH, Weinheim 1994

L. Kolditz (Hrsg.): Anorganikum - Lehr- und Praktikumsbuch der Anorganischen Chemie mit einer Einführung in die physikalische Chemie. Zweibändig, 13. Aufl., Johann Ambrosius Barth, Leipzig, Berlin, Heidelberg 1993

U.R. Kunze, G. Schwedt: Grundlagen der quantitativen Analyse. 4. Aufl., G. Thieme Verlag, Stuttgart 1996

H.P. Latscha, H.A. Klein: Chemie für Pharmazeuten und Biowissenschaftler. 4. Aufl., Springer, Berlin, Heidelberg 1996

T. Laue, A. Plagens: Namen- und Schlagwortreaktionen der organischen Chemie. 2. Aufl., B.G. Teubner, Stuttgart 1995

C.E. Mortimer (bearb. von U. Müller): Chemie. Das Basiswissen der Chemie. 6. Auflage, G. Thieme Verlag, Stuttgart 1996

E. Riedel: Anorganische Chemie. 3. Aufl., W. de Gruyter, Berlin 1994

W. Schröder: Massenwirkungsgesetz. W. de Gruyter, Berlin 1975

G. Schwedt, F.-M. Schnepel: Analytisch-chemisches Umweltpraktikum. G. Thieme Verlag, Stuttgart 1981

G. Schwedt: Analytische Chemie. Grundlagen, Methoden und Praxis. G. Thieme Verlag, Stuttgart 1995

L. Sigg, W. Stumm: Aquatische Chemie. Einführung in die Chemie wässriger Lösungen und natürlicher Gewässer. B.G. Teubner, Stuttgart 1995

P. Sykes: Reaktionsmechanismen der Organischen Chemie. 9. überarb. Aufl., VCH, Weinheim, 1988

P. Sykes: Wie funktionieren organische Reaktionen. VCH, Weinheim 1996

L.F. Trueb: Die chemischen Elemente. Ein Streifzug durch das Periodensystem. S. Hirzel, Stuttgart 1996

W. Wittenberger: Rechnen in der Chemie - Grundoperationen und Stöchiometrie. 14. Aufl., Springer, Wien, New York 1995.

Sachverzeichnis

Fuhrmann
Allgemeine Toxikologie für Chemiker

Einführung in die Theoretische Toxikologie

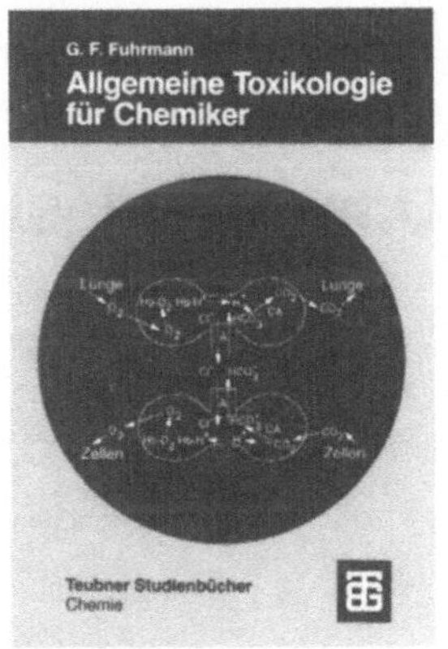

Dieses Buch ist hervorgegangen aus einer zweistündigen Vorlesung über Toxikologie, die am Fachbereich Chemie der Philipps-Universität Marburg seit 1980 gehalten wird. Es ist das Anliegen dieser kurzgefaßten Einführung in die Allgemeine Toxikologie, Chemikern und anderen Naturwissenschaftlern eine Vorstellung zu geben, wie toxische Substanzen auf den menschlichen Körper einwirken können. Dabei spielt die Natur der körpereigenen Aufnahmeflächen wie Haut, Lungen, Verdauungs- und Darmtrakt sowie ganz allgemein der Aufbau der Zellmembranen eine bedeutende Rolle. Durch die Einteilung des Menschen in verschiedene Kompartimente können die Bewegungen von toxischen Substanzen in dem offenen dynamischen System des menschlichen Körpers auch mathematisch nachvollzogen werden, wobei die Metabolisierung, Bindung und Ausscheidung des Stoffes von Bedeutung sind. Es wird Wert darauf gelegt, dem Nichtmediziner die wichtigsten Prinzipien der Toxikologie auch ohne eingehende anatomische Grundkenntnisse nahezubringen.

Aus dem Inhalt

Einführung in die Allgemeine Toxikologie: Geschichte, Definition, Aufgabengebiete, Begriff des Antidots,

Von Prof. Dr.
Günter Fred Fuhrmann
Universität Marburg

1994. II, 201 Seiten.
13,7 x 20,5 cm.
Kart. DM 29,80
ÖS 218,– / SFr 27,–
ISBN 3-519-03520-0

(Teubner Studienbücher)

Preisänderungen vorbehalten.

Methoden der Toxizitätsprüfung – *Toxikokinetik:* Aufnahme von toxischen Substanzen, Verteilung, Bindung, Speicherung, Stoffwechsel und Ausscheidung. Modellvorstellungen – *Toxikodynamik:* Begriff des Rezeptors, Bindungskräfte am Rezeptor, Charakterisierung, mathematische Konsequenzen der Fremdstoff-Rezeptor-Wechselwirkungen – Ausgewählte Beispiele über toxische Mechanismen – Behandlungsprinzipien bei akuter Vergiftung

B. G. Teubner Stuttgart · Leipzig

Fellenberg
Chemie der Umweltbelastung

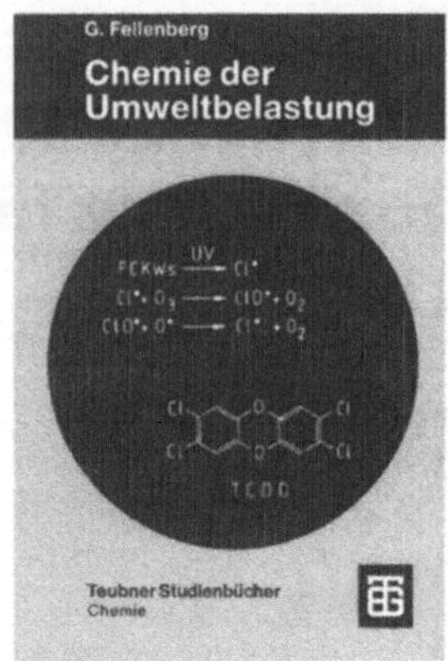

Ziel dieser Darstellung ist es, eine Übersicht über die wichtigsten Reaktionen von Schadstoffen in der Umwelt und deren Bedeutung für Atmosphäre, Wasser und Boden sowie für Lebewesen zu geben. Hierzu werden die wichtigsten Abbau- und Entgiftungsreaktionen einiger Schadstoffe kurz skizziert und neben natürlichen Abbaureaktionen auch technische Reinigungsverfahren angesprochen. Die vorgestellten Schadstoffe und deren Reaktionen werden wiederholt in Beziehung zu toxikologischen und ökologischen Aspekten gesetzt, um den interdisziplinären Charakter des Wissensgebietes »Umweltbelastung« zu verdeutlichen.

Von Prof. Dr.
Günter Fellenberg
Technische Universität
Braunschweig

3., überarbeitete und erweiterte Auflage.
1997. 273 Seiten.
13,7 x 20,5 cm.
Kart. DM 36,80
ÖS 269,– / SFr 33,–
ISBN 3-519-23510-2

(Teubner Studienbücher)

Preisänderungen vorbehalten.

Aus dem Inhalt

Was sind Umweltbelastungen? – Veränderungen der Atmosphäre: Stäube und Gase, Wirkungen auf Lebewesen, anorganische Materialien und Klimafaktoren, Grenzkonzentrationen, Abgasreinigung – Beeinträchtigung von Grund- und Oberflächenwasser: Bewertungsmaßstäbe, leicht und schwer abbaubare Substanzen, Schwermetalle, pH-Wert, Abwasserreinigung, Trinkwassergewinnung – Bodenbelastung: Schadstoffeintrag, Bodenveränderung durch Bodennutzung – Allgemein verbreitete Stoffe (Ubiquisten) – Nahrungs- und Genußmittel: synthetische und natürliche Belastungsfaktoren, Mycotoxine, Aufbereitung und Konservierung von Nahrungsmitteln – Gebrauchsartikel: Schädlingsbekämpfungsmittel, Reinigungsmittel und Farben – Radioaktivität: Grenzwertabschätzung, Radioökologie, Quellen künstlicher Radioaktivität

B. G. Teubner Stuttgart · Leipzig